희망의 이유

희망의 이유

1판 1쇄 인쇄 2023. 1. 19.
1판 1쇄 발행 2023. 2. 3.

지은이 제인 구달
옮긴이 박순영

발행인 고세규
편집 이예림   디자인 정윤수   마케팅 윤준원 정희윤   홍보 장예림
발행처 김영사

등록 1979년 5월 17일 (제406-2003-036호)
주소 경기도 파주시 문발로 197(문발동) 우편번호 10881
전화 마케팅부 031)955-3100, 편집부 031)955-3200   팩스 031)955-3111

값은 뒤표지에 있습니다.
ISBN 978-89-349-4338-9 03470

홈페이지 www.gimmyoung.com   블로그 blog.naver.com/gybook
인스타그램 instagram.com/gimmyoung   이메일 bestbook@gimmyoung.com

좋은 독자가 좋은 책을 만듭니다.
김영사는 독자 여러분의 의견에 항상 귀 기울이고 있습니다.

제인 구달

희망의 이유

Reason for Hope
Jane Goodall

박순영 옮김

자연과의 우정, 희망 그리고 깨달음의 여정

Jane Goodall

김영사

어머니, 여동생 주디, 그리고 멋진 나의 가족 모두에게.
또한 대니 할머니, 데릭, 루이스, 러스티
그리고 데이비드 그레이비어드를 추억하며.

한국어판 특별 서문

이 책을 쓴 지도 24년이 지났다. 그동안 전 세계적으로 좋은 변화도, 혼란스러운 변화도, 파괴적인 변화도 있었다. 2023년을 시작하면서 이 글을 쓰고 있는 지금, 우리는 사회적·정치적·환경적으로 어두운 시기를 지나고 있다. 여전히 사회적 불평등과 억압, 차별, 빈곤이 있다. 가진 자와 못 가진 자 사이의 격차는 점점 더 커지고 있고 이는 불안과 시위, 갈등으로 이어진다. 아프가니스탄과 이란에는 여성에 대한 잔인한 탄압이 일어나고 있다. 우크라이나는 끔찍한 전쟁을 겪고 있고, 여러 아프리카 국가에서도 전쟁이 진행 중이다. 인구와 가축 수는 점점 증가하고 지구상의 천연자원은 한정적임에도 무한정한 경제 발전이 가능하다는 말도 안 되는 생각도 있다. 부유층의 지속 불가능한 생활 방식은 자원을 터무니없는 정도로 많이 소모하고 있으며, 빈곤층은 살아남기 위해 환경을 파괴하고 있다.

대기에서 이산화탄소를 추출하고, 우리에게 산소를 공급해주던 숲과 서식지가 도처에서 파괴되고 있다. 강과 바다는 오염되고 물고기는 남획되고 있다. 우리는 식물과 동물 종의 여섯 번째 대멸종의 한가운데에 있다. 우리가 점점 더 많은 화석 연료를 태워버리면서 대기 중으로 방출되는 이산화탄소는 태양열을 가두어 지구를 뒤덮는 온실가스의 주성분이다. 행성 지구의 온도는 점점 더 높아지고 있다. 그리고 이 기후변화는 모든 곳의 날씨에 영향을 미치고 있다. 이는 더 심각해진 태풍, 홍수, 폭염, 산불, 가뭄으로 나타난다. 북극의 얼음과 빙하가 녹으면서 해수면이 상승해 저지대에 사는 사람들을 위협하고 있다. 분쟁과 지구 온난화로 인한 난민의 수는 계속해서 증가하는 중이다.

화학 살충제, 인공 비료 등에 의존하는 산업화된 농업은 생물다양성에 끔찍한 영향을 미치고, 우리를 병들게 하고, 우리가 의존하고 있는 바로 그 토양을 죽이고 있다. 상업적 어업은 바다를 고갈시키고 수천 개의 소규모 시골 지역사회의 생계를 위협하고 있다. 소위 공장식 축산에서 수십억 마리의 식용 동물을 기르기 위해서는 그 동물들을 먹일 식량을 재배하기 위한 거대한 땅과 많은 물이 필요하다. 또한 그 동물들이 음식을 소화하는 과정에서 매우 치명적인 온실가스인 메탄이 대량으로 생성된다. 그리고 그 동물들이 처한 상황은 지금 우리에게 잘 알려져 있듯이 너무나 끔찍하다. 지각이 있는 존재이지만 단지 상품으로만 취급되는 동물들에게 인간은 믿기 힘든 고통을 주고 있다.

동물에 대한 우리의 착취가 최근의 팬데믹을 초래했다는 사실은 정신이 번쩍 들게 한다. 사람들이 야생지역으로 더 깊숙이 들어갈수록 동물과 더 밀접하게 접촉하게 되고 때로는 바이러스가 동물에게서 사람으로 넘어온다. 만약 바이러스가 인체의 세포와 결합하면 새로운 질병이 생길 수 있다. 공장식 축산은 새로운 질병을 만들어내는 온상이다. 동물이나 동물의 신체 일부가 불법 야생동물 거래를 통해 전 세계로 이동해 야생동물 시장에서 음식, 의약품, 의류 또는 애완동물로 팔린다. 현재 진행 중인 코로나19는 중국의 야생동물 시장에서 시작된 것 같다. 그리고 코로나 19는 전 세계적으로 막대한 인간 고통과 경제적 혼란을 야기했다.

사람들이 희망을 잃고 있다는 것은 놀랍지 않다. 그 모든 나쁜 소식에 직면하면서, 많은 사람들이 내가 정말 희망을 가지고 있는지 물었다. 글쎄, 나는 우리 인류가 매우 길고 어두운 터널 입구에 있는 것 같다. 바로 끝에 작은 별이 밝게 빛난다. 그것이 희망이다. 그러나 이 희망은 희망적인 생각이 아니라 행동에 관한 것이다. 우리는 터널 입구에 앉아서 그 별이 우리에게 오기만을 바라지 말아야 한다. 안된다! 우리는 소매를 걷어붙이고, 위로 기어오르고, 아래로 구르고, 앞에서 언급한 우리와 별 사이에 있는 모든 장애물을 해결해나가야 한다.

좋은 소식은 이 모든 문제를 해결하기 위해 노력하는 사람들이 있다는 것이다. 하지만 불행히도 그들은 종종 단절된 채로 일한다. 그들은 그들 자신의 문제는 해결할 수 있을지도 모른다. 하지만 전체 그림을 보지 않는 한 이것이 다른 곳에서 문제를 일으킬 수 있다는 것을 깨닫지 못할 수 있다(탄광을 폐쇄하는 것은 좋다! 하지만 실직과 빈곤으로 이어질 수 있다). 우리는 함께 일하고, 협력하고, 생각과 해결책을 공유해야 한다. 그리고 개인, 기업, 국가 간에 그러한 협력이 이루어져야 한다.

미디어는 우리에게 끊임없이 모든 나쁜 소식을 퍼붓고 있다. 우리가 무슨 일이 일어나고 있는지 확실히 이해해야 하는 것은 맞지만 미디어의 나쁜 소식이 거꾸로 우리가 희망을 잃게 만드는 건 큰 문제이다. 그러므로 미디어는 전 세계에서 진행되는 놀라운 프로젝트와 사람들에 대한 정보를 더 많이 제공해야 한다. 그런 이야기는 우리에게 "그들이 할 수 있다면 우리도 할 수 있다"라는 희망과 에너지를 주기 때문이다.

오늘날 많은 국가가 생물다양성 손실을 늦추고 야생동물 밀매와 부패를 막기 위한 노력의 일환으로 숲과 서식지를 보호하고 복원하려는 계획을 세우고 있다. 점점 더 많은 국가에서 재야생화 프로그램, 야생동물 서식지 보호 및 복원, 수년 동안 지역에서 멸종된 종 재도입에 관한 노력을 하고 있다. 내가 다년간 침팬지를 연구했던 곰베는 한때 벌거벗은 언덕으로 둘러싸여 있었다. 원래의 숲은 식량을 재배하거나 숯이나 목재로 돈을 벌기 위해 더 많은 땅을 필사적으로 원하는 사람들에 의해 베어졌다. 1994년에 제인 구달 연구소는 사람들이 환경을 파괴하지 않고 생존하는 방법을 찾을 수 있도록 고안된 지역사회 주도 보존 방법을 개발했다. 'TACARE The Lake Tanganyika Catchment Reforestation and

Education'는 현재 탄자니아의 침팬지 서식지 전역 104개 마을과 협력하고 있다. 우리는 위성 이미지를 통해 위대한 곰베 생태계에 숲이 우거진 지역들이 다시 돌아오고 있는 모습을 확인할 수 있었다. 더 이상 벌거벗은 언덕은 없다. 그리고 이제 사람들은 숲을 보호하는 것이 야생동물만을 위한 것이 아니라 그들 자신의 미래를 위한 것임을 깨달았다. 그들은 이제 보존을 위한 우리의 사업 파트너가 되었다. 이 프로그램은 아프리카의 다른 6개국에서도 진행되고 있다.

추적 장치, 카메라 트랩 등은 동물의 움직임을 추적하는 데 큰 도움이 되는 유용한 기술이며, GPS 및 위성 이미지는 지구 생태계를 더 잘 이해하고 보호하는 데 도움이 될 수 있다. 어린이들을 포함한 점점 더 많은 사람들이 야생동물에 대해 배우고 시민 과학에 참여하고 있다. 시민 과학은 다양한 종의 존재 여부를 확인하고 동물들의 이주를 추적하는 데 정말 유용하다.

수백 명의 헌신적인 사람들이 동물원에서 사육되는 동물들을 포함해 음식, 연구, 오락, 트로피 사냥 등을 위해 착취당하는 동물들의 환경을 개선하기 위해 노력하고 있다. 한국에서는 수족관에 남아 있는 마지막 남방큰돌고래가 최근 바다로 풀려났다. 질병에 대한 이해와 치료에서도 놀라운 기술적 진보가 이루어졌다. 많은 회사가 새로운 약을 시험하기 위해 인간 세포, 장기 등의 컴퓨터 모델링과 같은 다양한 기술을 연구하고 있다. 이러한 기술은 동물을 대상으로 수행된 실험보다 더 신뢰할 수 있을 뿐만 아니라 더

저렴하며 엄청난 수의 동물들이 고통을 겪지 않도록 해줄 것이다.

자연에 반하는 대신 자연과 함께 일하고 생물다양성을 늘리고 점차 토양의 건강을 회복시키는 재생 농업, 영속 재배 등에 관한 관심이 높아지고 있다. 그리고 농부들이 유독성 농약에 의존할 필요가 없이 해충을 방제하는 생물학적 해결책도 있다. 더 많은 사람들이 동물성 제품이 포함된 식단보다 환경에 훨씬 덜 해로운 건강한 식물성 식단으로 전환하고 있다. 그리고 고기, 계란, 우유 대신 훨씬 더 맛있는 대체식품을 생산하기 위해 노력하는 회사들도 있다.

제인 구달 연구소와 뿌리와 새싹Roots and Shoots을 포함하여 나무를 심는 수천 개의 단체가 있고, 이러한 단체 중에는 도시의 녹화에 힘쓰는 곳도 있다. 도시의 나무는 온도를 낮추고, 대기오염 및 소음공해를 물리치고, 홍수 위험을 줄이고, 야생동물의 서식지를 제공하고 미학적으로 우리를 기쁘게 해준다. 녹지에서 시간을 보내는 것은 정신 및 신체 건강을 개선하고 범죄를 줄이는 것으로 입증되었다.

쓰레기를 수거하는 것뿐만 아니라 버려진 제품을 재사용하는 혁신적인 방법을 찾고, 재활용을 통해 우리가 만들어내는 엄청난 양의 쓰레기를 줄이기 위해 일하는 사람들이 있고, 감자 껍질 또는 다른 식물 제품으로부터 플라스틱을 대체하는 생분해성 대체물을 생산하는 기술들이 있다. 그리고 재생 가능한 에너지를 만들기 위해 태양, 바람 또는 조류의 에너지를 활용하는 데 노력하는 많은 과학자들이 있다. 또 수소 기반 경제에 관해 연구하는 사람들도 있다. 대기에서 탄소를 포획하는 기술은 다양한 목적으로 사용할 수 있다. 그중 하나는 탄소를 압축한 다음 고품질 다이아몬드를 만드는 데 사용하는 것이다. 이는 파괴적인 채굴의 필요성을 줄여준다. 특히 희망적인 것은 크고 작은 기업들이 탄소중립적이고, 윤리적이고, 환경적으로 지속 가능한 비즈니스 모델을 채택하기 위해 노력하고 있다는 사실이다. 일부 기업은 수익의 일부를 토지 재생과 자사 근로자 및 지역사회 복지에 투자하고 있다. 부분적으로 이는 비윤리적으로 생산된 제품 구매를 거부하는, 정보에 빠른 소비자가 증가하고 있기 때문이다.

나는 27개국에 있는 제인 구달 연구소 지부가 만들어낸 집단적인 변화가 정말 자랑스럽다. 이들은 모두 세상을 더 나은 곳으로 만들기 위해 노력하고 있다. 그리고 나는 한국을 포함해 현재 65개국 이상에서 활동하고 있는 뿌리와 새싹 단체의 활동에서도 영감을 받는다. 모든 연령대의 수십만 명의 회원들은 프로젝트를 진행하고 사람, 동물, 그리고 환경을 위해 더 나은 세상을 만들려는 행동을 취한다.

만약 여러분이 모든 좋은 소식을 주시하기 시작하면 네 가지 강력한 희망의 이유를 깨닫게 될 것이다. 바로 놀라운 인간의 두뇌, 자연의 회복력, 젊은이들의 에너지와 결단력, 불굴의 인간 정신이다. 그러니 우리 각자가 매일 변화를 만든다는 것을 기억하면서 함께 모여 행동하자. 우리는 불가능해 보이는 것들을 극복하고 성공하는 사람들의 불굴의 정신에 경탄한다. 그러니 그들을 본받자. 절대 포기하지 말고 함께 우리 아이들 그리고 그 아이들의 아이들을 위해 세상을 구하자.

2023년 1월
제인 구달

차례

서문

여러 해 전, 1974년 봄에 나는 파리의 노트르담 대성당을 방문했다. 주변에 사람들이 별로 없었고, 성당 안도 조용하고 차분했다. 나는 경외감 속에서 침묵하며 아침 햇살에 빛나는 거대한 장미 무늬 창을 응시했다. 갑자기 장엄한 소리가 성당을 가득 메웠다. 멀리 모퉁이에서 거행되는 결혼식을 위해 오르간이 연주되었던 것이다. 바흐의 〈토카타와 푸가 D단조〉였다. 나는 그 곡의 시작 테마를 매우 좋아했다. 그러나 그때 들린 그 음악은 성당의 거대한 공간을 가득 채우고는 마치 음악 자체가 살아서 나의 내부로 들어와 자아를 완전히 사로잡는 듯했다.

무언가에 도취된 그 영원의 순간은 내 인생을 통틀어 신비로운 무아의 경지에 가장 가까이 다가간 시간이었을 것이다. 보잘것없는 태고의 먼지가 우연히 선회하다가 바로 그 순간 이끌려 나왔다고 어떻게 믿을 수 있겠는가? 하늘로 치솟은 성당, 그 성당을 설립한 사람들의 집단적인 영감과 신앙, 바흐의 출현, 진실을 음악으로 옮겨놓은 바흐의 두뇌, 그리고 그때 나 자신이 그랬듯이 가차 없는 진화의

16

과정을 파악할 수 있는 마음, 이 모든 것이 우연이었을까? 이 모든 것이 우연이라고는 믿을 수 없다. 필연을 받아들여야만 한다. 그리고 우주에는 인도하는 힘이 있다는 것을 믿어야 한다. 다시 말해, 신의 존재를 믿어야 한다.

과학자로서 나는 직관적이고 영적이기보다는 논리적이고 경험적으로 생각하도록 배웠다. 1960년대 초 케임브리지대학교에 다녔을 때 동물학과의 과학자와 학생들 대부분은, 내가 아는 한에서는 불가지론자이거나 심지어는 무신론자였다. 신의 존재를 믿는 사람들은 그 사실을 동료들에게 알리지 않았다.

다행히도 케임브리지에 갔을 때 나는 스물일곱 살이었고 내 믿음은 이미 형성되어 있어서 그러한 의견들에 영향을 받지 않았다. 나는 그리스도교인으로서 하나님이라 불리는 영적 존재의 힘을 믿었다. 그러다가 점점 나이가 들고 다른 신앙들에 대해서도 알게 됨에 따라, 결국 단지 하나의 신이 상이한 이름들로 존재한다는 것을 믿게 되었다. 알라, 도道, 조물주 등의 이름이 그것이다. 나에게 신은 '우리가 그 안에서 살고, 그 안에서 움직이고, 그 안에서 존재하는' 위대한 성령이었다. 나 역시 이 믿음이 흔들려 신의 존재에 의문을 가지고 거부했던 때도 있었다. 그리고 우리 자신과 지구상의 다른 생명체들을 위해서 우리 인간이 만든 환경적·사회적 혼란을 없앨 수 있다는 생각을 단념했던 때도 있었다. 왜 인간 종은 그다지도 파괴적인가? 왜 그렇게 이기적이고, 탐욕스럽고, 때로는 진정으로 사악한가? 지구상에 생명이 출현한 어떤 근원적인 의미도 있을 수 없다고 느꼈다. 아무 의미가 없다면, 언젠가 뉴욕의 한 스킨헤드족이 신랄하게 말했듯이 인간 종은 단순히 '진화의 실수'가 아닌가?

하지만 여러 가지 상황들로 인해 촉발된 그런 의심의 시간들은 상대적으로 드문 편이었다. 나의 두 번째 남편이 암으로 죽었을 때, 부룬디에서 종족 간 증오가 분출하여 홀로코스트의 말 못할 죄악을 상기시키는 끔찍한 고문과 대량학살이 일어났다는 소문을 들었을 때, 탄자니아의 곰베 국립공원에서 연구하던 내 학생들 네 명이 납치되어 몸값을 요구받으며 억류되었을 때가 그런 상황들이었다. 그때마다 나는 스스로에게 물었다. 이렇게 많은 고통과 증오와 파괴를 직면하면서 어떻게 신성한 계획이 존재한다고 믿을 수 있겠는가 하고 말이다. 그러나 어쨌든 나는 의심의 시간들을 극복했다. 나는 대체로 미래에 대해 낙관적이다. 오늘날에는 신이든 인간 운명이든 간에 예전에 가졌던 신앙과 희망을 잃어버린 사람들이 많다.

1986년부터 나는 여행을 해왔다. 제인 구달 연구소의 다양한 환경 보존 사업과 교육 사업을 위한 기금을 모으기 위해서, 또 내가 몹시 중요하다고 느낀 메시지를 가능한 한 많은 사람들과 나누기 위해서이다. 그 메시지는 인간의 본성, 그리고 우리 인간과 지구에 함께 살고 있는 다른 동물들과의 관계에 대한 것이다. 지구 생명체의 미래에 대한 희망의 메시지이기도 하다. 때로 이 여행들은 정말로 사람을 지치게 한다. 이를테면 최근 7주간 북아메리카를 여행하는 동안 나는 27개 도시를 돌며, 총 32대의 비행기(비행기 안에서는 항상 늘어나기만 하는 산더미 같은 서류를 처리하느라 애먹었다)를 오르내렸으며, 71번의 강연에서 3만 2500명의 사람들에게 직접 연설을 했다. 게다가 170번의 기자회견을 했고, 많은 업무 회의와 점심, 저녁, 심지어 아침식사 만남까지 가졌다. 내 순회강연의 모든 일정은 거의 미친 듯이 돌아가고 있었다.

여행하는 동안 사람들과 만나는 즐거움을 감소시키는 일이 한 가지 있다. 나는 안면인식장애, 즉 얼굴을 알아보는 데 문제가 있는 아주 이상하고 당혹스러운 신경학적 이상으로 고생하고 있다. 처음에는 그것이 어떤 정서적 게으름에서 기인한다고 생각했다. 그래서 다음에 만났을 때 알아볼 수 있도록 사람들의 얼굴을 기억하고자 필사적으로 노력했다. 유별난 골격 구조나 매부리코를 갖고 있다든지, 매우 아름답거나 아니면 그 반대와 같이 명백한 신체적 특징을 가진 경우는 문제가 없었다. 그러나 여타의 얼굴에 대해서는 처참하게 실패했다. 때로는 내가 즉시 알아보지 못하여 사람들이 당황해하는 것도 느낄 수 있었다. 나도 확실히 당혹스러웠다. 너무 난처해서 그것에 대해서는 아무에게도 말하지 않았다.

그런데 최근에 친구와 이야기를 나누다가, 그 친구도 같은 문제로 고민하고 있다는 것을 아주 우연히 알게 되었다. 믿을 수가 없었다. 그 뒤 여동생 주디도 비슷한 곤란을 경험했다는 것을 알았다. 아마도 다른 사람들도 같은 문제를 가지고 있었을 수도 있다. 나는 저명한 신경학자 올리버 색스 박사에게 편지를 보내 그런 이상한 상태에 대해 들어본 적이 있는지 물었다. 그는 들어보았을 뿐만 아니라 자신도 그로 인해 고통받고 있다고 했다! 그의 상태는 나보다 훨씬 더 심했다. 올리버 색스는 크리스틴 템플의 〈발달상의 기억 손상: 얼굴과 유형〉이라는 논문을 보내주었다.

이제 죄책감을 느낄 필요가 없음을 알게 되었지만, 어떻게 대처해야 할지 여전히 어려운 문제다. 어떻게 만나는 모든 사람에게 다음엔 내가 당신을 아마 전혀 몰라볼 것이라고 말하며 돌아다닐 수 있단 말인가! 아니, 그래야만 할까? 그것은 굴욕감을 줄 것이다. 왜냐하면 대부분의 사람들은 단순히 내가 자신들을 알아보지 못한 실수에 대해 애써 변명거리를 만들어내고 있으며, 실제로는 자신들에게 전혀 관심이 없다고 생각하여 상처받을 것이기 때문이다. 나는 할 수 있는 한 최선을 다하여 대처해야 한다. 모두를 알아보는 체하는 것으로써 말이다! 어색한 순간도 있겠지만 그래도 그편이 차라리 나을 것 같다.

사람들은 (내가 알아보든 못 알아보든!) 내가 어디에서 힘을 얻는지 항상 묻는다. 또한 내가 무척 평화로워 보인다고 한마디씩 한다. 어떻게 그다지도 평화스러울 수 있느냐고 말이다. 사람들은 또 묻는다. 내가 명상을 하는지, 신앙심이 깊은지, 기도하는지 말이다. 무엇보다도 그렇게 많은 환경 파괴와 인간 고통에 직면하면서도 어떻게 낙관적일 수 있는지를. 이를테면 과잉 인구와 과소비, 공해, 삼림 남벌, 사막화, 빈곤, 기근, 잔혹함, 증오, 탐욕, 파괴, 그리고 전쟁과 같은 것에 대해서 말이다. 그들은 내가 말한 바를 스스로도 정말로 믿고 있는지 의아해하는 것 같다. 내가 속으로 무슨 생각을 하는지, 삶의 철학은 무엇인지, 나의 낙관주의와 희망을 구성하는 비밀스러운 것들은 무엇인지 궁금해하는 것 같다.

나는 바로 이런 질문들에 답하기 위해 이 책을 썼다. 나의 답변이 유익할지도 모르기 때문이다. 이 책을 쓰는 일은 많은 영적 탐색이 요구되었으며, 내 생애에서 생각하고 싶지 않은 시간들을 다시 일깨웠고, 고통을 주었다. 그러나 나는 내 이야기를 솔직하게 쓰고자 노력했다. 그러지 않으려면 도대체 왜 책을 쓰겠는가? 만약 여러분이 나의 개인적 철학과 신념에서, 여러분 자신의 고단한 행로를 여행하는 데 유용하고 깨달음을 줄 어떤 것을 발견하게 된다면, 나의 노고는 헛되지 않을 것이다.

한 살 때, 잘 차려입은 나의 모습.

1장

시작

삶의 오르막과 내리막, 절망과 기쁨 속에서도
어떤 커다란 계획을 따르고 있었다는 믿음이 든다.
물론 그 과정에서 길을 잃고 방황한 때가 많았던 것도 사실이다.
그러나 진실로 길을 잃었던 적은 결코 없다.
보이지도 만져지지도 않는 바람이, 떠도는 작은 조각을 정확한 길로
부드럽게 밀어주거나 혹은 맹렬하게 불어주었던 것처럼 느껴진다.
그 표류하는 작은 조각이 바로 과거의 나였고,
또한 지금의 나이다.

이 이야기는 지구 시간으로 65년을 걸어온 한 사람의 여정, 바로 나의 여정에 대한 것이다. 이야기란 보통 '처음'에서 시작되기 마련이다. 그러나 과연 맨 처음이라 할 수 있는 때는 언제일까? 귀엽지만 못생긴 얼굴로 런던의 한 병원에서 태어난 그때인가? 자궁에서 강제로 밀려나는 고통과 냉대에 소리치며 첫 호흡을 내뱉은 그때일까? 혹은 좀 더 이르게 봐서, 어둡고 축축한 비밀스러운 곳에서 꼬물거리는 수백만 개의 작은 정자들 중 하나가 난자를 만나 자궁에 자리 잡은 뒤, 생물학적으로 또한 마술적으로 한 아기로 변하게 되는 그때일까? 그러나 실제로 그것이 처음은 아니다. 왜냐하면 부모로부터 전해받은 유전자는 아주아주 오래전에 생겼기 때문이다. 그리고 나의 특징들은 어린 시절을 둘러싼 사람들과 사건들, 즉 부모의 성격과 지위, 태어난 나라, 그리고 성장한 시대에 의해 만들어진 것들이기 때문이다. 그렇다면 이 이야기는 나의 부모로부터, 또한 히틀러와 처칠, 스탈린을 만들어낸 1930년대 유럽의 역사적·사회적 사건들로부터 시작해야 하는가? 아니면 유인원 혈통에서 최초로 태어난 진정한 인간적 존재로 거슬러 올라가거나, 첫 온혈 포유류로 돌아가야만 하는가? 혹은 알려지지 않은 시간의 안개를 더더욱 거슬러 올라가, 어떤 신성한 목적이나 우주적 사건의 결과로 지구라는 행성에 최초의 생명 한 점이 나타난 때로 가야 하는가? 그때부터 나의 이야기를 시작할 수도 있다. 아메바에서 시작해 유인원을 거쳐, 신의 존재에 대해 사유할 수 있고 지구와 별 저편에 있는 생명의 의미를 이해하고자 노력하는 인간에 이르기까지, 생명이 취해온 이상한 경로를 쫓아가는 것이다.

그러나 진화에 대해 그렇게 깊이 논하고 싶지는 않다. 단지 나 자신의 관점에서 약간만 이야기하고자 한다. 세렝게티 평원에서 고대 생명체의 화석을 손에 쥐고 서 있던 순간부터, 침팬지의 두 눈을 들여다보며 사고하고 추론하는 그 어떤 존재가 나를 되쳐다보고 있다고 느꼈던 그 순간까지를 다루겠다. 여러분은 진화를 믿지 않을지도 모른다. 그래도 괜찮다. 우리 인간이 어떻게 오늘날의 모습으로 진화했는지보다는 우리가 저질러온 잘못을 해결하기 위해 지금 어떻게 해야 하는지가 훨씬 중요하기 때문이다. 신에 대해 사고할 수 있는 인간이 세상의 다른 생명체들과 자신들을 어떻게 관련시킬 수 있는가? 인간의 책임은 무엇인가? 그리고 궁극적으로 인간의 운명은 어떠한가? 이러한 의문에 답하기 위해서 나는 간단히, 내가 첫 번째 숨을 내쉬고 얼굴을 찌푸린 채 첫 울음을 터뜨렸던 1934년 4월 3일부터 이야기를 시작하려 한다.

나는 살면서 만난 많은 사람들과 사건들로부터 큰 영향을 받아왔다. 다시없이 즐거운 때도 보내고 때로는 깊은 슬픔과 고통에 잠기기도 하면서 웃는 법, 특히 나 자신에게 웃는 법을 배웠다. 나의 인생 경험과 그것을 함께 나눈 사람들은 나에게 많은 것을 가르쳐주었다. 가끔씩은 나 자신이, 나의 존재를 알지도 개의치도 않는 고인 물 위에 오도 가도 못하고 떠 있다가 한순간에 휩쓸려 무정한 바다에 내던져지는, 무력한 한 조각 부유물로 느껴지기도 했다. 또 어떤 때는 강력하고도 알 수 없는 흐름에 빨려들어 허무를 향해 달려가는 것처럼 느껴지기도 했다. 그래도 돌이켜보면 삶의 오르막과 내리막, 절망과 기쁨 속에서도 어떤 커다란 계획을 따르고 있었다는 믿음이 든다. 물론 그 과정에서 길을 잃고 방황한 때가 많았던 것도 사실이다. 그러나 진실로 길을 잃었던 적은 결코 없다. 보이지도 만져지지도 않는 바람이, 떠도는 작은 조각을 정확한 길로 부드럽게 밀어주거나 혹은 맹렬하게 불어주었던 것처럼 느껴진다. 그 표류하는 작은 조각이 바로 과거의 나였고, 또한 지금의 나이다.

내가 어떤 사람이 될지를 결정한 것은 의심할 것도 없이 내가 받은 교육과 나의 가족, 그리고 어린 시절에 일어난 사건들이다. 우리 집은 원래 기독교 집안이라서 정확히 네 살 터울인 동생 주디와 나는 자라면서 기독교 윤리가 서서히 몸에 배었다. 그러나 가족의 종교를 결코 강요당하지는 않았다. 교회에 억지로 다니지도 않았으며, 학교에서 말고는 식사 전에 감사 기도를 하지도 않았다. 하지만 밤에는 침대 옆 마루에 무릎을 꿇고 기도해야 했다. 처음부터 우리는 용기, 정직, 연민, 인내와 같은 인간적 가치의 중요성을 배웠다.

나는 텔레비전과 컴퓨터 게임 시대 이전에 자라난 대부분의 아이들처럼 바깥에서 지내는 것, 뜰의 비밀 장소에서 노는 것, 자연에 대해 배우는 것을 매우 좋아했다. 어려서부터 살아 있는 것들에 대한 애정을 키우도록 격려받아 경이감과 경외감을 발달시켰으며, 그리하여 영적인 깨달음으로 나아갈 수 있었다. 우리 집은 결코 부유한 편이 아니었지만, 돈을 그렇게 중요하게 여기지는 않았다. 자동차는 물론 자전거조차도 살 수 없고 값비싼 해외 휴가를 보낼 형편도 아니라는 것은 문제가 되지 않았다. 먹을 것이 충분했고, 약간의 입을 옷가지가 있었으며, 사랑과 웃음과 재미가 넘쳤다. 사실 나의 어린 시절이야말로 최상의 어린 시절이라고 할 수 있다. 한 푼의 돈도 귀했기 때문에, 아이스크림 사 먹기나 기차 여행, 영화 관람 같은 작은 여유 모두가 소중했고 추억할 만한 큰 기쁨이 되었다. 모든 사람들이 이런 어린 시절과 가족을 가질 수 있도록 축복받는다면 이 세상은 얼마나 다른 곳이 되겠는가!

65년 남짓한 생을 뒤돌아보면, 모든 것이 있어야 할 자리에 놓여 있었던 것처럼 느껴진다. 어머니는 자연과 동물에 대한 나의 열정을 너그럽게 보아주고 격려까지 해주었으며, 무엇보다도 스스로에 대한 믿음을 갖도록 가르쳐주었다. 지금 생각하면, 모든 것이 1957년 아프리카로 초대된 그 놀라운 사건 쪽으로 자연스레 흘러간 듯싶다. 그곳에서 루이스 리키 박사를 만났고, 그는 나를 곰베와 침팬지의 길로 들어서도록 해주었다. 사실 나는 매우 운이 좋았다. 비록 어머니는 행운이 내 이야기의 일부분에 불과하다고 항상 말했지만 말이다. 어머니는 당신 어머니가 그러했던 것처럼 성공은 늘 결단과 노력을 통해서 오며 "실패는 (…) 운에 달린 것이 아니라 자기가 모자란 탓"이라고 믿었다. 나도 그 말이 맞다고 생각한다. 그러나 내가 일생 동안 열심히 일한 것도 사실이지만(피할 수만 있다면 누가 모자라기를 바라겠는가!) 운 또한 중요한 역할을 했을 것이라 인정하지 않을 수 없다. 내가 스스로 노력해서 좋은 가정에 태어난 것은 아니니까 말이다. 그리고 내가 막 한 살을 넘었을 때 아버지(모티머 혹은 모트 구달이라고 불렸다)가 주빌리를 선물로 주었다. 주빌리는 커다란 침팬지 봉제인형인데, 런던 동물원에서 처음으로 태어난 침팬지 새끼 주빌리의 탄생을 축하하기 위해 만든 것이었다. 어머니의 친구분들은 이 흉측한 인형 때문에 내가 놀라 악몽을 꾸게 될 것이라고 걱정했다. 그러나 주빌리는 곧 나의 가장 소중한 친구가 되어서 어린 시절의 모험 거의 모두를 함께해주었다. 늙은 주빌리는 지금도 여전히 나와 함께 있다. 사랑을 너무 받아 털이라고는 거의 다 빠진 채, 내가 자란 집 침대에서 대부분의 시간을 보낸다.

나는 늘 온갖 종류의 동물에게 강렬히 매료되곤 했다. 그렇지만 내가 태어난 곳은 동물이라고는 개, 고양이, 참새, 비둘기, 그리고 단지 주민들과 함께 쓰는 작은 뜰에 사는 몇몇 곤충들밖에 없는 런던의 한복판이었다. 나중에 시 근처 외곽으로 집을 옮겨서 아버지는 일터까지 매일 통근하셨는데, 그곳의 자연도 포장도로, 집, 다듬은 정원들이 전부였다.

이제 아흔네 살이 된 어머니는 내가 어린 시절에 얼마나 동물에게 매력을 느꼈고 동물들을 위했는지 즐겨 이야기한다. 어머니가 가장 좋아하는 이야기 중 하나는 내가 18개월 정도 되었을 때 런던 정원에서 지렁이를 한 움큼 모아다가 침대 곁에 갖다 놓았던 일이다.

어머니는 이 꿈틀대는 수집품을 응시하면서 "제인, 지렁이들을 여기에 두면 죽는단다. 흙에 있어야 돼"라고 말했다.

그래서 나는 급히 지렁이를 모두 모아 뜰로 다시 아장아장 걸어 나갔다.

이 일이 있은 후 얼마 안 되어, 우리는 콘월의 거친 바위 해변 가까이에 있는 어머니 친구 집에 갔다. 바닷가에 이르렀을 때 나는 밀려오고 밀려가는 바다 물결과 그곳의 풍부한 생명체에 사로잡혔다. 내가 물통에 담아 집까지 가져온 조개가 모두 살아 있었다는 것은 아무도 몰랐다. 어머니가 내 방에 들어왔을 때, 밝은 노란색을 띤 작은 바다 달팽이 들은 침실 바닥과 벽, 그리고 옷장 뒤 등 사방에서 기어다 니고 있었다. 어머니가 달팽이는 바다를 떠나면 죽는다고 이야기했을 때 나는 발작할 지경이 되었다. 어머니 말로는, 그때 온 집안사람들이 하던 일을 즉시 멈추고 나를 도와서 달팽이들을 바다로 바삐 돌려보내야 했다고 한다.

또 다른 이야기 하나는, 내가 겨우 네 살이었을 때에도 이미 진정한 자연주의자의 소질을 지녔음을 보여주는 것 이라 단골 레퍼토리가 되었다. 어머니는 할머니인 너트 여 사(나는 '그래니granny(할머니라는 뜻 – 옮긴이)'라 발음할 수 없었기 때문에 대 니 너트라 불렀다)와 함께 지내러 가족 농장으로 갔다. 물론 나 도 데리고 말이다. 나에게 맡겨진 일 중 하나는 계란을 모 으는 것이었다. 며칠이 지나자 나는 점점 알쏭달쏭해졌다. 암탉의 어디에 알이 나올 만큼 그렇게 큰 구멍이 있단 말 인가? 아무도 이를 적절하게 설명해주지 않았음이 분명 했다. 나는 내 힘으로 알아보기로 마음먹었다. 암탉을 따 라 나무로 만든 작은 닭장 중 하나로 들어갔다. 그러자 닭 은 끔찍하게 꽥꽥거리면서 재빨리 도망쳤다. 그때 어린 생 각으로는 내가 먼저 그곳에 가 있어야 한다고 판단했던 것 같다. 그래서 다른 닭장으로 기어들어가, 닭이 들어와 알을 낳기를 기다렸다. 짚 덤불에 몸을 숨기고 구석에 조용히 웅 크리고 앉아 계속 기다렸다. 마침내 암탉 한 마리가 들어 와서 짚단을 여기저기 헤집다가 내 바로 앞에 둥지를 틀고 앉았다. 나는 닭이 놀랄까 봐 매우 조용히 있어야만 했다.

이윽고 닭이 반쯤 앉았고, 동그랗고 하얀 물체가 서서히 암탉의 다리 사이 깃털 속에서 나오는 것이 보였다. 갑자기 '퐁' 하면서 달걀이 짚 위에 떨어졌다. 암탉은 기뻐서 꼬꼬댁거리며 깃털을 흔들었고, 부리로 알을 쿡쿡 굴린 후 떠났다. 내가 사건의 전 과정을 이다지도 명확하게 기억하고 있는 것이 무척 놀랍다.

흥분에 휩싸인 채 암탉의 뒤를 따라 기어나와 집으로 뛰어갔다. 날은 이미 어두워졌다. 그 작고 답답한 닭장에서 거의 네 시간이나 있었던 것이다. 온 가족이 나를 찾아다녔다는 것도 까맣게 모르고 있었다. 집에서는 나를 잃어버렸다고 경찰에 신고까지 해놓았다. 걱정하며 찾고 있던 어머니가 흥분해서 집으로 뛰어오는 나를 발견했다. 그러나 어머니는 꾸짖지 않았다. 대신 초롱초롱 빛나는 내 눈빛을 보고는 자리에 앉아서, 암탉이 어떻게 알을 낳았는지, 알이 마침내 땅에 떨어졌을 때 얼마나 놀라웠는지에 관한 내 이야기를 들어주었다.

나에게 생명에 대한 애정과 지식에 대한 열정을 길러주고 격려해준 현명한 어머니가 있었다는 것은 확실히 행운이다. 가장 중요했던 것은 당신의 자녀들은 항상 최선을 다해야 한다는 어머니의 철학이었다. 내가 만약 엄격하고 무분별한 규율로 모험심을 억누르는 가정에서 자랐다면 어떻게 되었을지 때로 궁금해진다. 혹은 규칙도 경계도 없는 가정에서 응석받이로 자랐다면 어떻게 되었을지도 궁금하다. 어머니는 규율이 중요하다고 확신했고, 왜 어떤 것은 허용되지 않는지를 늘 설명해주었다. 무엇보다도 어머니는 공정하고 한결같고자 노력했다.

내가 다섯 살이 되고 주디가 한 살이 되었을 때 우리 모두는 프랑스에서 살았다. 아버지는 우리가 자라서 프랑스어를 유창하게 하기를 간절히 바랐기 때문이다. 그러나 도착한 지 몇 달 안 되어 히틀러가 체코슬로바키아를 점령했고, 이것이 나중에 제2차 세계대전으로 연결되어 아버지의 뜻대로 되지 않았다. 우리는 영국으로 되돌아가기로 결정했다. 런던 인근에 있던 우리 집은 이미 팔려서 아버지가 어린 시절을 보낸 낡은 장원 저택에서 대니 너트와 함께 머물렀다. 회색의 화산암으로 지어진 그 집은 켄트 지방의 시골에 자리 잡고 있었고, 소와 양의 방목지에 둘러싸여 있었다. 나는 그곳에서 지내는 것을 너무도 좋아했다. 저택 근방 벌판에는 헨리 8세가 그의 아내 중 한 명을 감금해두었던 폐허가 된 성이 있었는데, 부서진 회색 암석들이 널려 있었고 거미와 박쥐투성이였다. 전기가 없어서 저녁마다 석유등으로 저택을 밝혔는데, 그 냄새가 항상 희미하게 배어 있었다. 60년이 더 흐른 지금도 석유등 냄새를 맡으면 언제나 그 신비로운 시절이 떠오른다. 그러나 그 시절은 오래 지속되지 않았다. 전쟁의 공포가 점점 다가오고 있었다. 아버지가 기회 닿는 대로 입대하리란 것을 알고 있던 어머니는 주디와 나를 외할머니 댁인 본머스에 데려가 머물게 했다. 외할머니 댁은 1872년에 지어진 빅토리아풍 붉은 벽돌집으로 '버치스Birches'라 불렸다.

1939년 9월 3일, 마침내 영국이 독일에 선전포고를 하였다. 나는 당시에 겨우 다섯 살이었지만 그 일을 기억하고 있다. 온 가족이 거실에 모여 있었다. 모두들 긴장 속에서 라디오 뉴스에 귀를 기울였다. 공표 후에는 침묵만 흘렀다. 물론 나는 무슨 일이 일어나고 있는지 이해하지는 못했지만, 그 침묵, 그 임박한 파멸의 느낌은 매우 두려운 것이었다. 반세기가 지난 지금도 빅 벤의 종소리(BBC 뉴스가 시작할 때마다 항상 울리는 소리)를 들을 때마다 무의식적으로 불안을 느낀다.

아버지가 곧 징집될 터라 영국 해협으로부터 걸어서 몇 분 걸리지 않는 버치스가 우리 집이 되었다. 바로 이곳 영국의 남부 해안에서, 나는 나머지 어린 시절과 청소년기를 보냈다. 매우 사랑스러운 이 집은 내가 영국에 머무를 때면 언제나 나의 집이자 은신처가 되어준다. 이 책을 쓰고 있는 곳도 바로 이 집이다.

모두들 대니라고 부르는(여전히 내가 '그래니'를 발음할 수 없었기 때문에) 외할머니는 버치스에 함께 사는 대가족의 확고부동한 우두머리였다. 외할머니는 강인하고 자기 절제와 강철 같은 의지를 가진 빅토리아풍 사람이었다. 지고의 권위로 우리를 다스렸고, 세상의 모든 굶주리는 어린이들을 포용할 정도로 넓은 마음을 갖고 있었다. 웨일스 사람인 외할아버지는 조합 교회의 목사였는데, 내가 태어나기 전에 돌아가셨다. 외할아버지는 카디프, 옥스퍼드, 예일, 이 세 개 대학에서 신학 학위를 받은 뛰어난 학자였다. 외할아버지보다 30년 이상을 더 사신 외할머니는 외할아버지의 모든 편지를 붉은 리본으로 묶어 보관했고, 잠들기 전에 종종 읽어보곤 했다. 또한 매일 밤 침대에 누워 잠들기를 기다리면서 당신이 받은 은총을 세어본다고 우리에게 말했다. 무엇보다도 외할머니는 당신 주변의 일들이 평화롭지 못하면 침대에 들기를 꺼렸다. 많은 사람이 함께 살 때는 항상 사소한 소란과 작은 말다툼이 있는 법이다. 이것들은 취침 시간 이전에 모두 해결되어야만 했다. 외할머니는 "그대의 분노 위에 태양이 지게 하지 말라"라는 말을 인용하곤 했다. 나는 요즘도 친구와 싸우면 "네가 화해하기도 전에, 그리고 미안하다고 말하기도 전에 그(또는 그녀)가 죽는다면 얼마나 끔찍하겠느냐"라는 외할머니의 음성이 들린다. 바로 이것이 시인이자 소설가인 월터 존 드 라 메어의 "매 시각 모든 사랑스러운 것들에서 그대의 마지막을 보시오"라는 말이 감명 깊은 이유라고 생각한다.

우리는 버치스에서 두 이모, 내가 올리라고 부른 올웬 이모와 웨일스 이름인 기네스로 불러주는 것을 더 좋아하는 오드리 이모와 함께 살았다. 이모들보다 나이가 위인 에릭 삼촌은 외과 의사였는데, 대개 주말이면 런던의 병원에서 집으로 돌아왔다. 전쟁이 시작된 지 얼마 안 되어, 유럽 전체에 만연한 혼란과 파괴로 수백만의 다른 사람들처럼 집을 잃어버린 두 명의 미혼 여성이 우리와 함께 살게 되었다. 모든 집들이 그런 불행한 사람들이 지낼 곳을 마련해주라는 부탁을 받았다. 그래서 당시의 버치스는 다양한 사람들로 가득 찬 활기 넘치는 곳이 되었다. 모두 서로 잘 지내는 방법을 배워야만 했다. 집에는 (지금도 그렇지만) 따뜻한 분위기가 넘쳤다. 집은 사람들로 가득했고, 그 많은 사람들에도 불구하고 평화로웠다. 버치스에서 가장 좋았던 곳은 나무가 많은 커다란 정원과 푸른 잔디밭, 그리고 관목들 뒤에 있던 여러 비밀 장소들이었다. 물론 그곳에는 달빛 아래에서 춤추는 땅의 난쟁이와 요정들이 살았다. 새가 둥지를 짓고, 거미가 알집을 나르고, 다람쥐가 서로 뒤쫓으며 나무를 도는 것을 지켜보면서, 자연에 대한 나의 애정이 자라났다.

나의 어린 시절 추억 중에 빠질 수 없는 것은 가슴에 하얀 반점이 있는 사랑스러운 까만 잡종개 러스티다. 러스티는 나의 변함없는 친구였는데, 러스티를 통해 동물의 진정한 본성에 대해 많은 것을 배웠다. 때에 따라 다른 반려동물도 있었다. 고양이들, 기니피그 두 마리, 금빛 햄스터, 여러 종류의 거북이들, 테라핀 거북이(북미산 식용 거북이 - 옮긴이), 그리고 잠은 새장 안에서 자지만 낮에는 방 안을 마음대로 날아다니는 피터라는 이름의 카나리아가 있었다. 한때 주디와 나는 등 껍데기에 숫자를 그려놓은 '경주용' 달팽이를 각자 가지고 있었다. 우리는 달팽이들을 낡은 나무상자 안에 넣어두었다. 그 상자의 뚜껑은 유리로 되어 있고 바닥은 뚫려 있어서, 잔디밭을 옮겨 다니며 상자를 놓아두면 달팽이들이 상자 아래의 민들레 잎을 먹을 수 있었다.

뜰의 한쪽에는 빽빽한 관목으로 둘러싸인 작은 공터가 있어서, 주디와 나는 그곳에 우리 클럽이 모이는 '캠프'를 세웠다. 클럽의 구성원은 우리 둘과 여름 방학 때마다 오는 가장 친한 친구인 샐리와 수지, 이렇게 단 네 명뿐이었다. 캠프 안에는 네 개의 머그컵과 코코아와 약간의 차, 그리고 스푼 하나를 담은 낡은 트렁크를 가져다 놓았다. 우리는 불을 피워서 네 개의 돌 위에 균형을 잡아 깡통을 얹어놓고 물을 끓이곤 했다. 때때로 한밤중의 '잔치'를 즐기기 위해 그곳에 가기도 했다. 전쟁 기간에는 거의 모든 것이 배급되었으므로, 식사 때 남긴 비스킷 한 개나 빵 껍질 한 조각 이상을 먹어본 적이 별로 없다. 우리가 사랑한 것은 집에서 몰래 기어나올 때의 흥분, 그리고 달빛을 받아 유령처럼 보이는 잔디밭과 숲이었다. 우리를 즐겁게 한 것은 작은 빵 조각들이 아니라, 규칙을 어기고 무언가를 해냈다는 바로 그것이었다. 지금도 어떤 음식을 먹는가는 나에게 전혀 중요하지 않다.

행복한 가정에서 자란 대부분의 어린이들처럼 나도 결코 가족의 종교적 신념에 대해 의문을 가지지 않았다. 신은 존재했는가? 물론이다. 그 당시 신은 집 뜰의 나무를 살랑거리게 하는 바람만큼이나 실재적인 것이었다. 신은 매혹적인 동물들과 우호적이고 친절한 사람들이 가득 찬 이 신기한 세계를 좋아했다. 나에게는 기쁨과 놀라움으로 가득 찬 매혹적인 세계였고, 나 또한 그 세계의 일부라고 확실히 느꼈다.

대니는 일요일마다 교회를 나갔는데, 적어도 우리 중 한 명이 항상 동행했다. 사실 오드리 이모는 한 번도 예배에 빠진 적이 없었고, 올리 이모는 성가대에서 노래했다. 그러나 아이들은 함께 가도록 강요받지 않았고, 주일학교에도 가지 않았다. 그럼에도 대니는 우리의 믿음이 자연과 동물에 대한 애니미즘적 숭배에만 그치지 않도록 노력했다. 외할머니는 성부로서의 하나님과 성자로서의 하나님, 그리고 성령으로서의 하나님의 존재를 깊이 믿었다. 외할머니는 당신의 믿음을 주디와 내가 함께하여, 믿음이 가져다주는 안식을 누리기를 바랐다. 그래서 그리스도 가르침의 윤리와 지혜가 우리 삶에 영향을 주도록 최선을 다했다. 우리가 지켜야 했던 규칙은 십계명 안에 담겨 있는 간단한 것들이었다. 외할머니는 때때로 성경 구절을 인용하기도 했다. 외할머니가 가장 좋아했고 나 또한 나의 것으로 받아들인 성경 구절은 "네가 사는 날을 따라서 능력이 있으리로다(신명기 33:25)"이다. 이 구절은 인생에서 가장 힘들었던 시기에 도움이 되었다. 우리는 누구나 불행과 고통, 비탄의 날을 견뎌낼 힘을 발견하게 되어 있다. 나는 항상 그러했다.

어린 시절에는 학교 다니는 일에 그다지 열성적이지 않았다. 나는 자연, 동물, 멀리 떨어진 신비로운 야생의 장소를 꿈꾸었다. 우리 집에는 책장에 책이 가득했는데, 책들이 마루 위에도 떨어져 있었다. 비가 오고 추운 날에는 벽난로 옆 의자에 담요를 둘러쓰고 앉아 다른 세계에 몰두하곤 했다. 그 당시 가장 좋아한 책들은 《둘리틀 박사 이야기》, 《정글북》, 그리고 에드거 라이스 버로스의 경탄할 만한 타잔 시리즈였다. 또한 《버드나무에 부는 바람》을 좋아했다.

잃어버린 새끼 수달이 숲의 신 판pan(그리스 신화에 나오는 자연 과 목축의 신-옮긴이)의 갈라진 발굽 사이에 웅크리고 있는 것 을 발견한, 래티와 몰의 아름답고 신비로운 체험을 지금까 지도 기억한다.《북풍의 등에서》도 나를 사로잡았다. 이 책 은 요즘의 어린이들에게는 아무 의미도 없을 빅토리아풍 의 교훈으로 가득 찬 이야기이다. 주인공 소년 리틀 다이아 몬드는 가난한 가족이 생계를 의지하고 있는 마차 끄는 말, 빅 다이아몬드 위쪽의 다락에서 자고 있었다. 차가운 북풍 이 리틀 다이아몬드의 다락으로 불어오면 때로는 팅커벨 만큼 자그맣고 때로는 느릅나무만큼 큰 아름다운 여자가 소년에게 나타났다. 그녀는 소년을 이끌어 바람 저편 고요 한 곳에 있는 안전한 세계, 아름답고 길고 풍성한 그녀의 머릿결 속에 그를 위해 만든 보금자리를 보여주었다. 이 이 야기는 마술적이고도 신비로웠다. 이 책을 통해 나는 인간 의 고통에 대해 알게 되었으며, 전쟁이라는 실제 삶의 고통 에 대해 어느 정도는 마음의 준비를 할 수 있었다. 전쟁이 극에 달했기 때문에 조용한 본머스에서조차도 그것을 곧 감지할 수 있었다.

독일 비행기가 윙윙거리는 소리와 우레 같은 폭발음이 점점 더 자주 들려왔다. 다행히 폭탄은 피해를 입을 만큼 가까이 떨어지지는 않았다. 그러나 창문이 요란하게 덜컹 거렸고, 창유리 몇 개는 깨지기도 했다. 지금도 공습경보 를 아주 잘 기억하고 있다! 공습경보는 보통 밤중에 울렸 는데, 그때가 폭격기가 날아오는 시간이었기 때문이다. 그러면 우리는 침대를 떠나 작은 공습 대피소로 급히 모여야 했다. 이 대피소는 한때 하녀의 침실이었던 작은 방에 만들어졌는데, 지금도 우리는 그 방을 '공습'이라 부른다. 대피소는 가로 1.8미터, 세로 1.5미터, 높이 1.2미터밖에 안 되고 지붕은 강철로 덮인 나지막한 통같이 생겼다. 이런 것 수천 개가 잠재적 위험 지역에 살고 있는 가구에 지급되었다. '공습 끝'이라는 반가운 소리를 들을 때까지 그곳에서(우리 두 어린아이에다가 어른 여섯까지 합친 많은 사람이) 머물러야 했다.

일곱 살 무렵에는 전투, 패배, 승리의 소식에 익숙해졌다. 유대인에게 가해진 차마 말할 수도 없는 공포와 히틀러 나치 정권의 잔혹성에 대해 신문과 라디오에서 언급했기 때문에, 인간이 다른 인간에게 할 수 있는 비인간적인 행위를 더욱 잘 알게 되었다. 비록 나 자신의 생활은 여전히 애정과 안전으로 충만해 있었지만, 서서히 다른 종류의 세계, 즉 모질고 쓰라린 고통과 죽음의 세계가 있음을 알게 되었고, 인간의 잔인성을 깨닫게 되었다. 우리는 심각한 폭격의 공포로부터 멀리 떨어져 있는 행운아에 속했지만, 전쟁의 표시는 도처에 있었다. 아버지는 싱가포르의 정글 어딘가에 군인으로 갔다. 에릭 삼촌과 올리 이모는 공습경보가 울리면 어두운 밤중에 나가 공습 대비 근무를 해야 했다. 오드리 이모는 전시 농업 보충인원으로 일했다. 등화관제는 매일 밤 우리 생활을 지배했다. 미군 탱크 부대가 버치스 외곽 도로에 주둔했다. 미군 병사 중 한 명은 우리와 친해졌는데, 자신의 부대와 함께 전선에 나갔다가 다른 많은 사람들처럼 전사했다.

심지어 아슬아슬한 일도 일어났다. 그것은 전쟁이 나고 네 번째 여름에 일어난 일이다. 주디와 나, 그리고 가장 친한 친구인 샐리와 수지는 몇 마일 떨어진 바닷가에서 휴일을 보내고 있었다. 그곳에서는 사람들이 직접 모래사장에 들어갈 수 있었다. 당시 대부분의 해안선에는 독일의 침입에 대비하기 위해 가시철조망으로 끝없이 길게 바리케이드가 쳐져 있었다. 하루는 어머니들은 모래 위에 앉아 있고 아이들은 놀고 있었는데, 어머니가 갑자기 평소와 다른 길을 따라 집으로 되돌아가자고 했다. 그 길로 가면 점심시간을 훨씬 지나 도착할지도 모를 만큼 멀리 돌아가는 길이었다. 그러나 어머니는 단호했다. 출발한 지 10분 후 어떤 모래 언덕을 걸어서 넘고 있을 때, 비행기가 매우 높게 나는 희미한 소리가 들렸다. 그 소리는 바다가 있는 남쪽을 향하고 있었다. 지금도 생생히 기억할 수 있다. 위를 쳐다보니, 시가 크기만 해 보이는 두 개의 자그마한 검은 물체가 비행기로부터 푸르디푸른 하늘로 떨어지고 있었다. 종종 독일 폭격기는 지정된 목표물에 폭탄을 다 떨어뜨리지 못한 경우에 해안을 따라 폭탄을 버렸다. 그렇게 하는 편이 기지로 돌아가는 길에 상대편 비행기와 만났을 때 더 안전하기 때문이었다. 나는 두 어머니가 우리에게 누우라고 말하고는 당신들 몸으로 덮어 보호하려고 했던 것이 아직도 기억난다. 폭탄이 땅에 떨어지면서 낸 그 무시무시한 폭발음을 지금도 떠올릴 수 있다. 폭탄 중 하나는 길 중간에 깊은 구명을 만들었다. 어머니의 예감이 아니었다면 정확하게 우리가 가고 있었을 위치였다.

1945년 5월 7일, 유럽에서 마침내 전쟁이 끝났을 때, 나치의 죽음의 수용소에 대한 끔찍한 소문이 사실임이 확인되었다. 신문에 사진들이 실리기 시작했다. 그때 나는 열한 살, 매우 감수성이 예민하고 상상력이 풍부한 나이였다. 가족들은 내가 잔혹한 홀로코스트 사진을 보지 않기를 바랐으나, 이전에 신문을 읽지 못하게 한 적이 없었듯이 그때도 막지는 않았다. 그 사진들은 내 생애에 깊은 영향을 미쳤다. 눈이 움푹 들어간 채 무표정한 얼굴로 걸어가는 앙상하게 뼈만 남은 사람들의 영상을 지울 수가 없었다. 나는 이 생존자들이 겪었을 몸과 마음의 고통, 그리고 수십만의 죽은 사람들의 수난을 이해하려고 노력했다. 사체들이 서로 뒤엉킨 채 쌓여 거대한 산을 이룬 사진을 보았을 때의 충격은 아직도 생생하다. 그러한 일이 일어날 수 있다는 것을 도저히 이해할 수 없었다. 인간 본성의 모든 사악한 측면이 마음대로 날뛰는 가운데 내가 배웠던 가치들, 즉 친절과 관대함과 사랑은 완전히 무시되었던 것이다. 나는 인간이 다른 인간에게 말로 표현할 수 없는 일을 어떻게 할 수 있을까, 그 일이 정말 사실일까 하고 의심했다. 그것은 스페인의 종교 재판이나 언젠가 읽은 적 있는 중세의 모든 고문들을 생각나게 했다. 그리고 흑인 노예에게 가해졌던 가혹한 처사도 떠올리게 했다(나는 갤리선(돛과 노가 있는 병선 - 옮긴이) 에서 아프리카인들이 쇠사슬로 노에 묶여 있고 무자비한 감시자가 손에 채찍을 높이 든 채 서 있는 그림을 본 적이 있다). 처음으로 신의 본성에 대해 의심하기 시작했다. 만약 내가 믿어온 대로 신이 선하고 전능하다면 왜 죄 없는 많은 사람들이 그토록 고통당하고 죽어가도록 내버려두었단 말인가? 홀로코스트는 극적으로 선과 악이라는 오래된 문제를 생각하게 해주었다. 1945년에 이것은 추상적인 신학 문제가 아니었다. 사방에 끔찍한 이야기들이 쌓여가면서 직면해야 했던 바로 현실의 문제였다.

나는 세상일이란 것이 한때 그래 보였던 것처럼 그렇게 단순하지만은 않다는 사실을 알게 되었다. 인생이란 모호함과 모순으로 가득 차 있다. 홀로코스트는 나를 깊이 동요시켰다. 일생 동안 나치와 죽음의 수용소에 대한 책을 읽어야 한다는 강박감에 사로잡혔다. 어떻게 사람이 그렇게 할 수 있었을까? 어떻게 사람이 그런 고문을 견디고 살아날 수 있었을까? 나는 전 생애를 통해 이 질문을 던져온 것 같다.

W.E. Josephs

깊은 생각에 잠긴 내 모습.

러스티와 함께.

부셸의 마구간에서 다니엘과 함께.

왼쪽 윗줄부터 에릭 삼촌, 오드리 이모, 대니 할머니, 나, 올리 이모, 그리고 주디.

2장

준비

나는 내가 어떤 거대한 통일된 힘의 일부라고 느끼기 시작했다.
눈물이 흐르도록 깊은 행복감을 느끼게 하는 것들이 있었고,
'가슴속에 지극한 기쁨의 고통이 한없이 차오르게' 하는 것도 있었다.
그런 감정이 언제 솟아날지 정말 몰랐다. 특히 아름다운 일몰을 보거나,
태양이 구름 뒤에서 얼굴을 내밀고 새가 노래할 때 나무 아래 서 있거나,
어떤 고대 사원에서 완전한 고요함 속에 앉아 있거나 할 때가 그때였을까?
이 같은 순간에는 어떤 거대한 영적인 힘,
바로 신 안에 있다고 강하게 느꼈다.

내가 열두 살 때 부모님이 이혼했다. 어머니, 주디, 나는 버치스에서 계속 살았다. 아버지는 긴 전쟁 동안 단지 몇 차례만 집에 왔는데, 그때마다 이틀 정도밖에 머물지 않았다. 그래서 실제로는 아무것도 변하지 않은 것 같았다. 결국 버치스는 그때까지 7년 동안 나의 집이었다.

나는 배우는 것이 즐거워서 열심히 공부했다. 적어도 영어, 영문학, 역사, 성서, 생물학같이 흥미 있는 과목들을 말이다. 또한 수업 외의 책도 읽어나갔다. 버치스에 있던 수백 권의 책들 중에는 외할아버지의 철학 서적이 많았다. 나는 이 오래된 큰 책들에 매혹되었는데, 그중에는 사랑스러운 옛 고딕 활자체로 인쇄된 것들도 많았다. 읽는 것뿐만 아니라 이야기 쓰는 것도 매우 좋아했고 시도 많이 썼는데,

대부분의 시는 자연과 살아 있음의 기쁨에 대한 것이었다. 나는 주말과 방학을 위해 살았다. 왜냐하면 그때는 러스티와 함께 밖으로 나가 절벽을 돌아다닐 수 있었기 때문이다. 그 절벽은 해안에 솟아올라 모래와 소나무로 덮인 곳이었다. 늦은 봄에는 가시금작화 관목이 밝은 노란색으로 만발하고, 여름에는 만병초가 선명한 담자색과 진홍색으로 빛났다. 그곳에는 다람쥐와 각종 새와 곤충들이 있었다. 그리고 자유가 있었다!

이른 봄 어느 날, 바다 위 절벽 헤더heather(진달랫과에 속하는 상록관목 – 옮긴이) 속에서 족제비가 쥐를 사냥하는 것을 보았을 때의 흥분을 결코 잊을 수 없다. 뜨거운 여름날 밤, 고슴도치가 꿍꿍거리고 쿵쿵 냄새를 맡으며 가시투성이 짝에게 구애하는 것을 본 것도 그렇다. 늦가을 어느 신기한 오후에는 다람쥐가 너도밤나무 열매를 모아 묻는 것을 우연히 보았다. 그 열매들은 다람쥐가 겨울잠에서 주기적으로 깨어날 때마다 식량이 될 것이다. 적어도 다람쥐의 계획은 그랬다. 그러나 다람쥐 위쪽에 앉아 있던 어치(참새목에 속하는 새 – 옮긴이)가 날아와 다람쥐가 조심스럽게 묻어놓았던 것을 빼앗아갔다. 그 장면은 일곱 번이나 반복되었다. 두 번은 다람쥐가 그 도둑을 실제로 지켜보았지만, 전과 같은 열의로 소용없는 일을 계속했다. 나는 또한 적갈색 털을 가진 여우 한 마리를 얼핏 발견하고, 1월의 눈 위에 난 여우 길을 찾아 따라가 어떻게 여우가 토끼를 뒤쫓다가 놓치는지도 보았다.

비록 내가 러스티와 함께 홀로 지내는 것을 좋아했지만 결코 비사교적인 것은 아니었고, 때때로 여자 친구 몇과 지내기도 했다. 당시에는 남녀공학 학교가 드물었고, 내가 다닌 학교는 여학교였다. 우리가 한 놀이가 정확히 기억나지는 않지만, 대개 절벽이나 해변에 나가 놀았다. 서로에게 모래투성이의 가파른 급경사면을 기어오르는 것 같은 다소 위험한 행동들을 해보라고 하기를 좋아했다. 한번은 큰 사고가 날 뻔한 적도 있었다. 한 아이가 미끄러져 모래가 절벽 아래로 쏟아져 내리기 시작했다. 그 아이는 겁에 질려 얼어붙었다. 멈추기는 했지만, 어느 쪽으로도 움직이지 못했다. 그런 채로 거의 몇 시간이나 지났을 무렵, 겨우 설득하여 발을 옮기도록 할 수 있었다. 우리는 그 경험으로 크게 깨달아 조금은 덜 무모하게 되었다. 비록 그때는 알지 못했지만, 이 모든 것이 곰베에서의 나의 생활에 대한 완벽한 훈련이 되었음은 물론이다.

대부분의 토요일에는 부셸bushel이라고 불린 비범한 셀리나 부시 소유의 승마학교에 나갔다. 어머니는 매주 수업료를 낼 형편이 못 되었기 때문에, 나는 안장과 말고삐를 청소하거나 마구간을 치우고 농장 일을 돕곤 했다. 열심히 열정적으로 일을 해서 상으로 종종 공짜 승마를 즐기기도 했다. 부셸의 말 대부분은 근처 숲의 야생마 무리에서 새끼 때 잡힌, 작지만 강건한 뉴 포레스트 조랑말이었다. 나는 점차 말 타는 기술을 배워나갔다. 어느 날은 매우 기쁘게도 말을 타고 품평회에 나가기도 했고, 지방 경기장에서 열리는 장애물 경기에 나가기도 했다. 그리고 그 뒤 사냥에 참가할 기회도 얻었다. 여우 사냥이었다. 얼마나 흥분되던지! 그것은 내가 '분홍색' 코트를(사실 새빨간색이었지만) 입은 사냥꾼들과 함께 말을 타고 달리게 되리라는 걸 뜻했다. 거대한 생울타리와 담장을 뛰어넘고 사냥꾼의 뿔나팔 소리도 울릴 것이다. 무엇보다 중요한 것은 부셸이 분명 내 승마 솜씨가 그러한 도전을 할 만큼 뛰어나다고 믿었다는 사실이다. 나는 부셸을 실망시키지 않겠다고 결심했다.

나는 여우에 대해 생각해보지는 않았다. 힘들게 말을 몬 지 세 시간이 지나서야, 사냥개가 이제 막 잡아서 갈가리 찢으려 하는 더럽고 지친 여우를 보았다. 그 순간 모든 흥미가 싹 가셨다. 한순간일망정 어떻게 내가, 한 떼의 개들이 짖어대며 그 불쌍한 작은 여우를 쫓고 많은 어른들이 말을 타거나 자동차와 자전거로 뒤따르는 이런 흉측하고도 끔찍한 일에 참여하고 싶어 했단 말인가? 나는 절벽에서 보았던 여우와 애처롭게 사냥의 희생자가 된 또 다른 여우를 생각하며 그날 밤을 지새웠다. 물론 절벽의 여우도 사냥을 했지만, 그것은 먹이가 필요했기 때문이다. 그것은 스포츠가 아니었다.

나는 그 사냥에 대해 여러 번 깊이 생각해보았다. 지금은 동물을 사랑하는 내가 사냥에 나가고 싶어 했다는 사실이 놀랍기만 하다. 그 여우를 보지 못했다면 어찌 되었을까? 다시 사냥 가기를 바랐을까? 우리가 시골에 살았다면, 그리고 우리 소유의 말을 가졌다면, 그래서 어릴 때부터 사냥

가는 것이 당연한 일이었다면, 늘 있는 일로 받아들이도록 자라났을까? 여우들을 계속 사냥하면서, '잔인한 관습으로 모든 동정심이 질식된 채' 여우들의 고통을 냉정하게 지켜보게 되었을까? 그래서 그런 일이 계속되는 것일까? 우리는 공동체의 일원이 되기 위해, 한 무리로 받아들여지기 위해 친구들이 하는 일을 하는 걸까? 물론 집단의 허용된 행위 규범에 맞서서 자신의 확신을 따르는 용기를 지닌 강인한 사람들도 항상 있게 마련이다. 그러나 상이한 배경을 가지고 다른 시각으로 사물을 바라보는 외부인의 영향에 의해서, 부적절하거나 도덕적으로 그릇된 행위들이 변화하는 경우가 더 많을 것이다. 다행히 나는 시험에 들지 않아도 되었다. 가족의 친구들 중 누구도 토지를 소유한 신사 계급 출신이 대부분인 사냥족이 아니었다. 나는 눈썹 하나 까딱 않고 사냥에서 빠져나올 수 있었다. 그러나 말을 타는 것은 계속해서 매우 좋아했으며, 부끄럽게도 여러 해가 지난 후 케냐에서 사냥을 나간 적도 한 번 있었다.

학창 시절에 나는 많은 시간을 뜰에서 보냈고, 종종 나무로 지은 작은 여름집이나 가장 좋아하는 나무인 비치의 꼭대기에 올라가서 숙제를 했다. 나는 그 나무를 사랑했다. 몹시 사랑해서 대니 할머니를 졸라 그 나무를 내게 남긴다는 유언에 서명까지 하게 했다. 거기, 땅 위 높은 곳, 세찬 바람에 나뭇가지들이 흔들리고 나뭇잎들이 살랑이는 그곳에서 나무의 생명 일부를 느낄 수 있었다. 그곳에서는 새들의 울음소리도 다르게 들렸다. 더 명료하고 크게 들렸다. 때때로 뺨을 줄기에 대면, 딱딱한 나무껍질 아래로 흐르는 비치의 생명혈인 수액을 느끼는 것만 같았다. 나는 그곳, 잎이 무성한 나만의 세계에서 책을 읽곤 했다. 땅 위 약 9미터나 되는 곳에서 타잔 책 모두를 독파한 것 같다. 나는 이 정글의 왕을 광적으로 사랑했고, 그의 제인을 굉장히 질투했다. 그렇게 나는 숲속에서 타잔과 함께 생활하는 공상에서 시작하여, 결국은 아프리카에 가서 동물들과 생활하며 동물들에 대한 책을 쓰기로 결심하게 된 것이다.

때로는 단순히 혼자 있으려고, 그리고 생각하기 위해 비치에 올라갔다. 전쟁의 공포, 홀로코스트, 원폭 투하는 나에게 깊은 영향을 주었다. 그런 죄악을 선하고 전능한 하나님의 존재와 조화시킬 수 없었다. 그래서 종교를 마음에서 몰아냈다. 가끔은 일요일에 교회에 나가는 것(점차 뜸해졌다)보다 자연 속에서 영혼이 충만해짐을 느꼈다. 그러다 갑자기 모든 것이 변했다. 리치먼드 힐 회중교회(각 교회 회중의 자치와 독립을 교회의 정치와 운영의 기본으로 하는 프로테스탄트의 한 교파로 조합교회라고도 한다–옮긴이)에 새로운 목사 트레버 데이비스가 온 것이다. 그는 매우 지적이었고, 강렬한 설교를 했으며, 많은 생각을 하게끔 했다. 그러나 내용은 언제나 극도로 간명했다. 나는 웨일스인의 음악 같은 경쾌함이 깔린 그의 음성이라면 몇 시간이고 들을 수 있었다. 그에게 미치도록 빠져들었다. 나는 열다섯 살이었다. 그 시절에는 그 나이에 누구나 어린이로 있을 수 있었다. 나는 나의 열정의 대상과 함께하는 온갖 로맨틱한 모험을 상상했지만, 육체적 사랑에 대한 것은 아니었다. 그것은 정신적인 사랑이었지만, 그 무엇보다도 강렬한 것이었다. 나는 생의 이 새로운 국면에 엄청난 열정을 가지고 몰두했다. 갑자기 누구도 나에게 교회에 나가라고 할 필요가 없어졌다. 사실 교회에는 좋아할 만한 일이 별로 없었다. 나는 일요일과 다음 일요일 사이에 있는 엿새간의 황량한 날을 견뎌낼 핑곗거리를 찾아 밤중에 목사관을 걸어 지나가곤 했다. 서재의 불 켜진 네모난 창을 지나갈 때 운이 좋으면 설교문을 쓰는(적어도 나는 그가 하고 있는 일이 그것이라고 추측했다) 그의 정수리를 흘끗 볼 수도 있었다.

트레버 목사는 여러 개의 신학 학위를 가지고 있었다. 나는 사랑하는 사람의 관심사에 대하여 뭔가를 배워야 한다고 느꼈다. 그래서 다시 한번 외할아버지의 책들을 파고들면서 플라톤, 소크라테스, 그 외 철학자들의 저작과 고투를 벌이기 시작했다. 물론 트레버 목사가 나의 노력을 아는 것이 중요했다. 그래서 그의 충고를 구하고 책을 빌리기 위해 목사관의 초인종을 정말 자주 울렸다. 그리하여 그가 알맞다고 생각한 책에는 다 달려들어, 바로 그 사람의 책 중 하나를 가지고 희열에 넘쳐서 돌아오곤 했다. 그중 하나는 감각론에 대한 것이었다. 마음 바깥에는 어떤 것도 존재하지 않고 실재하지도 않는다고 이 책에서 배웠다. 의자, 식탁, 나무, 다른 사람 등 어떤 물질적인 대상이 존재한다는 것을 입증할 길은 없다. 따라서 우리는 그것이 존재하지 않는다고 가정해야 한다. 열여섯 살인 내가 보기에 이것은 완전히 말도 안 되는 것이었다. 나는 즉각 그 주제에 대해 우스

꽝스러운 짧은 시를 적어서 책 속에 끼워 트레버에게 주었다. 하지만 실망스럽게도 그는 단 한 번도 그 시에 대해 언급하지 않았다. 아마도 그 책을 열어보지도 않았을 것이다.

귀류법

(데이비드 흄의 철학을 읽고)

지금 네가 오렌지 하나를 가지고
너의 손에 쥐고 있다면,
그것은 전혀 그곳에 있지 않네―
혹은 그렇게 나는 이해하고 있네.
감각론자가 너에게 입증하기를
네가 그것이 거기에 있다고 안다 할지라도,
그것은 다만 감각일 뿐
네가 의식한 감각일 뿐.
보고 느끼고 맛보고 냄새 맡는
감각이라 그는 말하리,
그리고 이 모든 것들은 네 안에 있을 뿐,
과일에 있는 것들이 아니라네.
"이제 먹어!"라고 그가 너에게 말할지 모르지만,
"다시 한번, 감각인 것이야."
(그가 그것이 거기 없다 말하므로
먹는 것조차 헛되게 보이네!)

그러나 여전히 그가 틀렸다고 느낀다면
그렇게 네가 고집할 거라면,
그에게 네가 확신한다고 단순히 말하라
그 물체가 존재한다는 것을.
"그것은 보이지도 만져지지도 들리지도 않는데
따라서 알려지지도 못하는데,
그것이 거기 있다고 왜 가정하는가,
진실이 결코 보일 수 없다면?"
그렇게 그는 대답할 것이고,
그런 후 아마도 단언할 것이다
너는 단지 그의 감각일 뿐이고
그래서 너는 거기에 있을 수 없다고.
"그러나 나는 너만큼 실재이다!"라고 당신은 소리치고—
그는 그것에 동의할 수밖에 없으리,
그리고 주장하기를
그 자신이 비실재다.
결국, 모든 것
네가 존재한다고 말할 모든 것이,
존재하지 않고 비실재이네
감각론자에게는.
따라서 나는 쓰기를 그만두겠네
나는 여기에 있을 수 없으므로,
그리고 누구도 이 시를 읽을 수 없네
아무도 그곳에 없으므로!

버치스에서의 이 새로운 삶의 단계는 큰 재밋거리가 되었다. 나는 무자비하게 놀림을 받았다(우리는 항상 서로를 놀려댔다). 나는 그 놀림을 즐겼고, 그것을 거들기도 했다. 예배 후 트레버 목사와 악수를 했을 때는 손 씻기를 거부했다. 한번은 그의 설교 성경 본문이 "2마일을 동행하고"였는데(마태복음 5:41), 나는 그다음 주 내내 모든 일을 두 번씩 했다. 석탄 양동이를 한 번이 아니라 두 번 가져왔고, 차도 두 주전자를 끓였다. 모두에게 두 번씩 밤 인사를 했다. 목욕을 한 번 하고 또 한 번, 두 차례나 했다. 그래서 온 가족을 정말 미치게끔 몰아갔다. 특히 우리의 어리석은 짓으로부터 항상 약간 거리를 두고 지낸 에릭 삼촌에게 그러했다.

트레버는 확실히 나의 생애에 중요한 영향을 미친 사람이다. 기독교는 그의 설교를 들을 때 생생히 살아나, 나는 다시 한번 신과 종교에 대한 생각이 나의 삶에 들어오는 것을 허용했다. 나는 예수님에게 매우 가까이 있음을 느꼈고, 많은 기도를 했다. 예수님이 내가 어떤 일을 하려 하는지 알고 있으며 나를 보살펴주고 있다고 느꼈다. 나사렛의 예수, 하나님의 어린양, 세상의 빛, 선한 목자, 메시아, 그리고 하나님의 아들. 이것이 무엇을 의미하는가? 예수님 자신은 우리 모두가 신의 아들딸이라고 여러 번 말했다. 그때 나는 이 말이 의미하는 바를 어렴풋이 이해하고 있었다는 생각이 든다. 예수님은 성령의 힘에 가슴과 마음을 열라고 말했다. 그리고 물질적 소유 및 지상의 권력과 부에 눈먼 사람들은 그렇게 하기 힘들 것이라고 했다. 그런데 그런 것들은 정말 나와는 아무 관련이 없었다. 나는 청소년기의 열정으로 성령이 내 존재 안에 들어오도록 갖은 노력을 다했다. 교회에서 트레버의 설교에 귀 기울이면서 그 뒤편으로 한 마리 양을 안고 있는 예수님의 아름다운 그림을 바라보았을 때, 바람이 나뭇잎에 속삭이는 비치에 새들과 가까이 높이 앉아 있었을 때, 침대에 누워서 내가 가장 좋아하는, 바위틈에 빠진 한 마리 양을 구하기 위해 위험을 무릅쓰고 가파른 낭떠러지로 팔을 뻗친 선한 목자 그림을 바라보았을 때, 나는 예수님의 존재를 믿었던 것이다. 그리고 기적을 믿었다. 왜냐하면 그때도 인간의 마음이 가진 엄청난 힘을 신뢰했기 때문이다. 만약 예수님이 지상에 있었던 때 그를 알았고 내가 병들었다고 하면, 나는 그의 치료의 힘을 절대적으로 믿음으로써 병이 나았을 것이다. 절대적이고 의심하지 않는 신념이 기적을 낳는다. 그러나 그 시절의 나는 어떤 심각한 병에도 걸리지 않았기 때문에 이 믿음을 시험해볼 수는 없었다.

열여섯 살 때 예수님에 대한 나의 사랑은 아주 지극했다. 그가 가까이에 생생히 존재한다고 굳게 믿어, 십자가의 고통과 겟세마네 동산에서의 정신적 고뇌가 머리에서 늘 떠나지 않았다. 수난일에 본머스의 시내를 걸어가고 있을 때 사람들이 테니스 치고 있는 것을 본 기억이 난다. 끔찍했다. 어떻게 예수님이 고난 받고 죽은 날에 테니스를 칠 수 있단 말인가? 내가 지나치게 경건한 척하는 것은 아니지만, 너무나 속상했다. 예수님이 분명 슬퍼할 것이라 생각하니 몹시 화가 났다. 그들 대부분이 기독교인이니 그 정도는 알아야 한다고 생각했다.

그때 나는 고문에 대해 몰두하고 있었다. 내가 예수님과 순교자가 당한 고통을 감내할 만큼 강한 마음을 가지고 있는가? 전쟁 중의 고문을 어떻게 감내할 것인가? 만약 못이 살을 뚫는다면, 매질을 당한다면, 고문대 위에 놓인다면, 사랑하는 사람들과 동료들을 보호하기 위해 비밀을 지킬 수 있을까? 나는 아마도 견뎌낼 수 없을 거라 생각하고는 괴로워하며 많은 시간을 보냈다. 내가 믿는 것을 위해 생명을 희생할 수 있을까? 물론 확신할 길이 없었다. 엘리너 루스벨트가 말했듯이 사람들은 차 봉지와 같다. 끓는 물에 넣어보기 전에는 얼마나 강한지 결코 알 수 없다.

그 무렵 쓴 긴 서사시에 내 고민의 일단이 드러나 있다. 다음 구절을 예로 들어보자.

공포에 질린 눈, 찢긴 눈꺼풀
저 무력한, 그들은 붉게 달아오른 쇠막대기를
지켜보아야만 한다
스며나오는 피 사이로 가까이, 더 가까이
슬며시 다가오는 것을,
결국 공포로 온몸의 섬유가 올올이 팽팽해지고,
생명의 기관 하나하나로 깊숙이 들어가 맹렬히 쉭쉭거리며
붉게 달아오른 쇠막대기가 구멍을 낸다.

비명소리가 터진다.
고통 그 자체의 자궁으로부터.

지옥에 대한 나의 생각은 다음과 같았다.

내 영혼의 가장자리는 서로를 억누르고
나는 아무것도 아니다. 그럼에도 무존재로서,
시간의 끝까지 존재할 수밖에 없다.

때때로 순교자가 되는 공상도 했다. 스탈린과 그의 독재
정권의 잔인성에 대해 정말 많이 들어서, 나는 공산권 러시
아로 기독교도를 도우러 가서 비밀리에 작은 신자 집단들
을 조직하여 믿음의 불꽃을 계속 살리리라 결심했다. 물론
공산주의자들은 신앙 때문에 나를 가두고 고문할 것이다.
신념을 위해 고문을 감내하는 영웅적 역할의 자신을 상상
하며, 실제 상황에서 어떨지에 대한 많은 걱정을 그만둘 수
있었다. 이런 백일몽은 인간의 잔인성과 사악함, 고통, 용
기, 이상, 신념 등에 대해 나름대로 정리하려는 시도의 일
부였다.
    성경을 광범위하고 주의 깊게 읽기 시작한 것도 이때부
터였는데, 모든 것을 믿을 수는 없었다. 우선 터무니없이

비논리적으로 보이는 부분들이 있었다. 만약 처녀 잉태설을 믿어야 한다면, 예수님의 탄생에 어떤 관련도 없는 요셉의 계보를 추적하기 위해 하나의 장 전체를 할애할 이유가 무엇인가? 왜 그랬단 말인가? 도대체 말이 되지 않았다. 그리고 신과 같이 입증될 수 없는 몇 가지 실재를 믿고 싶은 반면(왜냐하면 나는 신이 존재한다는 것을 가슴으로 알았기 때문이다) 7일 동안 세상을 창조했다거나 이브가 아담의 갈비뼈에서 나왔다는 것 등은 믿을 수 없었다. 성찬식의 빵과 포도주가 문자 그대로 그리스도의 살과 피가 된다는 것도 믿을 수 없었다. 어떤 사람이 그렇게 믿는다면 그 사람에게는 정말로 그리스도의 살과 피로 느껴지리라고 생각은 한다. 그러나 예수님이 그의 말이 문자 그대로 받아들여지도록 의도했을까? 분명 아닐 것이다. 먹는 것과 마시는 것을 상징적으로 의미한 것은 아닐까? 나는 하나님과 그리스도에 대한 나의 신앙은 성경의 자구에 구속되지 않는 나만의 개인적인 의미를 갖는다는 점을 깨닫게 되었다. 이는 독실한 신자에게는 이단과도 같은 생각이리라. 언젠가 토머스 제퍼슨이 성경이란 단순히 몇몇 사람들의 기억과 사고를 모아 놓은 것인데, 이들 중 일부는 다른 사람보다 훨씬 많은 지식과 지혜를 가졌다고 결론 내렸다는 것을 읽은 적이 있다. 그리하여 그는 네 복음서에서 가장 가치 있고 감명 깊다고 생각한 모든 구절들을 발췌했고, 스스로 영감을 얻기 위해 이 간략한 축약판을 사용했다.

약간 유보하는 마음이 있기는 했지만 나는 성경, 특히 구약에 있는 몇몇 신기한 이야기들을 즐겨 읽었다. 대니 할머니는 '은총의 상자'라는 것을 가지고 있었다. 뚜껑을 열면 안에 말끔한 작은 종이 두루마리가 있었다. 특수한 핀셋을 써서 하나를 골라 펴면 성경의 구절을 읽을 수 있었다. 기껏해야 서른 개 정도였는데, 구절을 골라 써놓은 사람이 그것을 읽는 사람을 위로하고 편안하게 해주고자 한 것이 분명했다. 그중 단지 몇 개만이 도전적이었고, 행동을 취하도록 촉구했다. 나는 나 자신의 상자를 만들기로 결심했다. 이 계획은 예상보다 많은 시간이 걸렸다. "만약 뭔가를 하려면 최선을 다해라." 누가 이렇게 말했는지 모르겠지만, 이 어구는 우리 생활의 일부였다. 그래서 나는 열심히 일해야 했다. 성구 선택을 포괄적으로 하기 위해 구약과 신약 모두를 처음부터 끝까지 완전히 읽고, 적절하다고 느낀 구절을 골랐다. 그것들을 가로 7.5센티미터, 세로 23센티미터의 작은 종이 띠 위에 깔끔하게 적어 넣었다. 성구들을 다 써넣은 다음에는 단단하게 말아서 여섯 개의 성냥갑에 정리해 넣어두었다. 이 성냥갑들을 붙여 여섯 개의 서랍이 있는 작은 궤를 만들었다. 각각의 서랍에 작은 놋쇠 고리를 달아 열 수 있게 했다. 서랍 하나에 스무 개 정도의 성구가 들어 있었다. 마지막으로 궤의 바깥을 암청색 종이로 씌우고, 꼭대기에 자그맣고 섬세한 그리스도 탄생 장면을 붙여 놓았다.

나는 이 상자를 만든 일을 잘 기억하고 있다. 나는 항상 놀래주기를 좋아했기 때문에, 가족에게 비밀로 하기 위해서 대개의 일들을 늦은 밤 침대에서 해야만 했다. 모든 것이 크리스마스에 맞춰 준비되었고, 나는 그것을 대니 할머니의 침대 끝 양말 속에 집어넣었다. 주디와 내가 산타클로스가 없다는 것을 깨달았을 때, 우리는 작은 선물을 만들거나 돈을 모아 선물을 사서 가족 모두가 크리스마스 양말을 가질 수 있도록 했다. 우리는 아침 일찍 가족들에게 차 한 잔씩을 나르면서 침대 끝에 선물이 든 양말을 조용히 놓아두곤 했다. 물론 대니 할머니는 자신의 성구 상자를 사랑했지만, 당신을 감동시키는 것 모두에 대해 그러하듯이, 내가 선물한 상자를 보고도 눈물을 흘렸다. 나의 가족은 늘 그랬다. 우리는 그런 눈물을 대니 할머니 어린 시절의 요크셔Yorkshire식 표현을 따라 '변덕kinking'이라 불렀다.

우리는 아직도 그 작은 상자를 가지고 있고, 자주 서랍 중 하나를 열어서 아무 두루마리나 꺼내 읽어본다. 나는 작은 놀라움들을 사랑한다. 위안, 감화, 훈계 중 어떤 선물을 꺼낼지는 결코 모르는 것이다. 오늘 아침에도 하나를 골랐다. 그것은 "가만히 서서 하나님의 오묘한 일을 깨달으라(욥기 37:14)"였다. 올리 이모에게도 하나를 고르라고 했는데, 거기에는 "참새 다섯 마리가 두 앗사리온에 팔리는 것이 아니냐 그러나 하나님 앞에는 그 하나도 잊어버리시는 바 되지 아니하는도다(누가복음 12:6)"가 쓰여 있었다. 다음으로 어머니가 고른 것은 "목마른 자도 올 것이요, 또 원하는 자는 값없이 생명수를 받으라(요한계시록 22:17)"였다.

내가 성경을 즐겨 읽는 이유 중 하나는 문장에서 느낄

수 있는 순수한 시적 아름다움 때문인 것 같다. 나는 시를 사랑했고, 많이 읽었다. 나의 취향은 다양했지만 그 당시에는 특히 프랜시스 톰슨, 존 키츠, 윌리엄 셰익스피어, 존 밀턴, 로버트 브라우닝, 앨프리드 노이스의 작품에 마음을 빼앗겼다. 그리고 루퍼트 브룩과 윌프레드 오언과 같은 전쟁 시인도 애호했다. 또한 월터 존 드 라 메어의 시들을 사랑했다. 나는 새 책을 살 만한 여력이 전혀 없었기 때문에 중고 서점의 시가詩歌 칸에서 책들을 훑어보며 여러 시간을 보내곤 했다. 부드러운 가죽 표지의 느낌을 매우 좋아해서 발견하는 대로 능력이 되는 한 많이 샀다. 그래서 내 방에는 그런 책들('질긴 시인들')이 한 열을 이루게 되었다. 이 책들은 지금 버치스의 거실에 있다. 밤늦게까지 이 시들을 읽으며 지냈고, 때로는 시를 짓기도 했다. 그 당시 꿈 가운데 하나는 언젠가 영국의 계관 시인이 되는 것이었다. 초기 내가 쓴 시의 주제들은 다양했다. 어떤 것은 장난스러웠지만, 많은 시들이 〈오리〉처럼 자연 세계에 대한 애정과 영적 주제에 대한 관심을 조합한 것이었다.

오리

태양을 가로질러 날아가는 오리
나를 지나쳐 계속,
자신의 고독한 길을 날아서

바다를 향하네.

그가 가까이 날 때
나는 그 눈이 빛나는 걸 보았네;
그 깃털은 일몰 속에서 빛나네
번쩍이는 색조로.

나는 그 날개의 음악을 들었네,
비행의 노래
세상의 고요를 흔들며
밤을 기다리네.

나는 그 가슴속 따뜻한 생명을
그토록 가까이 느꼈네
그리고 내 가슴속에는 기쁨의 고통이
한없이 차오르네.

사랑스러운 모래언덕; 지는 태양;
오리―그리고 나;
하나의 영혼이, 영구히 움직이네
하늘 아래서.

분명히 그 당시 나는 내가 어떤 거대한 통일된 힘의 일부라고 느끼기 시작했다. 눈물이 흐르도록 깊은 행복감을 느끼게 하는 것들이 있었고, '가슴속에 지극한 기쁨의 고통이 한없이 차오르게' 하는 것도 있었다. 그런 감정이 언제 솟아날지 정말 몰랐다. 특히 아름다운 일몰을 보거나, 태양이 구름 뒤에서 얼굴을 내밀고 새가 노래할 때 나무 아래서 있거나, 어떤 고대 사원에서 완전한 고요함 속에 앉아 있거나 할 때가 그때였을까? 이 같은 순간에는 어떤 거대한 영적인 힘, 바로 신 안에 있다고 강하게 느꼈다. 그리고 살아가면서 어떻게 하면 필요한 때에 모든 에너지의 원천인 신으로부터 약해져가는 영혼과 다 지친 육체를 받쳐줄 힘을 얻는지 차츰 배우게 되었다.

이제 이 야심찬 시인이자 순교자는 학교를 졸업할 때가 되었다. 무엇을 할 것인가? 우리 집은 대학에 보낼 형편이 못 되었고, 나는 외국어에도 능숙하지 못해서(외국어를 잘 못했고 지금도 그러하다) 장학금을 받을 수도 없었다. 그래서 시험 성적은 뛰어났지만, 대학은 생각할 수 없었다. 고모와 고모부가 어머니와 나를 독일에 잠깐 초대했다. 그곳에는 마이클 삼촌이 패전국 영국 점령 지역 행정부에서 일하고 있었다. 어머니는 비록 독일이 두 차례의 세계대전을 통해 영국을 괴롭힌 것에 대해 통렬한 증오감을 느끼고 있었지만, 내가 여행을 통해 친절과 사랑이 넘치는 보통 독일 사람들도 많다는 것을 알게 되기를 바랐을 것이다.

독일에 있는 동안 우리는 쾰른을 방문했다. 독일의 다른 도시처럼 전쟁 동안 연합군의 폭격으로 심하게 파괴되어 있었다. 그 공포스러운 폐허를 응시하고 있을 때, 갑자기 주변 건물들의 파편에 해를 입지 않고 높이 솟아 있는 쾰른 대성당의 거대한 첨탑이 보였다. 나에게 그것은 악을 이기는 선의 궁극적인 힘을 상징하는 것으로 보였다. 동시에, 한때는 아름다웠지만 한 사람의 권력욕이 유럽을 잔인한 전쟁 속으로 몰아넣는 바람에 폐허가 된 이 도시는 인간의 사악함을 강렬히 상기시켰다. 나는 그 장면을 결코 잊지 않을 것이다. 그것은 본머스에서 들었던 모든 설교만큼이나 많은 것을 의미했는데, 상징의 힘은 그렇게 강력했다.

영국에 돌아오자 어머니는 내게 비서가 되면 세계 어느 곳에서도 일자리를 잡을 수 있다고 하며 비서 훈련을 받아야 한다고 설득했다. 나는 여전히 여행을 떠나 멀리 떨어진 곳에서 동물과 함께 일하기를 바랐다. 시와 철학을 읽으면서도 동물에 관한 책을 계속해서 읽었다. 아프리카는 늘 가장 가고 싶은 곳이었다. 결국 어머니가 옳았다. 나는 비서직 훈련을 받았기 때문에 아프리카에 갈 수 있었다. 그렇게 집을 떠나 런던으로 갔다. 그때 나는 열아홉 살, 요즘의 기준으로 본다면 아주 순진한 열아홉 살짜리였다. 런던에서의 생활은 굉장하면서 또한 순수하기도 한 경험이었다. 화랑, 특히 테이트 갤러리에서 여러 시간을 보냈고, 고전음악 연주회에도 갔다. 점심시간에는 곧잘 자연사박물관을 거닐었다. 젊은 남자들이 저녁식사에 초대하고 극장에 데려다주는 동안 달콤한 연애 기분을 즐기기도 했다. 그 시절은 젊은 남자와 젊은 여자가 데이트를 할 때 여자가 비용을 공동 부담하려 하면 남자가 깜짝 놀라던 때였다. 그것은 돈이 너무나 없었던 나에게는 많은 도움이 되었다. 다시 말해 저녁식사에 초대받게 되면, 소시지 한 개 정도밖에 안 되는 점심마저 먹지 않아도 된다는 뜻이었다. 외출하지 않는 저녁에는 가장 싼 채소인 삶은 양배추 4분의 1, 사과 한 개, 아니면 펭귄 비스킷 한 개를 주로 먹었다.

런던 생활은 재미있었고, 화랑이나 박물관에서 배운 것도 많았지만, 나는 좀 더 공식적인 교육을 받고 싶었다. 내가 꿈꿔오던 대학에 많은 친구들이 다니는 것을 보고 열등감을 조금 느꼈던 것 같다. 그래서 런던정치경제대학교에서 무료로 들을 수 있는 야간 수업 몇 개를 등록했다. 저널리즘 강의 하나와 영문학 강의 하나를 들었는데, 영문학 수업을 통해 딜런 토머스와 T.S. 엘리엇의 시를 감상하는 법을 배웠다. 그리고 일주일에 한 번씩 신지학 강의를 듣기 시작했다. 거기에서 특히 업과 윤회라는 개념에 끌렸는데, 그때도 여전히 전쟁의 공포를 이해하고자 골머리를 쓰고 있었기 때문이다. 만약 업이라는 것이 있다면 히틀러와 나치는 다음 생에서 벌을 받게 되고, 전사한 사람이나 죽음의 수용소에서 고문당한 사람은 이전에 지은 죄를 갚은 셈이 된다. 그렇게 되면 그 사람들은 더 나은 생으로 다시 태어나거나 천당이나 낙원 같은 곳에 가게 될 것이다. 나는 신이 나약한 우리 인간에게 도덕적 삶을 완성하는 기회를 단한 번만 주셨으리라고는 믿을 수 없었다. 한 번의 이승 생활에서 실패하게 되면 지옥 같은 곳에 떨어지게 된다니 믿을 수가 없었다. 한 인간의 삶은 영원과 대조하면 100만분의 1초보다 더 빨리 지나가는 것이다. 내게 업과 윤회의 개념은 논리적으로 보였다.

신지학 강의를 한 여성은 카리스마가 있었다. 젊은 남자들 대부분은 그녀에게 반쯤 빠져 있었고, 나는 그녀가 아주 뛰어나다고 생각했다. 그녀는 작은 아이디어 하나를 가지고 천 갈래의 다른 방향으로 발전시키곤 했다. 그녀는 주변에서 일어나고 있는 일을 좀 더 알려면, 이른바 '순환하는 사고'를 멈출 필요가 있다고 누누이 강조했다. 그녀가 설명하기로는 '순환하는 사고'란 늘 마음을 스쳐가는 생각들의 끊임없는 흐름이다. 나는 마음을 텅 비워 아무 생각도 없이 만들려고 노력했으나, 그것은 아마도 내게 가장 힘든 일이었던 것 같다. 그 강의에서 배운 많은 것들은 신과 우주에 대한 나 자신의 개인적 신념을 지속적으로 발전시키는 데 큰 도움이 되었다. 당시 나는 시를 꽤 많이 썼다. 여기에 그중 한 편을 적어본다.

오래된 지혜

밤바람에 소나무가 삐걱대고
옅은 구름이 밤하늘을 가로질러 흘러갈 때,
밖으로 나가라, 아이야, 밖으로 나가 찾으라
너의 영혼을—영원한 나를.

네 발 아래 살랑이는 모든 풀들과
네 머리 위 높은 곳에서 반짝이는 모든 빛나는 별들이,
가까이 만나는 곳이 바로 그곳이므로
네 안에서―영원한 내 안에서.

그래, 아이야, 세상으로 나아가라;
천천히 조용히 걸어가라, 모든 것을 이해하면서,
그러면 이윽고
너의 영혼은, 우주는 깨달을 것이다
스스로를―영원한 나를.

　수업이 끝나면 몇몇은 찻집에 가서 여러 시간 이야기를
나누곤 했는데, 나는 늦은 밤의 그 수업에서 인생에 대해
많이 배웠다. 우리는 사회의 모든 계층을 망라한 혼성 모임
이었다. 그중에 '벌레 숙녀'가 있었다. 그녀는 자신의 지혜
를 나누어주려고 수업 시간에 자주 벌떡벌떡 일어서곤 했
는데, 항상 지렁이를 예로 들어 자신의 주장을 설명했다.
왜냐하면 지렁이는 최하등 생명체이지만, 모두가 살아갈
흙을 통기시켜주는 상징적 존재이기 때문이었다. '벌레 숙
녀' 덕분에 벌레들이 얼마나 여러 번 거론되었는지 놀랍기
만 하다. 그리고 네덜란드 지하 저항운동의 일원이었던 매
우 매혹적인 네덜란드 남성도 있었다. 그는 나보다 나이가
훨씬 더 많았지만, 나는 사랑에 빠졌다. 우리는 연애에 빠

질 정도로 가까워졌다. 그러나 그는 유부남이었다. 당시의 윤리관은 지금과 매우 달랐다.

신지학은 나를 사로잡았다. 그러나 예수님에 대한 깊은 사랑은 여전했다. 그 당시 비서학교의 한 여성이 내게 다가와서 "넌 얼굴에 자주 엷은 미소를 띠는구나. 넌 늘 멋진 비밀을 간직하고 있는 것처럼 보여"라고 말한 것이 기억난다. 그랬다. 나는 예수님과 개인적인 관계를 맺고 있다고 느꼈다. 그러나 그것은 사적인 것이어서 누구에게도 말하고 싶지 않았다.

비서학교 졸업 증서를 받은 후 처음으로 직장을 가졌다. 바로 이모의 병원이었다. 올리 이모는 물리치료사였는데, 대부분 소아마비 또는 사고로 팔다리를 못 쓰거나, 아니면 뇌성마비, 근무력증 혹은 다른 비극적인 질병을 가진 어린 이들을 대상으로 일했다. 나의 일은 각 환자에 대한 의사의 진찰 결과를 받아 적고, 그것을 나중에 타자로 정서하는 것이었다. 그때 이후로 질병이나 사고로 무력해진 사람들에게 많은 공감을 느끼게 되었다. 나의 첫 번째 진짜 남자 친구는 처음 만났을 때 끔찍한 자동차 충돌 사고를 당해 발목에서 허리까지 석고 붕대를 감고 있었다. 두 번째 남편인 데릭 브라이슨은 전쟁 중에 그의 비행기가 독일 조종사에게 격추당해서 두 다리가 반쯤 마비된 상태였다.

병원에서 지낸 여러 달, 그리고 에릭 삼촌이 수술실에서 일하는 것을 지켜본 시간들 동안, 나는 인간의 육체적·정신적 치유력에 대해 많은 것을 배웠고, 내가 매우 건강한 신체를 가진 데 대해 감사하게 되었다. 나는 자신이 얼마나 행운아인지를 알고 있고, 건강한 것을 결코 당연하게 생각한 적이 없다.

병원에서 나온 후 옥스퍼드대학교에서 일자리를 잡았다. 그곳에서 나는 대학생의 생활을 알게 되었다. 공부에 대한 부담 없이 대학 생활의 많은 즐거움을 경험했다. 그 후 런던 기록영화 촬영소에서 선곡을 하는 멋진 일자리를 가졌다. 그곳은 소규모의 조직이었는데, 나는 영화 제작의 거의 모든 측면에 대해 많은 것을 배울 수 있었다. 그러다 갑자기 모든 것이 변했다. 1956년 12월 18일 화요일 아침, 마리 클로드 망주에게서 편지를 받았다. 클로는 학창 시절 가장 친한 친구였다. 한동안 클로의 소식을 못 듣고 있었기 때문에, 그녀의 편지가 아프리카에서 온 것임을 알았을 때 매우 놀랐다. 나는 아직도 그 케냐 우표를 기억하고 있다. 한 우표에는 코끼리 한 마리가 있었고, 다른 우표에는 기린 두 마리가 있었다. 클로의 부모님이 케냐에 농장을 샀다고 쓰여 있었다. "한번 와보고 싶지 않니?" 물론 그렇고말고!

그러나 먼저 여행비를 벌어야 했다. 게다가 그것은 왕복 여행표여야만 했다. 당국은 아프리카에 책임져줄 사람이 없다면 편도표로는 입국을 허가하지 않으려 했다. 어머니도 왕복표 없이 가는 것을 절대로 허락해주지 않을 것이 뻔했다. 많은 돈이 필요했다. 직장일은 흥미롭기는 했지만, 전후 영국에서 대개의 직장들이 그러했듯이 보수가 적었다. 그래서 편지를 받은 바로 그날 사표를 내고 본머스로 돌아왔다. 돈을 모으는 동안은 집에서 살 수 있었다. 나는 웨이트리스로 일했다. 봉급과 팁을 저축했다. 될 수 있는 한 동전 하나까지도. 주말마다 버치스의 응접실 양탄자 밑(이곳은 대니 할머니가 항상 잔돈을 보관하던 곳이다)에 번 돈을 놓아두었다. 다섯 달을 일한 후 어느 날 밤에 온 가족이 둘러앉았다. 아무도 들여다볼 수 없도록 커튼을 내리고 내가 모은 돈을 세었다. 런던에서 일할 때 조금 저축한 것을 더하니, 돈은 충분했다. 나는 아프리카로 갈 수 있었다. 그리고 나의 인생은 영원히 바뀌었다.

루이스 리키와 함께(1957).

3장

아프리카로

약 14년 동안, 여덟아홉 살 때부터 나는 아프리카에 있는 것을,
오지의 야생동물들 사이에서 사는 것을 꿈꿔왔다. 그런데 갑자기 아침에
깨었을 때 내가 나의 꿈속에서 실제로 살고 있다는 것을 깨달았다.
꿈이 현실이 되었던 것이다.
동물들이 바로 우리의 캠프 사방에 있었다.

어머니와 에릭 삼촌이 나를 배웅하러 런던 부두까지 왔다. 우리는 내가 다섯 명의 소녀들과 함께 쓰게 될 선실을 면밀히 살폈다. 그러다 조그마한 짐 싣는 구멍도 발견했다. 나를 돌봐줄 승무원도 만났다. 앞으로 3주간 나의 집이 될 배를 여기저기 걸어보았다. 나는 스물세 살이었고, 내가 알고 있는 모든 것, 집, 가족, 조국을 두고 떠나려 하고 있었다. 조금은 불안했을 것이다. 어머니와 에릭 삼촌, 대니 할머니와 올리 이모, 그리고 주디와 이별하게 되어 슬펐을 것이다. 그러나 순전한 놀라움의 감정에 사로잡혔던 것 말고는 아무것도 기억나지 않는다. 정말로 아프리카로 가게 된 것이다. 아는 사람이라고는 지난 5년 동안이나 보지 못했던 학교 친구 하나뿐인 미지의 곳으로 항해해갈 참이었다.

뱃고동이 울려 배웅 나온 사람은 이제 내려야 한다는 것을 알려주었다. 마지막 포옹과 키스를 했다. 작별의 말을 주고받고 행운을 빌었다. 눈물도 흘렸다. 배 난간 옆에 기대서서 손 흔드는 사람들이 점점 작아지는 모습을 지켜본 것을 기억한다. 도버의 하얀 절벽을 마지막으로 마침내 영국의 모습이 사라졌다. 모험, 타잔이 있는 아프리카로의 여행, 사자, 표범, 코끼리, 기린, 원숭이의 땅으로 가는 여행이 진짜로 시작되었다. 처음으로 선상에서 저녁을 먹고 작은 침상으로 기어올라가 누웠다. 엔진의 부드러운 진동음에 마음이 진정되고 위안을 받았던 그날 밤, 내 생각이 정확히 무엇이었는지 40년이 지난 지금에도 기억할 수 있다면 얼마나 좋을까. 그러나 그때의 생각들은, 그 생각을 했던 소녀의 젊음과 더불어 희미해졌다.

내가 탄 배는 대형 정기여객선으로, 그 유명한 캐슬 라인의 선단 중 하나였다. 이 배는 일등칸과 이등칸이 따로 없는 유일한 배인 케냐캐슬호로, 내게는 선단에서 최고의 배였다. 처음 표를 샀을 때 이 배는 가장 짧고 싼 항로로 가게 되어 있었다. 즉, 홍해를 거쳐 아프리카 해안을 따라 남쪽으로 항해하여 케냐의 몸바사로 가는 길이었다. 그러나 항해하기로 한 날에서 꼭 일주일 전에 이집트에서 일어난 전쟁 때문에 수에즈 운하가 닫혀버렸다. 여행이 연기될까 봐 몹시 걱정했지만, 회사 측에서는 수에즈 운하를 피해 아프리카 서쪽 해안을 따라 희망봉을 둘러 몸바사까지 항해를 감행하기로 했다. 그 길로 가면 바다에서 일주일을 더 보내야 한다. 비록 나의 소중한 저축액에서 돈을 좀 더 지불해야 했지만, 그런 굉장한 항해는 그만큼의 가치가 있었다. 영국의 선선한 봄 날씨가 점차 열대 태양이 가득한 더운 날씨로 바뀌어감에 따라 나의 흥분은 더해갔다.

사방이 바다뿐인 뱃머리에 서서, 시선이 닿는 데까지 한껏 멀리 바라보는 것은 최고로 멋진 일이었다. 나는 한 구명보트 뒤에 있는 갑판에서 홀로 여러 시간을 보내곤 했다. 날치 떼와 춤추는 돌고래들이 배를 지나쳐가기도 했고, 이따금은 오싹한 삼각형 지느러미를 가진 상어 떼도 볼 수 있었다. 폭풍우가 거칠게 몰아칠 때, 물보라가 갑판을 적실 때, 나는 그때의 바다를 사랑했다. 배가 거대한 파도에 밀려 올라갔다가 꼭대기에서 아래로 미친 듯이 떨어지면 대부분의 승객들이 객실로 피하기 때문에, 으르렁거리는 폭풍우 속에 홀로 있음을 느낄 수 있었다. 물론 진짜 태풍이 오면 나도 아래로 내려가야만 했다. 선원들은 어리석은 육지 사람이 바다로 휩쓸려 들어가거나 그들이 일하는 데 방해가 될까 봐 싫어했다.

그 길고도 멋진 항해는, 나를 둘러싼 놀랍고도 새로운 바다 세계에 대한 순수한 황홀감과 대형 정기여객선 선내 생활의 모든 재미가 합쳐진 것이었다. 갑판에서의 낭만적이고 순진한 사랑놀이, 열대의 밤하늘 아래에서 진토닉을 마시는 일, 우리 신참들에게 바닷물을 끼얹는 장대한 넵투누스(로마 신화에 나오는 바다의 신 - 옮긴이)와 적도를 건너는 재미가 그런 것들이었다. 넵투누스는 바닷물을 끼얹은 게 아니라 우리를 수영장에 빠트린 것일까? 이제 여러 해가 흘러 재미있었던 일들에 대한 기억조차 희미하다. 항해 기간 동안 좋은 친구가 되었던, 선실을 같이 쓴 소녀의 이름조차 기억할 수 없다. 그러나 대양과 함께한 시간들과 그 모든 분위기, 무한한 바다 세계의 일부가 된 느낌, 공기, 태양, 별, 바람, 이 모든 것들은 내 마음속에 여전히 생생하다. 그 시간들은 나의 영혼을 성숙시키고, 내적 자아의 이해력이 자라고 확대되도록 해주었다. 위대한 힘을 믿는 나의 신념은 더욱 강해졌다. 그 힘은 우리들 하나하나와 세상의 모든 경탄할 만한 것들의 밖에 존재하면서 전체를 포함한다. 그때, 땅이라고는 조금도 보이지 않는 그 바다에서의 항해를 통해 아프리카에 헌신하기로 무의식적으로 결심하게 된 것 같다. 삶과 시간과 영원성의 의미, 그리고 철학에 몰두했던 어린 시절과 청소년기의 나날들은 막을 내렸다.

돌이켜보면 나 자신의 개인 철학은 가족과 학교와 전쟁 기간의 생활과 수년간 극도로 강력한 설교를 들은, 생애 첫 20년 동안 점차적으로 형성되었던 것이 분명하다. 그때 읽은 책들, 밖에 나가 자연 세계에서 보낸 시간들, 주변의 동물들도 영향을 주었다. 케냐캐슬호는 나를 신세계로 나아가도록 데려다주고 있었다. 그곳에서는 경탄스럽고 때로는 비극적이고 참혹하고 모순되고 놀라운 그 모든 것이 담긴 삶 자체가 교훈을 줄 것이었다. 나는 가족과 교육을 통해 건전한 도덕적 가치와 독립적이고 자유롭게 사고하는 마음의 준비가 되어 있었으므로 공포심 없이 이 새로운 시기로 나아갈 수 있었다.

몸바사로 가는 동안 단지 네 군데 항구에서 정박했다. 카나리아 제도, 케이프타운, 더반, 베이라가 그곳이다. 그렇게 이국적인 곳에 상륙하는 것은 정말 낭만적이었다. 내가 이전에 집에서 가장 멀리 가본 곳은 전쟁으로 찢긴 독일이 고작이었다. 열대 지방의 따뜻한 밤공기와 원색적인 시장, 사람들의 짙은 색 얼굴과 그들의 밝은 옷이 기억난다. 그렇다. 냄새, 열대 꽃들의 이국적인 혼합, 과일, 숯에 구운 음식, 먼지, 동물들의 똥, 오줌, 땀을 기억한다.

희망봉을 둘러 케이프타운으로 입항하던 기억 역시 생생하다. 그곳은 지구상에서 가장 아름다운 도시 중 하나이지만, 내가 기억하는 것은 아름다움이 아니다. 바로 인종차별 정책에 처음 맞닥뜨렸던 충격이다. 내가 가본 어느 곳에서나, 한 인간 집단이 다른 집단에게 의도적으로 모멸감을 준다는 것을 느낄 수 있었다. 가게, 벤치, 버스, 화장실, 공원, 해변, 호텔 등에 핀으로 꽂힌 벽보에는 'SLEGS BLANCS'라고 대문자로 쓰여 있었다. '슬랙스 블랑스'란 '백인 전용'이라는 말에 해당되는 아프리칸스어(17세기 네덜란드어에서 진화·발달한 남아프리카공화국의 공용어―옮긴이)인데, 이 표시는 어디에나 있었다.

며칠 후 더반에 내렸을 때는 상황이 훨씬 더 나빴다. 그곳에는 피터 고든이라는 친구가 있었는데, 그는 리치몬드 힐에 사는 트레버의 부목사 중 하나였다. 피터와 하루를 같이 보내며 그에게서 인종차별 정책이 실행되고 있는 이야기를 듣고 곧장 나치 독일의 공포가 생각났다. 한 인종이 다른 인종의 인간성을 말살한 것 말이다. 피터가 해준 이야기 중 하나는 결코 잊을 수 없다. 피터가 길을 따라 걷고 있었는데, 한 아프리카 할머니가 버스를 잡으려고 뛰어오다 피터와 부딪쳤다. 짐이 가득한 장바구니의 한쪽 손잡이가 부서지고 물건들이 와르르 땅에 굴러떨어졌다. 그래서 피터는 길을 멈추고 할머니가 물건을 주워 담는 것을 도우려고 했는데, 할머니는 창백하게 질려서 그만두라고 애걸했다. 할머니 말로는 백인이 자신을 돕게 내버려두면 지독한 곤란을 당하게 된다는 것이었다. 피터는 내게 더 이상 못 참겠다고 말했다. 그러나 그에게서 다시는 편지를 받지 못했으므로 어떻게 했는지는 알 수 없다.

케냐캐슬호가 마침내 증기를 내뿜으며 몸바사에 들어섰을 때, 나는 배 위에서의 생활에 푹 빠져 있어서 여행을 전혀 멈추고 싶지 않았다. 많은 사람들이 그렇게 느꼈다. 왜냐하면 대양 여행을 같이 하다 보면 진한 우정 같은 게 생겨나기 때문이다. 그러나 그런 것은 대부분 오래가지 않는 법이다. 그 당시에는 비록 나의 새 친구들과 그 모든 재미, 그리고 어떤 결정도 해야 할 필요가 없는 편안한 분위기를 두고 떠나기 힘들었지만 말이다. 그러나 엔진이 진동했고, 배는 가차없이 항구의 잔잔한 물결을 가로질러 나아갔다. 그리고 우리는 부두에 닿았다. 해안에서 나이로비까지는 기차로 이틀이 걸렸는데, 그 시간 동안 점차 땅에서의 생활에 적응하게 되었다. 배에서 선실을 함께 쓴 친구 세 명과 기차 객실을 같이 썼다. 점차 우리가 두고 온 떠다니는 세계는 비현실적이고 아득하게 느껴졌다. 칙칙폭폭 기차 바퀴의 리듬은 3주 동안 나를 달래 잠들게 했던 배의 부드러운 진동을 대신했고, 창밖에는 끝없는 바다 대신 동아프리카의 풍경이 펼쳐졌다. 마침내 도착한 것이다.

기차가 나이로비에 멈췄을 때, 클로와 그녀의 부모님이 나와 있었다. 당시 화이트 하이랜드로 알려진 지방의 일부인 키낭고프에 있는 농장까지의 자동차 여행은 완전히 마술 같았다. 열대 지방의 이른 땅거미가 질 무렵, 길가에 혼자 있던 수컷 기린을 지나치게 되었다. 우리는 가까이 멈춰서서, 긴 속눈썹과 거만해 보이는 표정을 띠고 있는 기린의 굉장한 얼굴을 올려다보았다. 돌아서서 천천히 뛰어가는 기린의 뒷모습을 보니 꼬리가 말려 올라가 있었고, 그 특이한 걸음걸이는 경탄스러웠다. 마치 슬로모션으로 움직이는 것 같았다. 나는 오늘날까지도 기린이 놀랍다. 처음 본 그날도 결코 잊지 못할 것이다. 날이 어두워졌을 때 클로의 아버지는 다시 브레이크를 밟았다. 느릿느릿 도로를 가로질러 어둠 속으로 사라지고 있는 개미핥기(책에서만 본)를 치지 않기 위해서였다. 개미핥기를 보기가 얼마나 어려운지 알았더라면 훨씬 더 흥분했을 것이다.

몇 주간을 클로의 집 농장에서 클로의 가족들과 함께 지내면서 상쾌한 산 공기, 차가운 시냇물, 이상한 울음소리를 내는 생소한 새들로 마음이 명랑해졌다. 거대한 표범의 발자국도 보았다. 모든 것이 너무나 새롭고 흥분되고 아름다웠다. 그런 한편으로 다시 한번 인간 내면의 증오와 잔인성도 알게 되었다. 내가 만났던 많은 사람들이 1950년대 초 마우마우 단원의 유혈 봉기, 즉 수많은 백인 정착민과 키쿠유족 온건주의자들이 남자, 여자, 어린이 할 것 없이 무자비하게 학살되었던 그 사건에 연루되어 있었다. 거의 모든 사람이 인간의 잔혹성을 보여주는 이야깃거리를 가지고 있었다. 예를 들면 생포된 한 유럽인 의사는 지독한 군대개미의 지하굴 속에 목만 나오게 묻혀서 천천히 고통스럽게 죽임을 당했다고 한다. 한 마리에게만 물려도 극도로 고통스러운 것이 군대개미다. 불행 중 다행으로 그 의사는 당뇨병이 있어서 곧 혼수상태에 빠졌다고 한다. 그런가 하면 용감한 사람들의 이야기도 역시 많이 있었다. 특히 용감한 키쿠유족 하인들에 대한 이야기가 많았는데, 이들이 백인 주인 가족을 도와주기 위해서 죽음을 무릅쓰기까지 했다는 것이 마음에 걸렸다.

부끄럽게도 내가 다시 사냥을 나간 것은, 그러니까 생애 두 번째이자 마지막으로 사냥한 것은 그맘때였다. 세상에 어떻게 그런 비열한 짓을 할 수 있었을까? 그러나 이제 와서, 생각 없이 소동에 달려든 고집 세고 바보스러운 어린 소녀의 마음을 짐작하기는 힘들다. 그 일은 밥을 만났을 때 일어났다. 밥은 매우 위험하다고 소문난 거대한 말을 갖고 있던 매력적인 젊은 남성이었다. 그 말은 많은 사람들을 흔들어 떨어뜨렸기 때문에 아무도 그 말을 타려 하지 않았다. 밥이 야생 관목 지역으로 승마하러 가자고 제안했을 때, 나는 그 특별한 말을 탈 수 있게 해달라고 부탁했다. 밥은 단호히 거절했지만, 나는 고집부리고 구슬려 결국에는 (여느 때처럼) 성공했다. 그 승마는 사냥을 위한 것이었다. 나는 사냥감이 자칼일 거라 생각했다. 나는 그 말에 올랐는데(말의 궁둥이가 너무 높아서 처음 탈 때는 말이 뒤쪽을 내려줬다), 말은 꽤 훌륭했고 키가 17.2뼘이나 됐다. 기수가 아닌 사람에게 한 뼘이란 약 10센티미터이므로 그 말은 양어깨 사이의 융기(즉, 어깨)까지가 170센티미터가 넘는, 이제까지 타본 것 중 가장 큰 말이었다. 내가 경건한 체하며 여우 사냥에 대해 그 많은 비난을 했던 일은 다 어디로 갔는지. 다행히도 아무것도 잡히지 않았다. 정말로 그것이 나의 마지막 사냥이 되었다.

휴가 후에 나는 영국 회사의 케냐 지사 관리자의 비서로 일하기 위해서 나이로비에 갔다. 영국을 떠나기 오래전에 에릭 삼촌이 연줄을 통해 이 일자리를 준비해두었다. 결코 친구에게 염치없이 붙어살아서는 안 된다고 배웠기 때문이다. 클로와 몇 주간을 지낸 다음부터는 혼자 힘으로 꾸려나가야 했다. 일 자체는 지루했지만, 동물과 함께 일할 직업을 찾을 때까지 아프리카에서 머물 만큼의 돈은 벌 수 있었다.

그러나 오래 기다리지 않아도 되었다. 저녁 모임 후 차를 얻어 타고 숙소로 돌아가던 중, 누군가가 "동물에게 관심이 있다면 루이스 리키를 만나야 한다"라고 말했다. 그래서 약속을 잡고 유명한 고생물학자이자 인류학자인 그를 보기 위해 코린든 자연사박물관(지금은 국립박물관으로 불린다)으로 갔다. 논문 더미, 화석 뼈와 이빨, 석기, 그리고 기타 온갖 것들로 뒤덮여 지저분한 큰 사무실에서 루이스를 만났다. 루이스는 박물관 구경을 시켜주었고, 여러 진열품들에 대해 질문에 질문을 거듭했다. 다행히도 나는 아프리카와 동물들에 대해 읽은 것이 많아서 대부분의 질문에 대답할 수 있었다. 그리고 대답하지 못했을 때조차도, 적어도 무엇에 대해 말하고 있는지는 충분히 알고 있었다. 아마도 그는 아무 학위도 없는 내가 어류학ichthyology과 파충류학herpetology 같은 단어를 이해하고 있다는 데 감명을 받은 것 같았다.

그 당시 루이스는 쉰네 살이었고, 진정한 거인이었다. 호기심에 찬 마음과 거대한 활력과 큰 시야를 가진 진짜 천재였고, 놀라운 유머감각도 있었다. 나중에 알게 된 사실이지만 그는 성미가 급했고, 자신이 바보라고 생각하는 사람들에게는 참을성이 없었다. 이때 바보란 자신과 의견이 다른 사람을 뜻하는 경우가 많았다! 루이스와 만난 순간부터 나는 그의 아프리카와 아프리카 사람들과 동물들에 대한 지식에 매료되었다. 운이 좋게도 그 역시 나의 젊은이다운 열정과 동물에 대한 애정과 결국은 우리의 만남으로까지 이어진 아프리카에 오기로 한 결단에 확실히 매혹되었다. 어쨌든 그는 자신의 개인 비서 일을 제안했다. 그리하여 나는 그다음 해 1년 동안 박물관에서 동아프리카 동물들에 대해 배웠다. 또한 다양한 부족들, 특히 키쿠유족에 대해 배웠다. 루이스는 선교사였던 아버지가 자식을 부족문화 속에서 성장하도록 했기 때문에, 그들에 대해 다른 어

떤 백인들보다도 더 많이 알고 있었다. 갓 태어났을 때 그
는 바구니에 담겨 집 밖에 놓였고, 키쿠유족의 관습대로 부
족의 모든 연장자들은 그에게 은총을 주기 위해 바구니 옆
을 지나갔다. 그러면서 연장자들 하나하나가 그에게 침을
뱉었다! 이후 청소년이 되었을 때는 함께 자란 소년들과
함께 끔찍하고 고통스러운 성인식을 참아내야 했다. 루이
스가 말하길, 할례를 하는 동안 자신들은 땅 위에 원 모양
으로 둥글게 무릎을 당겨서 앉아 있었는데, 양쪽 무릎에 하
나씩 작은 조약돌을 올려놓았다고 한다. 할례 의식 동안 조
약돌이 하나라도 떨어지면, 그 소년은 남은 생애 동안 겁쟁
이라고 낙인찍히게 되는 것이다. 루이스는 키쿠유족의 역
사와 관습에 대한 책을 쓰면서 나에게 받아 적게 했기 때
문에 이러한 것들을 많이 배울 수 있었다.

루이스를 위해 일하기 시작한 후 얼마 안 되어 루이스와
그의 아내 메리는, 나와 박물관에서 근무하던 또 다른 영국
소녀 질리안 트레이스를 초대해서 탕가니카의 올두바이
협곡 발굴에 데리고 갔다. 1957년에 올두바이는 광대한 세
렝게티 평원에서 유목생활을 하는 마사이족 이외에는 아
무에게도 알려지지 않은 곳이었다. 그 당시, 즉 세렝게티가
대규모 관광지로 개방되기 전까지 그 지역은 아주 외딴곳
이었다. 도로, 관광버스, 그리고 오늘날 정기적으로 통과하
는 경비행기는 꿈도 꾸지 못했다. 올두바이까지는 도로는
커녕 사람이 지나간 흔적도 없었다. 그래서 응고롱고로 분
화구에서 세로네라까지 나 있는 길(지금은 세렝게티를 가로지르는,

눈에 잘 띄는 도로가 되었다)을 떠나고 난 후에 질리안과 나는, 만원이 된 랜드로버(상표명으로 지프와 비슷한 영국제 자동차 - 옮긴이)의 지붕 위에 앉아서 그 전해에 리키 박사 부부가 남겨둔 희미한 타이어 자국을 찾아야만 했다.

지난 몇 년간 루이스와 메리 부부는 화석을 찾기 위해 매년 3개월 동안을 올두바이에서 보내왔다. 그들은 과거에 세렝게티를 배회했던 선사시대의 생명체에 대해 이미 많이 알고 있었다. 간단한 석기들은 많이 발견되었다. 그러나 중요한 것은 그것들을 만들고 사용한 유인원 비슷한 인류의 화석을 발견하는 일이었다. 리키 박사 부부가 해마다 되돌아가서 찾았던 것은 우리 옛 조상들의 뼈였다. 2년 뒤인 1959년, 그들의 인내는 보상받았다. 장남 자니가 유인원과 비슷한 생명체의 두개골을 발견해냈다. 그 두개골은 나중에 오스트랄로피테쿠스 로부스투스라는 학명을 얻게 되었는데, 그냥 사랑스러운 소년이나 조지, 아니면 크고 강한 턱과 거대한 치아 때문에 호두까기 인간으로 더 잘 알려져 있다.

막 태양이 지려 할 때 올두바이에 도착했다. 서둘러서 텐트를 치고 모닥불을 피웠다. 그때 일지를 쓰지 않았던 것이 후회된다. 오랜 세월이 지난 후에도 그때의 기록이 남아 있었다면 얼마나 좋았을까. 올두바이에 도착한 첫날 나는 정확히 어떤 것을 느꼈을까. 약 14년 동안, 여덟아홉 살 때부터 나는 아프리카에 있는 것을, 오지의 야생동물들 사이에서 사는 것을 꿈꿔왔다. 그런데 갑자기 아침에 깨었을 때 내가 나의 꿈속에서 실제로 살고 있다는 것을 깨달았다. 꿈이 현실이 되었던 것이다. 동물들이 바로 우리의 작은 캠프 사방에 있었다. 밤이 되어 저녁식사 후 모닥불 옆에 앉아 있을 때면, 종종 멀리서 으르렁거리는 사자의 포효가 들렸다. 그리고 더 시간이 지나 질리안과 내가 텐트 안 작은 캠프용 침대에 누웠을 때는 때때로 이상한 높은 음조로 낄낄거리는 소리, 고양이 울음소리와도 같은 소리, 나중에서야 얼룩무늬 하이에나의 다양한 레퍼토리 중의 하나라고 알게 된 독특한 외침소리가 들려오곤 했다.

매일 작업이 끝난 후, 질리안과 나는 마음대로 돌아다닐 수 있는 자유 시간을 가질 수 있었다. 때로는 아카시아 나무, 단검 같은 천년란의 잎들, 혹은 야생 사이잘삼이 있는 골짜기 바닥을 탐험하기도 했다. 어떤 때는 가파른 언덕을 기어올라 평원을 걷기도 했다. 그 평원의 풀들은 혹심한 바람 때문에 회색 먼지로 뒤덮여 있거나 아니면 뜨거운 건기의 태양열에 타버려 옅은 금빛을 띠고 있었다. 거대한 소떼, 얼룩말들, 그리고 우기에 이곳 평원을 가로질러 이동하는 톰슨가젤 영양들은 물을 찾아 떠나간 지 오래되었다. 그러나 즙이 많은 잎이나 뿌리로부터 수분을 얻으며 여전히 골짜기 안과 주변에서 살고 있는 동물들이 많이 있었다. 우리는 산토끼만큼 작고 매혹적인 영양들을 깜짝 놀라게 하기도 했다. 또한 그랜트가젤 영양의 작은 무리를 뚫고 나아가기도 했고, 이따금 기린 몇 마리가 배회하는 것도 보았다.

검은 코뿔소와 맞닥뜨리는 등 진짜 모험도 두 번 있었

다. 코뿔소는 심한 근시인데도 곧 우리가 있다는 것을 알아챘다. 바람이 다행히 우리 쪽으로 불고 있었는데도 말이다. 코뿔소는 돼지처럼 생긴 작은 눈으로 주위를 자세히 살피면서 콧김을 내뿜고 앞발로 땅을 차다가는 돌아서서 꼬리를 위로 높이 쳐들고 뛰어갔다. 나는 너무나 흥분해서 나중에는 다리가 후들거렸고, 가슴속에서는 미치광이가 있는 것처럼 심장이 곤두박질쳤다. 코뿔소와 맞부딪치다니. 그것도 걷다가 말이다! 또 한번은 질리안과 내가 골짜기 밑바닥 가시덤불 속에 내려갔을 때였다. 감시당하고 있을 때 간혹 느끼게 되는 그런 오싹한 기분이 들었다. 돌아다보니 약 12미터 떨어진 곳에 젊은 수사자가 있었다. 수사자는 지대한 관심을 가지고 우리를 지켜보았다. 질리안은 골짜기 밑바닥에 있는 빽빽한 덤불 속으로 숨기를 바랐으나, 나는 평원 위로 올라가 탁 트인 곳에 있어야 한다고 느꼈다. 우리는 조심스럽게 뒤로 물러난 후, 돌아서서 천천히 골짜기의 가장자리로 걸어갔다. 사자는 두 살가량 되어 보였고, 갈기가 어깨로부터 약간 덩어리져서 나오기 시작했다. 그 나이의 사자는 호기심이 강한데, 분명 그 사자는 평생 동안 질리안과 나 같은 것을 본 적이 없었을 것이다. 사자는 적어도 100미터는 따라온 후, 우리가 골짜기 가장자리에서 평원 위로 올라가는 것을 지켜보았다. 나중에 루이스는 우리가 뛰지 않았던 게 다행이라고 말했다. 만약 뛰어 달아났다면 분명 우리를 추격해서, 마치 털실 공을 쫓는 새끼고양이처럼 재미로 사냥하고 싶어서 참지 못했을 거라고 했다.

나는 올두바이에서 화석들을 파내면서 대부분의 시간을 보냈다. 그것은 뜨거운 열대 태양 아래에서의 고된 일이었지만, 그래도 재미있었다. 발굴지를 처음 준비하는 일은 항상 리키 박사 부부를 수행해온 소규모의 아프리카인 팀이 했다. 그들이 곡괭이와 삽으로 먼저 표토를 벗겨냈다. 화석층 가까이까지 파내려가면, 메리는 그 힘든 일의 마지막 부분을 자신이 하겠다고 주장했다. 그녀는 곡괭이질에 중요한 화석이 부서지게 될지도 모르므로 아프리카 사람보다는 차라리 자신이 하는 것이 더 낫다고 생각했다. 나는 젊고 힘이 세고 건강했기 때문에 메리는 내가 도와주는 것을 기꺼워했고, 우리는 무거운 도구를 움직여 땀을 흘려가며 함께 일을 잘해나갔다.

마침내 화석층까지 내려갔을 때는, 사냥용 칼로 단단한 흙을 조금씩 깎으며 뼈를 찾았다. 뭔가를 발견했을 때는 치과용 도구를 사용하여 작업의 마지막 부분을 끝냈다. 적어도 하루 여덟 시간은 화석을 찾아 땅을 팠다. 오전 11시에 잠깐 쉬며 커피 한 잔을 마셨고, 대낮의 열기가 끓어오르면 세 시간 동안 휴식했다. 이 시간에는 방수천 그늘 아래로 모두 모여 발견물을 분류하고 표시했다. 땅을 파는 일은 대개 단조로웠지만, 진귀한 생명체의 뼈가 발굴되면 강렬한 흥분을 느낄 때도 있었다. 물론 올두바이에서 초기 인간의 화석을 최초로 발견한 사람이 되었으면 하는 바람도 항상 있었다.

손에 화석을 들었을 때, 그것을 보고 느끼면서 갑작스레 경외감이 샘솟는 순간들도 있었다. 바로 이 뼈가 수백만 년 전에는 걷고 잠자고 종을 번식시킨, 한때 살아서 숨 쉬던 동물의 일부였다. 이것은 눈과 머리카락과 자신만의 독특한 냄새와 목소리와 성격을 지닌 한 생명체에 속했던 것이다. 어떻게 생겼을까? 어떻게 살았을까? 처음으로 이런 생각들을 한 것은, 한때는 평원을 어슬렁거렸을 거대한 돼지의 어금니 조각을 쥐고 있을 때였다. 나 자신이 원시시대의 세계로 되돌아가는 것을 느낄 수 있었다. 거친 털로 뒤덮이고 눈을 부릅뜨고 괴물 같은 엄니를 번뜩이는 커다란 검은 돼지가 거기 있었다. 그 돼지의 진한 냄새를 맡을 수 있었고, 이빨 가는 소리를 들을 수 있었다. 나는 여러 번 시간을 거슬러 올라갔는데, 그 돼지는 지구로부터 사라진 지 오래되었기 때문에 나의 상상은 화가가 그림을 그린 것처럼 마음속에서 재구성된 것이었다.

올두바이는 어린 시절을 보낸 영국의 버치스에 있는 정원이나 바닷가의 유순한 모래 낭떠러지와는 매우 다른 세계였다. 그러나 어린 시절부터 나는 아프리카에서 살아가는 삶을 꿈꾸어왔다. 가족과 함께 장난치고, 서로 사랑하고, 일요일에는 트레버 목사의 설교에 귀 기울이고, 전후 영국에서 어른으로서의 생활로 첫 걸음을 내디딘 그런 일들이, 새롭고 신나는 올두바이라는 세계를 탐험하는 바로 그 마음을 형성해주었다. 한때 어린이였던 나와 당시 젊은 여성이 되어가고 있던 나의 사고는 그렇게 연결되어 있다. 그 소중했던 올두바이에서의 3개월 동안 진화의 신비는 우리 주위를 감쌌고, 의심할 것 없이 나에게 강력한 영향을 미쳤다. 그곳에서의 경험은 이후 시간에 따른 인간 종의 진보, 도덕심의 발생, 그리고 모든 것들의 전체적인 틀속에서 인간의 목적, 즉 우리 인간의 궁극적인 운명에 대한 나 자신의 철학을 형성하는 데 도움이 되었다.

나는 그 당시 루이스 리키에게서 매우 강한 영향을 받았다. 우리는 함께 이야기를 나눌 기회가 무수히 많았다. 특히 저녁을 먹은 후 별들이 놀랍게도 바로 머리 위에서 빛나는 청명한 아프리카 하늘 아래 앉아 너울거리는 모닥불 불꽃을 편안하게 바라보면서, 차가운 밤공기 속에서 따뜻함을 즐기며, 그리고 동물들의 소리를 들으며 대화를 나누었다. 야담, 그날 있었던 일, 마음 한구석에 떠오른 이런저런 생각들, 이 모두가 뒤섞인 대화가 이루어졌다. 어느 날 밤, 루이스가 키쿠유족의 종교에 대해 이야기해주던 것이 기억난다. 그는 그 종교의례의 많은 측면이 구약 성경에 나오는 의례들과 이상하게도 비슷한 데가 있다고 말했다. 심지어는 제물로 쓰는 염소나 닭의 색깔, 나이도 같다고 했다. 루이스는 몸바사에 주교로 있는 자기 형제에게 비슷한 점들을 전부 써 보냈다. 그러나 그의 형제는 그것이 적절한 질문이 아니라고 느꼈는지 답장을 하지 않았다.

루이스는 왜 그렇게 많은 사람들이 과학과 종교가 양립할 수 없다고 느끼는지 이해할 수 없다고 했다. 나도 그랬다. 그렇게 많은 과학자들이 무신론자이거나 불가지론자라는 사실이 놀라웠다. 적어도 몇몇 종교적 신념들을 거의 실중하기에 이른 양자물리학은 그 당시에는 주류가 아니었고, 우주 창조의 대폭발설이 제안되지도 않았다. 대신 우리는 진화 과정을 통한 인간이란 동물의 점진적인 변용이라는 것에 대해 논했다. 두뇌가 훨씬 더 영리해지고, 언어가 출현하여 문화적 진화에 더욱더 의존하게 된 인간 진화의 과정 말이다. 게다가 신체적 진화가 답답하게도 시간을 천천히 거쳐가는 것에 비해 문화적 진화는 번개 같은 속도로 나아간다. 어느 날 저녁 내가 이야기식으로 하나님을 어떻게 상상했는지 묘사한 것이 기억난다. 내 상상 속에서 하나님은 당신의 창조물을 굽어보시고, 인간의 진보를 평가하시고, 당신의 아들딸들이 자신이 누구인지를 진실로 깨달아 성령을 받을 준비가 되었는지를 결정하시는 분이었다.

루이스는 편협한 신앙이야말로 최고의 악이라고 믿었다. 나는 루이스가 자신의 아버지를 사랑했지만, 그 편협한 스코틀랜드 장로교회파의 견해는 증오했다고 추측한다. 그는 이것에 대해 많은 이야기를 했다. 그중 하나는 키쿠유족의 막강한 추장에 관한 것이었다. 루이스의 아버지는 만약 추장만 기독교로 개종시킬 수 있다면 모든 부족민이 따를 것이라고 생각했다. 그 일은 모든 선교사에게 큰 자랑거리가 될 것이었다. 여러 달을 설득하여 드디어 추장은 아버지의 마음을 받아들였다. 추장은 세례를 받기로 했다. 루이스의 아버지는 행복한 미소를 지으며 날짜를 잡았지만, 갑자기 끔찍한 생각이 떠올랐다. "당신은 기독교인이 단 한 명의 아내만 가져야 한다는 점을 알고 있나요?"라고 말하자, 추장은 그를 노려보았다. 그의 아내는 적어도 여덟 명은 되었다. 추장은 다시 한번 숙고해보겠다고 했다. 다음 일요일에 추장은 작은 교회로 와서 "세례 받지 않겠소"라고 확고하게 말했다. "아내들은 나에게 충실했소. 좋은 아내들이오. 내가 그들을 버린다면 그들은 수치 속에서 살게 될 거요. 나는 당신의 신이 아주 훌륭하다고 생각했지만, 이제 보니 잘못 생각한 것 같소. 당신의 신은 나의 신이 아니오"라고 말하고는 나가버렸다. 이와 같은 이야기들은 의례의 여러 층을 관통하여 진실을 보여준다.

루이스는 초기 조상들이 했음직한 행위들에 대해 토론하기를 매우 좋아했다. 그는 석기 만드는 방법을 독학했고, 손도끼와 화살촉, 그리고 다른 도구들을 만드는 것에 대해 시범 보이기를 무척 좋아했다. 그는 석기시대 사람이 정확하게 이 도구들을 어떻게 사용했는지, 사냥은 어떻게 했고, 어떤 사회에서 살았는지에 대해 추측하곤 했다. 루이스의 생각은 혁명적이었다. 그는 인간의 기원을 이해하기를 바라는 사람이라면 화석화된 뼈와 과거의 유물뿐만 아니라, 선사시대 생명체의 살아 있는 후손들에 대해서도 잘 알 필요가 있다고 주장했다. 예를 들어 그는 현대 영양들의 다리뼈와 이동 유형을 자세히 연구했다. 그래야 영양 다리의 다양한 뼈 구조들이 가지는 기능을 명백히 알 수 있다. 그렇게 되면, 영양의 뼈 화석 구조로부터 그들의 이동 방식을 재구성할 수 있게 된다. 올두바이에서 발견한 영양뼈 화석이 갑자기 내게 더욱 흥미롭게 보였고, 근육 부착 부위의 융기와 건부착 부위의 홈을 새로운 열정을 가지고 바라보게 되었다.

올두바이에서 3개월간의 체류가 끝나갈 무렵, 루이스는 침팬지, 고릴라, 오랑우탄에 대한 자신의 지대한 관심을 이야기하기 시작했다. "침팬지는 아프리카에서만 살며, 서부 해안으로부터 동쪽으로는 서부 우간다와 탄자니아까지 적도 삼림지대에 걸쳐 분포해 있다. 최근 탕가니카호 동쪽 호안에 있는 키고마 근처의 거친 산악지역에서 침팬지를 보았다고들 하는 소식을 들었다. 그곳은 올두바이에서 남서쪽으로 960킬로미터 떨어진 곳이다. 그 침팬지들은 동부 품종이거나 혹은 긴 털 품종, 즉 판 트로글로디테스 슈바인푸르티이Pan troglodytes schweinfurthii이다"라고 설명했다. 루이스는 모든 종류의 대형 유인원에게 관심이 있었다. 그들은 현생 동물 중에서 인간과 가장 가까운 친척이며, 또한 그들이 야생에서 하는 행동을 이해하면 석기시대 조상들이 어떻게 행동했는지 추측하는 데 도움이 될 것이기 때문이었다. 이것은 선사시대 과거의 비밀을 풀고자 하는 그의 일생의 탐구에서 또 하나의 흐름이 될 것이다. 루이스는 이미 숙련된 해부학자들이 재구성해놓은 것을 보고 석기시대의 선조들이 어떻게 생겼는지 많이 알고 있었다. 치아의 크기와 마멸로 그들이 즐겼을 식이 형태를 추측할 수 있었다. 그리고 석기시대 선조들의 유적지에서 발견된 다양한 석기들과 다른 가공품들이 어떻게 사용되었는지에 대해 그는 자세한 정보에 입각해서 추측할 수 있었다. 그러나 행위란 화석화되지 않는 법이다. 루이스는 침팬지와 오늘날의 인간에게 공통된 어떤 행위는 유인원 같기도 하고 인간 같기도 한 공통 조상, 즉 그가 몇백만 년 전에 존재했다고 믿는 침팬지와 인간의 공통 조상에게도 존재했을 것이라고 추론했다. 만약 그러하다면, 그런 동일한 행위들은 가장 초기의 진짜 인류에게도 나타났을 것이다. 당시에는 이러한 추론이 새로운 것이었지만, 현재는 광범위하게 받아들여진다. 특히 유전학자들에 따르면, 우리와 침팬지는 유전물질인 DNA에 단지 1퍼센트 조금 넘는 정도의 차이밖에 없다고 한다.

루이스는 이 침팬지들에 대한 과학적 연구를 몹시 시작하고 싶어 했다. 그는 어떤 것도 알려진 게 없으므로 그 연구는 대단히 어려울 것이라고 강조했다. 현지 연구에 대한 안내서도 하나 없었고, 침팬지 서식지는 멀고 거친 곳에 있었다. 위험한 야생동물들이 그곳에 살고 있고, 침팬지 자체도 인간보다 적어도 네 배는 힘이 세다고 여겨졌다. 나는 루이스가 찾는, 초인적인 힘이 드는 어려운 일을 할 과학자는 어떤 사람일까 궁금해했던 것이 기억난다.

올두바이에서 나이로비로 돌아가 나는 루이스를 위해 계속 박물관에서 일했다. 그러나 죽은 동물들에 둘러싸여 있는 것이나, 과학적 수집용 표본을 얻기 위해 살해가 끊임없이 일어나는 환경에 있는 것이 진정으로 행복하지는 않았다. 가장 싫었던 경험은 수집 원정대를 따라 카카메가 숲에 갔을 때였다. 그곳에서는 표본을 얻기 위해 셀 수 없이 많은 동물들을 덫으로 잡아 살해하고 가죽을 벗겼다. 나는 그 숲을 사랑했지만 수집은 싫어했다. 헌신적인 직원들은 언젠가 완전히 사라질지도 모르는 생명 형태를 영원한 기록으로 만드는 일을 중요하게 여긴다고 나 나름대로 이해했다. 그러나 동일한 종의 새나 설치류나 나비 표본을 그렇게 많이 가질 필요가 있었을까? 어느 자연사박물관이든 뒷방을 한번 들여다보라. 거기에는 새와 작은 포유동물과 수천의 온갖 곤충들을 박제한 것이 서랍마다 넘쳐나고 있다. 그것은 무고한 생명에 대한 공포스러운 살육이다.

그 당시 나는 처음으로 진짜 연애에 완전히 몰두해 있었다. 그건 정말로 아이러니한 일이었다. 왜냐하면 브라이언은 사냥꾼이었기 때문이다. 그는 고객들을 동물들의 사정거리까지 데려다주는 백인 사냥꾼이었다. 어떻게 이런 일이 벌어질 수 있었을까? 나는 부분적으로는 역경에 맞서는 그의 용기에 반한 것이었다. 처음 만났을 때 그는 발가락에서 허리까지 석고 붕대를 하고 있었는데, 매우 용감해 보였다. 그는 심히 아파했고, 내가 그를 알고 지낸 한 해 내내 절뚝거리고 다녔다. 그에게는 상냥하고 부드러운 면도 있었다. 모든 가축들에게 아주 친절했고, 애완용 야생동물에게도 그랬다. 브라이언은 어떤 야생적이고 아름답고 매우 먼 장소로 나를 데려갔다. 그러나 그는 내가 함께 살고 배우기 위해서 아프리카로 왔던 바로 그 동물들을 사냥하고 죽였다. 나는 젊어 순진한 마음에 그를 변화시킬 수 있다고 생각했던 것 같다. 물론 나는 그렇게 하지 못했다. 그 연애는 실패하게 되어 있었다. 그러나 지속되는 동안은 신나고 열렬한 사랑이었으며, 인간 본성, 특히 나 자신에 대해 많은 것을 가르쳐주었다.

루이스는 여전히 이따금씩 침팬지에 대해 이야기했다. 만약 내가 그 같은 일, 즉 관찰과 학습에 관련될 뿐 살해가 아닌 일을 할 수만 있다면 얼마나 좋을까! 어느 날 나는 불쑥 말했다. "루이스, 침팬지에 대해 더 이상 이야기하지 말았으면 좋겠어요. 왜냐하면 그것이 바로 제가 진정 하고 싶은 일이거든요." 루이스는 눈을 반짝이며 대답했다. "제인, 나는 자네가 그렇게 말해주기를 기다려왔네. 자네는 내가 도대체 왜 침팬지들에 대해 이야기했다고 생각하나?"

틀림없이 나는 입을 벌리고 그를 쳐다보았을 것이다. 어떻게 내가 그런 중요한 연구에 적당하다고 생각할 수 있단 말인가? 나는 훈련도 받은 적이 없고 학위도 없는데 말이다. 그러나 루이스는 졸업장에는 신경도 쓰지 않았다. 루이스는 자신이 선택한 연구원들은 과학이론으로 편향되지 않은 마음을 가지고 현지로 나가는 것이 더 좋다고 말했다. 그가 찾아왔던 사람은 개방된 마음, 지식에 대한 열정, 동물에 대한 애정, 그리고 지극한 인내심을 가진 사람이었다. 게다가 근면하고, 긴 시간을 문명 세계로부터 멀리 떨어져 지낼 수 있는 사람이었다. 왜냐하면 그 연구가 여러 해 걸릴 것이라 믿었기 때문이다. 루이스가 이와 같이 정리를 하자, 내가 그 일에 가장 적격이라는 사실을 인정하지 않을 수 없었다.

사실 루이스는 올두바이로 갔을 때부터 나를 주의 깊게 지켜봐오고 있었다. 그는 나를 자신이 그동안 찾아온 사람이라고 결정하고는, 일을 시작하는 데 동의하기 전에 내가 그 과제가 얼마나 어렵고 또 위험한 것인지 알고 있음을 확인하고 싶어 했다. 그러나 나는 물론 내가 선택된 바로 그 순간 출발하고 싶었다. 젊은 열정만 있었지 일을 시작하기까지 얼마나 오래 걸릴지는 거의 깨닫지 못했다. 루이스는 필요한 경비를 마련하고 허가장을 얻어야 했다.

루이스가 이 문제들과 씨름하고 있을 때, 나는 영국으로 돌아가 가능한 한 최선을 다해 앞으로의 작업을 준비했다. 그리고 침팬지에 대해 손에 넣을 수 있는 모든 책을 읽었다. 당시에는 자연 서식지에서 침팬지가 어떻게 행동하는지에 대해서는 알려진 게 거의 없었다. 1923년 헨리 니센 박사가 야생 침팬지를 관찰하고자 프랑스령 기니에 간 적이 있었다. 그는 현지에 두 달 반 동안 머물면서, 장비를 옮겨주는 짐꾼들의 긴 행렬과 함께 삼림 여기저기를 여행했다. 유별나게 접근해오는 것을 보고 침팬지들이 도망친 것은 당연하다. 인간이 아닌 영장류에 대해 현지 조사한 책이 두 권 더 있었다. 두 경우 모두, 연구자는 먼저 행동 자료를 가능한 한 많이 수집하고(긴팔원숭이와 붉은꼬리원숭이에 대해) 다음에는 그 연구 동물을 죽여서 나이, 성별, 생식 상황, 심지어는 위의 내용물도 조사했다. 무고한 것들에 대한 살육이었다. 이보다는 사로잡혀 있는 침팬지 집단의 행위에 대한 두 개의 다른 상세한 보고서가 훨씬 더 유용한 정보를 제공해주었다. 심리학자인 볼프강 쾰러와 로베르트 여키스는 그들이 연구한 것을 통해 유인원의 지능에 대해 흥미로운 통찰을 얻을 수 있었다. 런던 동물원에서도 나는 침팬지를 관찰하면서 시간을 보냈다. 그러나 단지, 지루해서 정신이 상이 나타날 듯한 두 마리의 침팬지가 쇠창살이 쳐진 좁은 시멘트 우리 속에 있을 뿐이었다. 그곳에서는 조금도 배울 것이 없었다. 그리고 침팬지들이 갇혀 있는 환경에 충격을 받았다. 나는 언젠가 그들을 돕겠다고 맹세했다.

그동안 루이스는 당시의 편견을 극복하기 위해 고군분투했다. 대부분의 사람들이 실패로 끝날 것이라고 믿는 연구에 누가 돈을 대줄 것인가? 사람들은 루이스 박사가 정신이 나갔음이 분명하며, 그렇지 않다면 잠재적 위험이 도사리는 연구를 착수하는 데 훈련도 받지 않은 어린 소녀를 보낼 리 없다고 말했다. 그것은 비도덕적인 행동이었다. 다행히도 루이스는 누가 어떻게 생각하는지 조금도 개의치 않았다. 그는 고집했고, 마침내 일리노이주의 레이턴 윌키사에서 한 후원자를 찾아냈다. 이 회사는 공구들을 제조했고, 그 후원자는 루이스 부부의 선사시대 유물 수집품에 관심을 가지게 되었다. 그는 루이스의 여러 연구 과제에 자금을 댔으며, 이 계획에는 착수 기금을 제공하는 데 동의했다. 그리고 뜻밖에도 작은 배 하나, 텐트 하나, 항공료, 6개월 동안 현지 생활을 하는 데 드는 비용에 충분한 기금을 제공했다. 몹시 흥분되는 일이었다. 그러나 또 다른 방해물이 눈앞에 있었다. 1960년 당시 탕가니카(잔지바르와 합병 이후

현재는 탄자니아)는 영국의 보호령이었고, 정부 당국은 오지로 떠나겠다는 한 어린 소녀의 생각에 심히 우려를 표했다. 그러나 루이스는 거절을 받아들이지 않았고, 결국 그들은 굴복했다. 그러나 한 가지는 양보하지 않았다. 내가 유럽인 동행자를 데려가야 한다는 것이었다. 누굴 데려가야 할까? 루이스는 동행할 사람을 잘못 선택하여 내가 연구에서 성공할 기회를 망치지 않을까 걱정했다. 내가 편안히 여길 수 있고, 나와 경쟁하지 않고, 내가 좋다고 생각하는 방식으로 연구하도록 내버려둘 수 있는 사람이어야 했다. 누가 어머니보다 더 좋을 수 있단 말인가? 어머니가 함께 가는 데 동의했을 때 나는 미칠 듯이 기뻤다.

그리하여 어머니와 나는 코린든 자연사박물관에서 온 식물학자 버너드 버드코트(나중에 그가 고백하기를 우리 둘을 다시는 못 보게 되리라 생각했다고 한다)가 운전하는 짐이 가득 찬 랜드로버를 타고, 모험 가득한 여행을 한 후 키고마에 도착했다. 그곳에서 호수를 따라 배를 타고 조금 들어가자, 곧 나의 집이 될 숲으로 뒤덮인 언덕이 있었다.

곰베에서의 나의 첫 나날들. 등유 등불을 켜놓고 조사 내용을 노트에 쓰고 있다.

Reason for Hope
Jane Goodall

4장

곰베에서

곰베의 냄새였다. 잔잔하고 고요해진 호수로
태양이 떨어지기 시작했을 때,
최초의 매혹적인 밤을 맞기 위해 어머니와 데이비드가 있는 곳으로 서둘러 내려갔다.
잠들기 위해 캠프용 침대에 누웠다. 그때 반짝이는 별 아래 드리워진
기름호두야자의 잎 사이로 부드럽게 살랑이는 바람 소리를 들으면서,
내가 이 새로운 숲의 세계에 속하게 될 것이라고,
여기가 바로 내가 있기로 예정된 곳이라고 느꼈다.

1960년 7월 16일, 배의 엔진이 가동되어 마침내 곰베를 향해 키고마의 북쪽으로 통통거리며 나아가기 시작했을 때, 이 일이 실제 벌어지고 있는 것인지 믿기 힘들었다. 그 비현실적인 느낌은 벨기에령 콩고에서 식민 통치를 타도하는 봉기가 일어나서 생긴 것이었다. 첫 번째 피난민들은 어머니와 내가 2주 전 키고마를 떠나려 하던 참에 이곳에 도착했다. 우리는 기다릴 수밖에 없었다. 키고마 당국은 탕가니카 원주민들이 자극을 받아 자신들의 영국인 상전을 공격하는 일이 없다는 것을 확인하고 싶어 했다. 그러나 피난처와 식량이 필요하여 호수로 쏟아져 나온 수천 명의 벨기에인 피난민들만 빼고 키고마는 평온했다. 그래서 우리는 허가를 받아 마침내 곰베로 향하게 되었던 것이다.

19킬로미터를 여행하는 동안 어머니와 나는 정부의 동력선을 타고 사냥감 감시인인 데이비드 앤스티와 동행했다. 우리를 외부 세계와 연결해주는 유일한 수단이 될 작은 배는 선내에 실었다. 바람이 강했고 파도가 쳐서 하얀 물보라가 일었다. 서쪽으로 뒤숭숭한 콩고의 언덕들이 건기의 아지랑이 속에서는 보이지 않았고, 호수는 눈 닿는 데까지 북쪽으로 부룬디를 향해 뻗어 있었다. 마치 수정같이 투명한 담수의 대양 위에 떠 있는 것 같았다. 우리는 동쪽 해변을 가까이 끼고 계속 나아갔다. 호수 위로 균열된 절벽이 270미터 정도 솟아올라 있었는데, 가파른 경사면은 두터운 숲으로 뒤덮여 있었다. 바위가 많고 표토가 빈약한 꼭대기만 햇볕에 탄 풀들에 덮여 갈색을 띤 채 벌거벗고 있었다. 계곡에는 자그마한 마을들이 자리 잡고 있었고, 곡식을 재배하기 위해 나무를 베어낸 약간의 개간지가 있었다. 모래가 깔려 있는 해변에는 뜨거운 태양 아래 말리는 정어리 크기의 작은 물고기 수천 마리가 은빛으로 빛났다. 데이비드 앤스티가 그 물고기는 '다가아dagaa'라는 것으로, 밤에 카누에 있는 알라딘 램프에 이끌려 모이면 어부가 거대한 나비채처럼 생긴 것으로 퍼올려 잡는다고 설명했다. 어떤 어부들은 손을 흔들어주었다. 한 시간쯤 후에 금렵 구역(이곳은 1966년에 국립공원이 되었다)의 남쪽 경계에 도착했다. 오늘날에는 공원 바로 바깥의 나무 대부분이 벌채되었기 때문에 공원에 도착한 것을 쉽게 알 수 있지만, 40년 전에는 경계가 분명하지 않았다. 나는 거친 지형을 응시하면서 그곳에 살며 연구하는 나 자신을 상상했다. 도대체 어떻게 해야 침팬지를 용케 찾아낼 수 있을지 의아해하던 기억이 난다.

우리는 곧 데이비드 앤스티가 야영 장소로 결정한 감시인 초소에 도착했다. 나는 모래와 자갈로 덮인 호숫가에 뛰어내렸다. 그것이 장차 수천 번이나 하게 될 상륙의 처음이었다. 나는 흥분도 걱정도 하지 않았다. 그냥 이상한 초연함을 느꼈을 뿐이다. 일단 배를 끌어올리고 텐트를 치자, 나는 어머니와 데이비드에게 저녁거리를 부탁하고, 혼자서 캠프 반대쪽에 있는 숲으로 덮인 경사면을 오르기 시작했다. 흥분과 순수한 신비감이 압도했다. 바위에 앉아서 계곡 너머 푸른 하늘을 바라보며 천국이 이와 같은 것이기를 소망했다. 비비(아프리카계 구세계원숭이의 일종, 개코원숭이라고도 알려져 있다－옮긴이) 몇 마리를 만났고 그들은 나를 보고 짖었다. 여러 새소리도 들었다. 나는 태양에 말라버린 풀 냄새와 마른 땅의 냄새, 익은 과일들의 자극적인 향기를 들이켰다. 곰베의 냄새였다. 잔잔하고 고요해진 호수로 태양이 떨어지기 시작했을 때, 최초의 매혹적인 밤을 맞기 위해 어머니와 데이비드가 있는 곳으로 서둘러 내려갔다. 잠들기 위해 캠프용 침대에 누웠다. 그때 반짝이는 별 아래 드리워진 기름호두야자의 잎 사이로 부드럽게 살랑이는 바람 소리를 들으면서, 내가 이 새로운 숲의 세계에 속하게 될 것이라고, 여기가 바로 내가 있기로 예정된 곳이라고 느꼈다.

데이비드 앤스티는 며칠 동안 우리와 함께 지냈다. 그는 우리의 작은 야영지에 어머니와 내가 다음 넉 달 동안 같이 쓸 텐트를 설치해주었다. 그리고 막대기 몇 개로 기둥을 세우고 짚으로 지붕을 덮은 임시 부엌을 만드는 것을 도와주었다. 그 부엌은 키고마에서 고용한 요리사인 도미니크의 영역이 되었다. 앤스티는 우리 텐트와 별도로 세운 자신의 작은 텐트에 머물렀다. 그런 후 그는 대부분의 사람들과 마찬가지로, 몇 주 후 우리가 포기할 것이라고 확신하면서 미친 두 영국 여자를 남겨두고 떠났다. 그러나 그는 얼마나 잘못 알았던가! 그는 가기 전에, 적어도 주변의 길에 익숙해지기 전까지는 혼자서 언덕에 올라가지 말라고 약속을 받아냈다. 그는 사냥 감시인들 중 한 명인 아돌프에게 나를 수행하도록 지시했고, 그 지방 사람인 라시디 키콸레에게 길 안내자가 되도록 했다.

물론 나도 곰베가 위험하다는 것을 알았다. 그럼에도 첫 주에 두 명의 흥분한 어부가 아돌프와 라시디와 나를 호수에서 멀지 않은 한 나무로 데려갔을 때는 충격을 받았다. 나무껍질 수백 군데가 갈라지고 긁혀 있었다. 전날 밤 수컷 들소 한 마리가 한 어부를 공격했음이 분명했다. 그 어부는 안전한 나무 위로 용케 올라갔지만, 들소는 공포에 떠는 희생자를 떨어뜨리려 나무를 들이받으며 한 시간 이상이나 나무 아래에서 버티고 있었던 것이다. 그 어부들은 아프리카 오지의 생활에 따르는 크나큰 위험을 나에게 분명히 경고하려 했으며, 그것은 확실히 강한 인상을 주었다.

그 후 여러 주 동안 낮은 경사면의 빽빽한 풀숲에서 동물들이 낸 자국을 따라 기어가노라면 그 난타당한 나무가

기억났다. 당시 곰베에는 들소들이 꽤 있었다. 한번은(얼마
후 아돌프와 라시디 없이 일해야 했을 때) 들소와 거의 부딪칠 뻔했
다. 동 트기 전 컴컴한 곳에 누워 되새김질하고 있던 그 거
대한 동물은 내게서 5미터도 채 떨어져 있지 않았다. 다행
히도 바람이 강해서 내가 내는 작은 소리를 덮었고, 바람의
방향도 들소 쪽에서 내 쪽으로 불었기 때문에 나는 들키지
않고 살금살금 도망칠 수 있었다. 훨씬 나중에 언덕 위에
서 자고 있을 때, 어둠 속 가까이에서 사냥하는 표범이 내
는 톱질하는 듯한 이상한 외침을 들은 적도 있다. 물론 소
스라치게 놀랐다. 나는 그 당시 표범들을 정말로 무서워했
다. 그러나 표범이 해치지는 않을 것이라고 생각했다. 거기
가 내가 있을 곳이며 그곳에서 꼭 해야 할 일이 있다고 생
각했기 때문이다. 나는 보호받을 것이다. 나는 머리끝까지
담요를 덮고 간절히 염원했다. 지금으로서는 그것이 숙명
론이었는지, 아니면 정말로 신과 일종의 약속을 했다고 생
각했는지 확실하지 않다. '나는 이 일을 할 것이고, 하나님
당신이 나를 보살핀다'는 식이었다. 표범은 비록 강한 호기
심이 일었을지언정(표범들은 정말 그렇다) 어떤 때라도 이 이상
한 하얀 유인원을 시식해보는 데는 관심이 없었음이 틀림
없다.

한번은 호숫가를 따라 캠프로 돌아오는 길에 물속을 걸
으면서 거대한 바위를 돌고 있을 때, 갑자기 꾸불꾸불한 뱀
의 검은 몸체를 본 적도 있다. 나는 그 자리에서 얼어붙었
다. 길이가 1.8미터나 되었는데, 목 뒤가 두건 모양으로 약

간 펼쳐져 있고 어두운 줄무늬가 있는 것으로 보아 물코브라라는 것을 알아챘다. 당시에는 한번 물리면 해독제도 없는 무시무시한 뱀이었다. 뱀은 밀려오는 파도를 타고 내 쪽으로 다가왔는데, 실제로 뱀의 몸 일부가 발등에 걸쳐졌다. 나는 뱀을 응시했고, 뱀은 밝고 검은 눈으로 나를 바라보았다. 파도가 넘실거리며 뱀을 다시 호수로 끌어갈 때까지, 나는 움직이지도, 심지어 숨도 쉬지 않고 서 있었다. 그런 후 쿵쾅거리는 심장을 안은 채 가능한 한 빨리 물속에서 뛰어나왔다. 그 뱀이 알을 품은 암컷이 아니었던 게 천만다행이다. 왜냐하면 평소에는 꽤 조용한 이 뱀들이 그때는 공격적으로 되어 자신의 영역을 침입한 모든 것을 공격한다는 사실을 이후에 알았기 때문이다(만일 물코브라가 그물에 걸려들면 사람이 물려 죽기도 한다. 그물을 배 안으로 잡아당겼을 때 뱀이 아직도 살아 있으면 당연히 사람을 물어버린다).

사실 그때는 야생동물에게 해를 당할까 하는 공포감이 거의 없었다. 동물들이 내가 어떤 해도 끼치지 않으려 한다는 것을 감지하고, 올두바이의 젊은 수사자가 그랬듯이 나를 혼자 내버려둘 것이라 진실로 믿었다. 루이스는 나의 그 믿음을 지지해주었다. 물론 내가 어떤 생명체를 예기치 않게 만났을 때 어떻게 행동해야 할지 알고 있는지도 확인했다. 그리고 불필요한 위험을 감수하지 말 것을 마음에 새기게 했다. 가장 위험한 일은 어미와 새끼 사이에 끼어들거나, 상처가 나 도망갈 수 없거나, 또는 어떤 이유에서 인간을 증오하게 된 동물과 마주치는 일이다. 그러나 그런 일들은 도시에서 일어날 수 있는 일보다 더 위험스럽지는 않은, 아마도 훨씬 덜 위험스러운 모험이었다. 그래서 개의치 않았다.

처음 몇 달 동안 훨씬 더 나를 걱정시킨 일은 침팬지들이 너무 겁이 많아서 나를 보자마자 도망간다는 사실이었다. 나는 그곳의 침입자였고, 아주 낯선 존재였던 것이다. 나는 침팬지들이 결국 내게 익숙해질 것이라 여겼다. 그러나 언제? 연구비가 다 떨어지기 전에 중요한 어떤 것을 성공적으로 알게 될까? 결과가 성공적이지 않으면 루이스가 기금을 더 모을 수 없을 것이라는 점을 너무도 잘 알고 있었다. 나는 루이스를 실망시킬까 봐 두려웠다. 그것이야말로 내가 점차 나의 새로운 세계에 익숙해지면서 경험하는 극도의 기쁨을 감하는 유일한 일이었다.

곰베에 도착한 지 6주 뒤에 어머니와 나는 말라리아를 앓았다. 군용텐트 속에 있는 두 개의 작은 캠프용 침대에 나란히 누워, 열이 펄펄 끓다 추위로 떨기를 번갈아 하던 우리의 딱한 모습이란! 곰베에는 말라리아가 없다고 들었다(이 이상한 오보는 그 지역의 이탈리아인 의사에게서 나온 것이었다). 그래서 우리에게는 약품이 없었다. 우리의 소일거리는 이따금 기운 없이 서로의 체온을 재고 눈금을 비교하는 것이었다. 끔찍하게도 나흘 동안 연속해서 극심한 고열에 시달려 얼마 동안은 걸을 힘도 없던 어머니가 살아남은 게 용하다.

좀 나아지자마자 나는 침팬지를 계속 찾고 싶어 미칠 지경이었다. 그래서 어느 날 아침 일찍 서늘할 때 텐트 반대편에 있는 급경사면을 천천히, 그리고 많이 쉬어가며 기어 올라갔다. 그날이 바로 전환점이 되는 행운의 날이었다. 나는 그 '봉우리'를 발견했고, 그날로부터 운이 바뀌었기 때문이다.

절벽 꼭대기에서 호수 아래까지 난 계곡 사이의 산등성이들 중 하나에, 바위투성이인 그 봉우리가 튀어나와 있었다. 호수에서 약 150미터 위쪽에 있는 이 멋지고 유리한 고지에서는 두 개의 계곡을 굽어볼 수 있었다. 우리 캠프가 자리 잡고 있는 카콤베KaKombe와 북쪽에 있는 카사켈라Kasakela가 그것이다. 올라오려고 애쓰느라 더 멀리 가기에는 너무 힘이 없어 그냥 앉아 있으니, 아래쪽 계곡에서 침팬지 소리가 들렸다. 나는 침팬지들이 큰 무화과나무에서 먹이를 먹고 있는 모습을 지켜보았다. 그리고 그들이 때때로 시끄럽게 소리치며 떠날 때 망원경으로 관찰하며 따라갔다. 그들이 사라지고 사방이 조용해졌을 때 나는 앓고 있는 불쌍한 어머니에게 이 놀라운 일을 알려주기 위해 열도 잊어버리고 달려 내려갔다.

그리하여 내 인생의 가장 흥미로웠던 기간 중 하나인 발견의 시간이 시작되었다. 매일 침팬지에 대해 재미있고도 새로운 사실을 배웠다. 나는 규칙적으로 생활하기 시작했다. 오전 5시 30분으로 알람시계를 맞추었고, 빵 한 조각을 먹고 보온병에서 뜨거운 물을 따라 커피를 만든 후 아직 어둑한 그 봉우리로 올라갔다. 어머니는 내가 깨우지 않으려 했음에도 불구하고 졸린 목소리로 잘 다녀오라는 인사를 했다. 나는 한 무리나 혹은 한 마리의 침팬지를 지켜본 후 때로는 그들이 먹고 있던 음식이라도 모으러 기어 내려갔고, 이런 식으로 점차 지형에 익숙해지게 되었다. 그리고 조금씩 내가 침팬지들의 생활방식들을 터득해가고 있을 때 침팬지들도 이 이상한 하얀 유인원의 모습에 익숙해져가고 있었다. 비록 대부분의 침팬지들에게 100미터 이내로 다가갈 수 있기까지는 거의 1년이 걸릴 테지만 말이다.

하루 종일 한 마리의 침팬지도 못 보고 지나가는 날은 드물었지만, 침팬지를 보는 특전을 누리기 위해 때로는 여러 시간을 기다리고 또 기다려야 했다. 그렇게 기다리는 동안에는 주의 깊게 머물러 있는 것이 중요하다. 왜냐하면 침팬지는 종종 소집단으로 있거나 심지어 혼자 있기도 하며, 완벽하게 조용하기 때문이다. 나무 속에서의 움직임이나 가지 부러지는 소리가 나를 긴장하게도 했지만, 그런 것은 비비나 원숭이인 경우가 많았고 결코 침팬지는 아니었다. 처음 몇 달을 지내는 동안 나를 방문했던 한 학자는 내가 봉우리에서 기다리는 시간 동안 책을 읽지 않는다고 놀라워했다. 만약 그랬다면 얼마나 많은 것을 놓쳤을까!

봉우리에서 그런 날들을 보내면서 점차 곰베 침팬지의 일상생활에 대해 파악하기 시작했고, 실패에 대한 두려움은 가라앉기 시작했다. 그러나 정말로 의미 있고 대단히 흥분되는 관찰은 석 달이 지나고 나서야 이루어졌다. 그날은 좌절감이 이는 아침이었다. 침팬지를 찾아 세 개의 계곡들을 터벅터벅 오르내렸지만 한 마리도 발견하지 못했다. 뺵

빽한 풀숲으로 느릿느릿 기어가는 것에 지쳐, 정오 무렵 그 봉우리로 향했다. 나는 약 40미터 앞쪽에 있는 키 큰 풀숲에서 어두운 형체와 희미한 움직임을 발견하고 멈춰 섰다. 재빨리 망원경의 초점을 맞춰서 혼자 있는 침팬지를 보니, 내가 이미 얼굴은 알고 있는 침팬지였다. 다른 것들보다 나를 덜 무서워하는 어른 수컷이었다. 뺨에 독특한 회색 털이 있어서 나는 그 침팬지를 데이비드 그레이비어드Greybeard라고 불렀다.

그를 더 잘 보기 위해 몸을 조금 움직였다. 그 침팬지는 흰개미 둥지의 붉은 흙무더기에 앉아서 구멍 속으로 풀줄기를 반복해서 찔러넣고 있었다. 잠시 후 그것을 조심스럽게 꺼내서 무언가를 한 마리씩 입속으로 털어넣었다. 이따금은 새 풀을 주워서 사용했다. 그가 떠났을 때 나는 흰개미 더미로 건너갔다. 버려진 풀줄기가 여기저기 흩어져 있었다. 흰개미들이 둥지 표면을 기어다니며 침팬지가 풀들을 쑤셔넣었던 구멍을 다시 막으려 애쓰고 있었다. 시험 삼아 데이비드가 한 그대로 해보자 흰개미들이 턱으로 풀줄기를 물고 매달려 올라왔다.

침팬지들이 도구를 사용하는 모습을 관찰할 수만 있다면 연구 전체가 보람 이상의 것이 될 거라고 들은 지 단지 2주가 지났을 뿐이었다. 그런데 바로 거기에 도구를 사용하는 데이비드 그레이비어드가 있었다. 며칠 후 나는 도구를 사용하는 행위를 다시 관찰했다. 잎이 무성한 작은 가지를 주워서 어떻게 잎을 떼어내는지 똑똑히 보았다. 그것은 물체를 변형하는 일이었다. 즉, 조잡한 도구 제작의 시작이었다. 나는 내가 본 것을 믿기 힘들었다. 우리 인간만이 도구를 제작하고 사용하는 지구상의 유일한 존재라는 것이 오랫동안의 정설이었다. '도구를 만드는 인간'은 우리가 정의되는 방식이었다. 이 능력은 우리를 동물의 왕국에서 다른 동물과 구별시켜주었다.

루이스 리키에게 이 소식을 전보로 보냈을 때, 그는 지금은 유명해진, 다음과 같은 말로 답장했다. "오! 우리는 이제 인간을 재정의하든지 도구를 재정의하든지 해야 한다. 그렇지 않으면 침팬지를 인간으로 받아들여야 한다." 곰베에서 나의 관찰들은 인간의 고유성에 도전했고, 그런 일이 있을 때마다 항상 굉장한 과학적·신학적 소동이 일어났다. 내가 정식 훈련을 받지 못해서 믿을 만한 정보를 얻을 수 없다며 나의 관찰을 불신하는 사람들도 있었다. 그러나 나중에 찍은 사진들이 진실을 입증했다. 그런데도 몇몇 과학자들은 내가 침팬지에게 흰개미 낚는 방법을 가르쳤음이 분명하다는 말까지 했다! 그러나 그 모든 것의 결과로 인간을 이전보다 더 복잡한 방식으로 재정의하는 것은 필연적이게 되었다. 인간의 고유한 어떤 측면을 잃는 것을 하늘이 용서하지 않을 테니까! 그러나 나는 단지 단순한 생활을 계속하며 침팬지들에 대해 더 많이 배우고 있었으므로 이 모든 논쟁과 추측을 알 수 없었다.

침팬지의 도구 사용을 관찰하는 게 중요했던 이유는 과학적 가치 때문만은 아니었다. 그것보다 나에게 훨씬 더 중

4장

요했던 것은, 그로 인해 루이스가 내셔널 지오그래픽 협회로부터 연구비를 받을 수 있었다는 점이었다. 그 돈으로 나의 연구를 계속할 수 있었다. 루이스가 이 신나는 소식을 편지로 전해준 것은 나와 5개월을 같이 지낸 어머니가 영국으로 되돌아가기 바로 직전이었다.

나는 어머니를 매우 많이 그리워하게 될 것을 알고 있었다. 어머니는 여러 가지로 나를 도와준 멋진 동반자였다. 내가 산에서 하루를 마치고 내려오면, 이제까지 있었던 일을 듣기를 열망하며 항상 거기에 있었다. 우리는 모닥불 곁에서 이야기하고 새로운 소식을 교환했다. 어머니는 자신의 하루를 이야기했다. 이엉으로 지붕을 인 작은 진료소를 방문한 어부들에 대해서 이야기했다. 어머니는 이 진료소에서 에릭 삼촌에게서 얻은 약품을 나누어주고, 식염수 링거주사를 정기적으로 투여하면 가장 지독한 열대 궤양을 치료할 수 있다는 것을 보여주었다. 사실 여러 해가 지난 다음 알게 된 것인데, 어머니는 지역 사람들에게 백인 주술의사로 알려져 있었다. 지역 사람들은 아스피린, 엡솜염, 그리고 기타 어머니가 가져온 것들을 구하러 먼 거리를 찾아왔다. 나는 어머니가 나와 함께 감히 야생 세계로 모험을 떠났기 때문만이 아니라 지역 사람들과 훌륭한 관계를 맺었기 때문에도 큰 빚을 졌다. 그 후로 나와 나의 직원과 학생들은 계속해서 그 관계를 더 키우고 발전시켜왔다. 그때는 잘 몰랐던 어머니의 또 다른 장점이 있었다. 나는 종종 배움의 열망을 안고, 특히 침팬지가 그 봉우리 가까이에 둥지를 틀면 숲에서 밤을 보냈다. 작은 깡통 주전자 하나, 커피 가루와 설탕 조금, 담요 하나를 담은 깡통 트렁크를 그 위까지 옮겼다. 침팬지가 밤에 우는 소리를 들을 수 있고 아침 일찍 볼 수도 있는 장소로 담요를 가져가곤 했다. 그리고 거기서 잤다. 처음에는 어머니와 저녁을 먹기 위해 항상 내려갔다. 그러나 식사 후에는 어린 이기심으로 어머니를 혼자 두고 다시 나왔다. 달빛을 받으면서 정상으로 가는 잘 아는 길로 올라갔다. 작은 손전등을 가지고 가기도 했는데, 정말 행복했다. 어머니는 캠프에 혼자 남겨둔 채로, 나는 어머니가 낯설고 새로운 세계에 혼자 남겨져서 어떻게 느낄지 한 번도 생각해보지 않았다. 하지만 어머니는 결코 내게 불평하지 않았다. 지금에 와서 돌이켜보면, 어머니의 공헌이 진실로 얼마나 굉장한 것이었는지를 깨닫게 된다.

어머니가 떠난 후 나는 1년을 더 머무르려 했다. 어머니는 나를 홀로 두고 떠나는 것을 불안해했지만, 루이스가 빅토리아호에 있는 자신의 믿음직한 뱃사공인 하산을 곰베로 보내준다고 하자 다소 누그러졌다. 하산은 키고마에서 오는 나의 보급품과 편지를 가져다줄 것이다. 이제 아내와 딸과 함께 살게 된 도미니크는 계속 음식을 요리할 것이며, 그들 모두 그 작은 캠프를 지켜줄 것이다.

루이스 리키(1972).

곰베에 온 어머니와 훌륭한 뱃사공 하산과 함께.

Hugo van Lawick

데이비드 그레이비어드와 함께. 나를 무서워하지 않고 다른 침팬지들보다 먼저 다가와서 그의 숲속 세계에 나를 소개시켜주었다.

데이비드 그레이비어드가 도구를 이용하는 모습(1960).

5장

홀로

데이비드는 땅으로 내려와 몇 걸음 내 쪽으로 와서 앉았다.
잠시 자기 털을 손질하고 한 손을 머리 뒤로 베고 아주 편한 자세로 누웠다.
그러고는 머리 위의 푸른 숲을 응시했다. 부드러운 산들바람에 나뭇잎이 살랑거렸고,
나뭇잎 사이로 햇빛이 빛나며 깜빡였다. 나는 거기에 앉아 있었다.
자유로운 야생동물들에게 그렇게 완전히 받아들여진 것이
매우 놀라운 특권으로 느껴졌으며, 그 이후에도 종종 그런 생각을 했다.
그러한 특권을 결코 당연한 일로 여기지는 못할 것이다.

나는 어머니와 함께 모닥불가에서 즐겁게 이야기를 나누며 새롭게 본 것들에 대해 토론하던 시간이 그리웠다. 그러나 어머니가 떠난 후에도 외롭지는 않았다. 나는 언제나 혼자 있는 것을 좋아했다. 날이 맑으나 바람이 부나 비가 오나 매일 언덕을 올랐다. 한 번도 인간의 발길이 닿은 적 없는 매력적인 세계, 즉 야생 침팬지의 세계로 차츰 더 깊이 들어갔다. 침팬지들을 전혀 찾을 수 없는 날도 있었다. 그러나 새 연구비를 받아 재정적 압박에서 벗어난 나는 어릴 때의 본머스 골짜기와 낭떠러지만큼이나 잘 알게 된 이 거친 곳에서 홀로 있는 순수한 기쁨에 몰두할 수 있었다. 꼭 침팬지가 아니더라도 숲속의 여러 동식물에 대해 매일매일 새로운 것을 배우는, 기분 좋은 발견의 시기였다.

때로는 수풀 위 나뭇가지 통로를 따라 시끄럽게 이동하는 붉은 콜로부스 원숭이 무리를 만나기도 했다. 나무와 나무 사이를 조용히 움직이는 유연하고 매끄러운 붉은꼬리원숭이들을 만나기도 했다. 새끼들은 이리저리 장난을 치고, 큰 놈들은 건방진 어린 것들을 혼내주며 끊임없이 뭔가를 하는 비비 무리도 나를 매혹시켰다. 다 큰 수컷들은 목 주변에 갈기 같은 두꺼운 털이 나 있었다. 내가 경솔하게 그들의 눈을 빤히 바라보면, 내게 겁주면서 (표범도 상처 입힐 수 있는) 커다란 송곳니를 드러내 보이는 대단한 놈들이었다. 그 밖에 새와 도마뱀, 숨 막히게 아름다운 나비와 나방들부터 자기의 소중한 똥 덩어리를 굴리는 성가신 왕쇠똥구리 딱정벌레까지, 온갖 종류의 신기한 곤충들이 있었다.

나는 숲속에서의 삶에 완전히 몰입해갔다. 혼자 살았던 이 시기는 내 인생에서 비할 데 없는 기간이 되었다. 존재의 이유와 그러한 모든 것들 속에서의 나의 역할에 대해 명상하기에는 완벽한 기회처럼 보였다. 그러나 나의 존재 이유를 걱정하기에는 침팬지에 관해 배우는 일이 너무 바빴다. 나는 구체적인 목적을 이루기 위해 곰베에 간 것이지, 어릴 때 몰두했던 철학과 종교 연구를 추구하기 위해 간 것은 아니었다. 그럼에도 곰베에서의 그 몇 달은 오늘날의 '나'라는 사람을 만드는 데 도움이 되었다. 새로운 세계에 대한 끊임없는 매료와 경이가 내 사고에 주요한 영향을 미치지 않았더라면, 정말로 둔감한 사람이 되었을 것이다. 나는 항상 동물과 자연에 더 가까이 가고자 했다. 그 결과 나 스스로에게 다가갈 수 있었고, 점점 더 주변의 영적인 힘과 조화되어갔다. 자연과 함께 홀로 있는 즐거움을 경험한 사람들에게는 정말 더 이상의 말이 필요 없다. 그렇지 못한 사람들에게는 어떤 말로도, 갑자기 예견치 못한 순간에 다가오는 아름다움과 영원성이라는 강력하고도 신비로운 지식을 전달해줄 수 없다. 아름다움은 언제나 거기에 있었지만, 진실로 그것을 깨달을 수 있는 순간은 몹시 드물었다. 그 순간들은 예고 없이 다가오곤 했다. 희미하게 붉어지는 동틀 녘을 바라볼 때, 푸른색과 갈색을 띤 거대한 숲의 검은 그늘이나 살랑거리는 나뭇잎 사이로 언뜻언뜻 비치는 한 점의 유혹적인 파란 하늘을 올려다볼 때, 어둠이 드리워지고 아직 온기가 남아 있는 나무 둥치 위에 한 손을 얹은 채 탕가니카 호수의 부드러운 물 위로 흔들리는 초저녁달의 반짝임을 바라볼 때, 바로 그 순간 영원한 아름다움을 깨닫기도 했다.

홀로 시간을 보내면 보낼수록 이제는 나의 집이 되어버린 마술적인 숲의 세계와 점점 더 하나가 되어갔다. 나는 생명이 없는 사물들에게도 모두 자신만의 정체성을 만들어주었다. 내가 가장 좋아하는 아시시의 성 프란치스코Saint Francis가 그랬던 것처럼 이름을 붙여주고 친구로서 인사를 했다. 매일 아침 봉우리에 도착해서는 "좋은 아침이야, 봉우리야", 물을 뜰 때는 "안녕, 개울물아", 머리 위에서 바람이 세차게 불어 침팬지들의 위치를 알기 어려울 때면 "아, 바람아, 제발 잠잠해다오"라고 말하곤 했다. 특히 나무라는 존재에 대해서 깊이 느끼게 되었다. 강한 햇빛을 받아 껍질이 따뜻해진 오래되고 거대한 나무나, 서늘하고 부드러운 껍질을 가진 어린 나무를 만지면, 보이지 않는 뿌리로부터 흡수되어 머리 위 높은 나뭇가지 끝까지 올라가는 수액을 이상한 직관적 감각으로 느낄 수 있었다. 왜 우리 인간 선조들은 다른 유인원들처럼 나무를 살 곳으로 선택하지 않았을까, 혹은 우리가 나무에서 사는 영장류로 시작했다면 왜 땅으로 내려온 것일까 등에 대해 의문스러워하기도 했다. 나는 특히 비가 내릴 때 숲속에 앉아서 나뭇잎 위에 빗방울 떨어지는 소리 듣는 것을 좋아했으며, 저녁 무렵 초록색과 갈색의 어슴푸레한 세계와 부드러운 회색 공기에 둘러싸인 완전히 고립된 느낌을 좋아했다.

달빛이 비치는 봉우리 위에서 잠들지 않는 황홀한 밤들을 보내기도 했다. 내 아래에서는 은빛 달빛이 숲 위의 무수한 나뭇잎에 반사되었고, 반짝이는 매끄러운 야자 잎 위에서 밝게 빛났다. 종종 달빛이 너무 밝아서 가장 밝은 별만이 빛났고, 회색 안개 같은 달빛 하늘이 산봉우리에 걸려 골짜기 아래로 흩뿌려졌다. 나는 그 아름다움에 압도당했다. 결국 달은 호수 저편 산 뒤로 사라지고, 남아 있던 잔광조차도 차츰 하늘에서 희미해졌다. 그러면 밤은 아주 다르게 보인다. 칠흑같이 어두워지고, 살랑거리는 소리나 작은 가지가 부러지는 소리가 사방에서 들리면서 밤은 점차 불길해진다. 키 큰 수풀 사이로 살금살금 걷는 표범이나 덤불을 뜯어 먹는 한 무리의 들소를 쉽게 상상할 수 있다. 그러나 어떠한 것도 나를 해친 적은 없다.

그 모든 시간 동안 나는 침팬지에 대해서 점차 많이 알아 갔다. 그들을 개체로서 알아감에 따라 그들에게 이름을 붙여주었다. 그때는 1960년대 초반의 동물행동학에서 이를 적절하게 여기지 않는다는 것을 몰랐다. 다시 말해서 침팬지들에게 좀 더 객관적인 숫자를 붙여주어야 했던 것이다. 나는 또한 그들의 성격을 생생히 기술했다. 이것 역시 잘못이라고 받아들였는데, 당시에는 인간만이 성격을 가졌다고 생각했기 때문이다. 내가 저지른 더 큰 '잘못'은 침팬지에게 인간과 같은 감정이 있다고 생각한 것이었다. 그때는(최소한 여러 과학자, 철학자, 신학자들은) 인간만이 마음을 가지고 있으며, 인간만이 이성적으로 사고할 수 있다고 믿었다. 그러나 운 좋게도 나는 대학에 다니지 않아서 그런 것들을 알지 못했다. 그런 생각에 대해 알게 되었을 때 나는 그것을 우습게 여기고 무시해버렸다. 나는 평생 동물들에게 이름을 붙여주었다. 러스티와 일련의 고양이들, 기니피그와 금빛 햄스터들은 내게 많은 가르침을 주었다. 그들은 동물도 성격을 가지고 있고, 문제를 논리적으로 생각하고 해결할 수 있으며, 마음과 감정을 가지고 있다는 것을 명확하게 보여주었다. 따라서 나는 침팬지에게 이러한 특질이 있다고 생각하는 것에 주저할 이유가 없었다. 루이스가 환원주의적 이론, 지나치게 단순하고 기계론적인 과학 이론으로 머리가 가득 차지 않은 사람을 보낸 것은 정말 잘한 일이었다.

일단 침팬지들과 친숙해지면, 그들 서로서로가 매우 다

르다는 것을 알게 된다. 당시에 내가 가장 쉽게 인지할 수 있었던 침팬지는 미스터 맥그리거였다. 다소 호전적인 이 늙은 수컷은 어깨털이 벗겨져 있었으며, 머리도 벗겨져 마치 머리 둘레는 남기고 가운데만 박박 민 수도사 같았다. 그를 보면 베아트릭스 포터의 《피터 래빗》에 나오는 무뚝뚝하고 늙은 정원사가 연상되었다. 어린 딸 피피와 두 아들 파벤, 피간과 함께 사는 플로라는 암컷은 주먹코에다가 귀는 찢어져 있었다. 긴 얼굴에 슬픈 표정을 한 윌리엄과 내성적인 암컷 올리는 장난치기 좋아하는 딸 길카와 살았다. 미스터 워즐은 눈의 공막이 보통 침팬지들처럼 갈색이 아니고 흰자위여서 이상하게도 사람 눈 같았다. 내가 가장 좋아했던 데이비드 그레이비어드는 조용하고 위엄 있는 성품을 지니고 있었다. 데이비드는 나에 대한 공포감을 재빨리 버렸기 때문에, 내가 다른 침팬지들의 신뢰를 얻는 데 큰 도움을 주었다. 하얀 유인원인 나를 받아들여서 결국 그들이 처음에 추측한 것처럼 내가 무서운 존재는 아니란 걸 보여준 것이다. 그의 잘생긴 얼굴과 두드러지는 회색 턱수염을 보는 것은 언제나 즐거웠다. 매우 자주 데이비드 그레이비어드는 골리앗이라고 이름 붙인(크기는 보통이었지만 대담하고 용기 있는 성격 때문에 그러한 이름을 붙였다) 약간 더 나이 든 수컷과 함께 있었다. 나중에 알게 되었지만, 골리앗은 당시에 우두머리 수컷이었다.

시간이 흐를수록 이 놀라운 침팬지들에 대해서 새롭고 흥미로운 것들을 알아갔다. 그리고 알게 될수록 그들이 얼마나 우리들과 비슷한가를 점점 더 깨닫게 되었다. 나는 어떻게 그들이 논리적으로 생각할 수 있으며, 바로 앞일을 위해 계획을 세울 수 있는지 관찰했다. 침팬지는 자리에 앉아서 주위를 둘러보고는 천천히 긁다가, 갑자기 단호한 태도로 수풀까지 걸어가서 조심스럽게 풀줄기 하나를 골라 다듬은 다음 그것을 입안에 넣은 채, 그 자리에서는 전혀 보이지 않는 흰개미 둑으로 간다. 그곳에서 침팬지는 둑을 면밀히 살피고는 만약 흰개미가 있으면 낚시를 시작한다. 나는 침팬지가 이파리를 으깨어 나무의 움푹 팬 구멍에서 빗물을 빨아들이는 것처럼 물체를 변형하여 도구를 만들어 사용하는 것을 보았다. 돌 던지기도 하는데 수컷들의 명중률은 상당히 높다. 그들은 의사소통을 위해 소리를 내고 자세와 몸짓으로 보충한다. 이런 자세와 몸짓 중에 많은 것이 전 세계적으로 인간의 문화에서 관찰되는 입맞춤하기, 껴안기, 손잡기, 누군가의 등을 두드리며 위로하기, 뽐내기, 주먹질하기, 발차기, 꼬집기, 간질이기, 재주넘기, 회전하기 등과 비슷하다. 이러한 행동 패턴들은 인간의 경우와 유사한 맥락에서 나타나며, 또한 유사한 종류의 의미를 가지는 것으로 보인다. 나는 점차 가족 성원과 친한 친구 사이의 오랜 애정과 따뜻한 유대에 대해서 알게 되었다. 그들이 어떻게 서로를 돌보고 돕는지도 보았다. 그리고 일주일 이상 지속되는 원한을 가질 수도 있음을 알게 되었다. 그들 사회가 복잡하다는 것도 발견했다. 침팬지들은 작은 집단으로 돌아다니며 많은 시간을 보낸다. 집단 구성원은 종종 변화되며, 혼자서 돌아다닐 것인가 떼거리로 돌아다닐 것인가, 데이비드 그레이비어드와 갈 것인가 플로와 갈 것인가, 맛있는 무한데 한데muhande hande를 먹으러 경사진 비탈길을 올라갈 것인가 아니면 무화과를 찾아서 서늘한 계곡으로 내려갈 것인가 등등에 대해 늘 결정해야 한다.

때때로 데이비드는 내가 따라다니게 내버려두었는데, 이를 통해 나는 많은 것을 배웠다. 한번은 해 뜰 무렵 나무 위에 있는 그의 잠자리 아래에 도착했다. 데이비드는 혼자서 자고 있었다. 해가 점점 밝아오자 나무 아래로 내려와 잠시 어디로 가야 할지를 망설이는 것처럼 앉아 있었다. 그런 다음 결정을 내린 듯 아주 빠르게 남쪽 방향으로 출발했다. 나는 적절한 거리를 유지한 채 빽빽한 덤불을 헤치고 놓치지 않으려 애쓰면서 뒤를 따라갔다. 우리는 두 계곡 사이에 있는 풀로 뒤덮인 산마루에 도달했다. 데이비드는 거기에 멈춰 서서 아래에 있는 수풀을 내려다보았다. 그러고는 굵고 독특한 목소리로 헐떡거리며 연달아 우우 하는 소리를 질렀다. 그는 소리가 되돌아오는지를 보기 위해 귀를 기울이며 기다렸다. 곧바로 계곡의 저 아래에서 일제히 우우 하는 소리가 돌아왔다. 나는 그 소리들 중에서 틀림없이 골리앗의 소리를 들었다.

데이비드는 침팬지 무리를 향해 출발했다. 곧 무리들이 맛있는 먹이를 먹으면서 기분 좋게 내는 작은 소리, 나뭇가지가 부러지는 소리, 그리고 땅으로 껍질이 후드득 떨어지는 소리를 들을 수 있을 정도로 가까워졌다. 갑자기 데이비드는 우우 하는 소리를 다시 냈는데, 이번에는 다른 종류의 소리였다. 자신의 도착을 알리고 있는 것이었다. 일제히 대답하는 소리가 들렸다. 데이비드는 한 나무에 올라가 나뭇가지를 그네 타듯 타고서는 골리앗에게로 갔다. 그들은 흥분하여 털을 세우면서 서로 껴안듯이 팔을 둘렀다. 둘은 짧은 시간 동안 서로의 털을 손질해주고 나서 골리앗은 다시 먹이를 먹기 시작했고, 데이비드도 뒤따랐다.

그 침팬지들은 두 시간 동안, 곰베에 있는 열다섯 개 무화과 종류 중 하나인 즙 많은 음토보골로mtobogolo 무화과를 먹었다. 그러고 나서 차례로 땅에 내려왔다. 다 큰 어른들이 앉아서 서로의 털을 손질해주고 있는 동안 몇몇 어린 것들은 서로 쫓아다니거나 간질이면서 놀기 시작했다. 시원한 정오쯤에는 키 큰 나무 그늘 아래에서 무리들 대부분이 드러누워 쉬었고, 몇몇은 진짜 잠을 자기도 했다. 오후 늦게 데이비드는 골리앗과 함께 어디론가 갔다. 그때 나는 그들을 충분히 방해했다는 느낌이 들어 되돌아왔다.

흔히 말하기를 좋은 과학적 자료를 수집하기 위해서는 냉정하고 객관적일 필요가 있다고 한다. 본 것을 정확하게 기록해야 하고, 무엇보다 스스로가 연구 대상에게 감정 이입을 해서는 안 된다고 한다. 다행히도 나는 곰베에 있는 처음 몇 달 동안 그러한 것들에 대해서 알지 못했다. 이 지능적인 존재들에 관해 내가 이해하고 있는 대부분은 감정 이입을 함으로써 비로소 얻을 수 있었던 것이다. 일단 왜 어떤 일들이 일어나는가를 알고 난 다음에는 자신의 해석을 가장 엄밀하게 검증해볼 수가 있다. 동물들과의 감정이 입에 대해 이야기하면 요즈음도 거만하게 눈썹을 치켜올릴 과학자들이 여전히 있을 것이다. 그러나 그들의 태도는 누그러지고 있다. 좌우간 나는 초기에는 인류의 동료들, 즉 인간과 나머지 동물들 사이에 존재한다고 상정되는 간극을 연결시켜주는 이 동물들에 대해서 정말 많은 것을 배운다고 느꼈다.

숲속에서 침팬지를 따라다니고 관찰하고 함께 있으면서 보냈던 시간은 단순히 과학적인 자료만이 아니라 내 존재의 내적 중심에 도달하는 평화를 가져다주었다. 거대하고 마디진 고목들, 바위틈을 따라 졸졸대며 호수를 향해 흐르는 작은 시냇물, 벌레들, 새들, 침팬지들, 이 모든 것들은 나사렛의 예수 시대부터 변하지 않은 것들이었다.

나는 그 모든 날 중에서도 어느 하루를 경외감과 함께 기억하고 있다. 나는 숲속 바닥에 떨어진 나뭇잎과 잔가지들 위에 몸을 쭉 뻗고 누워 있었다. 매끄러운 돌들이 몸에 닿았고, 그 돌들 사이에서 이리저리 몸을 움직여 편안한 자세를 취했다. 데이비드 그레이비어드는 위쪽에서 무화과를 먹고 있었다. 과일을 따기 위해 뻗은 검은 팔, 달랑달랑 매달린 발, 나뭇가지들 사이로 능숙하게 움직이는 검은 형체가 보였다.

갑자기 숲속의 색의 조화, 갈색과 보라색으로 짙어가는 노란색과 초록색의 그늘에 깊은 인상을 받았다. 잔가지와 나뭇가지에 들러붙어서 나무를 휘감고 올라간 넝쿨들은 서로 얽혀 있었다. 나는 그것들이 늙어 죽은 큰 가지를 둘러싸고, 생명과 색깔로 새로이 옷을 입혀주고 있음을 깨달았다. 대낮의 매미들의 합창은 시끄럽고 귀에 거슬렸는데, 한 무리가 새로 시작하고 또 사라지면서 숲속의 공기가 물결쳐 마치 가사 없는 돌림노래를 부르는 소년 성가대 같았다.

내가 들은 신지학 과제 중 가장 어려웠던 일 하나는 순환하는 생각의 고리를 끊어 참된 인식을 경험하기 위한 첫걸음을 내디디라는 것이었다. 가끔 실천했던 적도 있지만, 사느라 바빠 그러한 기술을 잃어버렸다. 그러나 바로 그날, 오랜 신비가 어느새 나를 엄습했고, 내부로부터 울려나오는 소음이 중단되었다. 그것은 마치 아름다운 꿈속으로 되돌아가는 것과 같았다.

나는 거기, 숲의 한 부분에 누워 있었다. 그리고 마술 같은 소리가 다시 강해지면서 지각이 풍부해지는 것을 느꼈다. 나는 나무속의 비밀스러운 움직임을 예민하게 알아차렸다. 작은 줄무늬 다람쥐는 반짝이는 눈과 둥근 귀로 경계하면서, 나무껍질 속에 갈라진 틈새를 찔러보면서, 다람쥐들의 방식대로 나선으로 나무를 올랐다. 거대한 벨벳 검은 땅벌들은 자그마한 자줏빛 꽃을 찾아다녔는데, 숲에 아롱진 햇빛 사이를 뚫고 날아갈 때마다 그 배가 화려한 오렌지빛 붉은색으로 강렬하게 빛났다. 말을 버렸을 때 다가오는 새로운 깨달음을 말로 묘사하기란 거의 불가능하다. 아마도 모든 것이 신선하고 놀라웠던 어린 시절의 세계로 되돌아가는 것 같았는지도 모르겠다. 말은 경험을 풍부하게 할 수 있다. 그러나 또한 많은 것을 빼앗아가버리기도 한다. 우리는 벌레 하나를 보고 즉시 어떤 특징들을 추상해내고 그것을 파리라고 분류할 수 있다. 바로 이러한 인지적 연습을 통해서 경이의 일부는 사라져간다. 일단 우리를 둘러싸고 있는 것들을 분류하고 난 다음에는 더 이상 그것들을 주의 깊게 들여다보지 않게 된다. 말은 합리적인 자아의 일부분일 뿐, 잠시 동안 그것을 포기하면 직관적인 자아가 좀 더 자유롭게 되는 것이다.

내 머리 가까이로 갑작스럽게 잔가지들이 퍼붓고 너무 익어버린 무화과가 쿵 하고 떨어져 마술의 순간은 끝이 났다. 데이비드가 나뭇가지를 타고 내려오고 있었다. 나는 일상 세계로 되돌아가는 것을 주저하면서 천천히 일어나 앉았다. 데이비드는 땅으로 내려와 몇 걸음 내 쪽으로 와서 앉았다. 잠시 자기 털을 손질하고 한 손을 머리 뒤로 베고 아주 편한 자세로 누웠다. 그러고는 머리 위의 푸른 숲을 응시했다. 부드러운 산들바람에 나뭇잎이 살랑거렸고, 나뭇잎 사이로 햇빛이 빛나며 깜빡였다. 나는 거기에 앉아 있었다. 자유로운 야생동물들에게 그렇게 완전히 받아들여진 것이 매우 놀라운 특권으로 느껴졌으며, 그 이후에도 종종 그런 생각을 했다. 그러한 특권을 결코 당연한 일로 여기지는 못할 것이다.

그다음에 일어난 일은 거의 40년이 지난 지금까지도, 당시에 그러했던 것처럼 내 기억 속에 생생하게 남아 있다. 데이비드 그레이비어드가 뚜렷하게 나 있는 오솔길을 따라 떠났을 때 나는 그 뒤를 따랐다. 데이비드가 오솔길을 떠나 시냇가의 빽빽한 덤불을 통해서 나아갔을 때 나는 덩굴 속에 심하게 뒤얽혔기 때문에 그를 잃어버렸다고 생각했다. 그러나 마치 기다렸다는 듯이 물가에 앉아 있는 데이비드를 발견했다. 거리를 두고 앉아 커다랗고 광채가 나는 눈을 들여다보았다. 그의 두 눈은 성품 전체, 침착한 자신감과 타고난 위엄을 보여주는 듯했다. 대부분의 영장류들은 직접 뚫어지게 응시하는 것을 위협으로 해석한다. 그러나 침팬지는 그렇지 않다. 데이비드는 건방지지 않게 무엇을 요구하지도 않고 바라보는 한 결코 신경 쓰지 않는다는 사실을 가르쳐주었다. 그리고 때로는 그날 오후에 그랬듯이 내 시선을 맞받아 보기도 했다. 그의 눈은 마음을 들여다볼 수 있는 창과 같았다. 내가 그런 기술을 가지고 있기만 하다면 말이다. 그와의 그날 이후로 아주 짧은 순간일지라도 침팬지의 눈을 통해 그의 마음으로 세계를 바라볼 수 있기를 얼마나 자주 바랐던가. 그러한 순간은 아마도 일생의 연구만큼의 가치가 있을 것이다. 우리가 인간으로 존재하는 한은 인간적 관점, 즉 세계에 대한 인간적 견해에 갇혀 있게 된다. 현실에서는 다른 문화의 관점, 혹은 반대 성性의 관점으로 세계를 보는 것조차도 어렵다.

데이비드와 내가 거기에 앉아 있었을 때, 나는 코코야자의 잘 익은 붉은 열매가 땅 위에 덩그러니 떨어져 있는 것을 보았다. 나는 손바닥 위에 코코야자를 올려놓고 그를 향해 팔을 뻗었다. 데이비드는 나를 물끄러미 바라보았고, 열매를 가지러 다가왔다. 그는 그것을 떨어뜨렸지만 내 손을 부드럽게 잡았다. 나를 안심시키려는 그 메시지를 이해하는 데는 말이 필요 없었다. 그는 열매를 원치 않았으나 나의 동기를 이해했고, 나의 의도를 충분히 알아차렸다. 지금까지도 그의 손가락이 부드럽게 누르던 느낌을 기억한다. 우리는 말보다 더 오랜 고대의 언어(선사시대 선조들과 함께 공유했던 언어이며 우리 두 세계를 이어주는 언어)로 의사소통을 했던 것이다. 깊은 감동을 느꼈다. 데이비드가 일어나 멀리 걸어갈 때 그를 내버려두었다. 이 경험을 더 길게 간직하고 싶어서 졸졸 흐르는 시냇물 옆에 그대로 조용히 있었다. 나는 그 순간이 영원히 마음속에 남아 있을 것이라는 걸 알 수 있었다.

데이비드와 그의 친구들에 대한 이해가 커져가면서 인간이 아닌 다른 생명체에게 늘 가져왔던 경외심도 깊어졌다. 그리고 이 세계 속에서 침팬지뿐만 아니라 우리 자신의 위치에 대해서도 새롭게 이해하게 되었다. 침팬지와 비비, 여타 원숭이들과 함께 새와 벌레들, 활기에 넘치는 숲의 풍부한 생명체들, 결코 멈추지 않고 바쁘게 흐르는 거대한 호수의 물, 셀 수 없이 무수한 별과 태양계의 행성들은 하나의 전체를 형성한다. 모든 것은 하나이며, 모든 것은 거대한 미스터리의 일부분이다. 그리고 나 역시 그 일부이다. 평온이 나를 감쌌다. '여기는 내가 속한 곳이다. 이 일이 내가 이 세상에 태어난 이유이다'라는 생각이 점점 더 자주 들었다. 곰베는 내가 떠들썩한 문명 세계에 살았을 때 가끔 오래된 성당에서 느꼈던 것과 유사한 평온함을 가져다주었다.

곰베에서 그럽과 함께(1971).

Hugo van Lawick

6장

변화의 10년

곰베에서 여러 달을 지낸 후 나는 새로운 눈으로
우리가 만들어낸 '문명화된' 세계를 보았다.
그 세계는 벽돌과 회반죽, 도시와 빌딩, 도로와 자동차와 기계의 세계였다.
자연은 거의 언제나 아름답고 영혼을 풍요롭게 했지만, 사람이 만든 세계는
끔찍하게 추악하고 영혼을 메마르게 하기 쉬운 것처럼 보였다.
곰베에서 영국으로 돌아올 때마다 두 세계 사이의 이러한 대조가
선명히 떠올라 나를 정말 슬프게 했다.

1964년부터 1974년까지 10년 동안은 바쁘면서도 여러 가지로 생산적인 기간이었다. 케임브리지대학교에서 박사 학위를 받았고, 그로부터 8년 뒤에는 스탠퍼드대학교의 외래 교수가 되어, 1년에 한 쿼터씩(한 학년도는 네 쿼터로 되어 있다 - 옮긴이) 대형 강좌로 학부생에게 인간생물학을 가르쳤다. 또한 침팬지 연구를 기록하기 위해 내셔널 지오그래픽 협회에서 곰베로 파견한 재능 있는 영화 제작자이자 사진작가인 휴고 반 라윅과 결혼했다. 우리는 함께 작은 연구소를 세웠다. 그리고 아들 휴고 에릭 루이스를 낳았다. 그 후 10년이 지나우리는 이혼했다. 그 10년이란 세월 동안 행정 업무, 교육, 자료 분석과 책 출간 등 많은 일을 했고, 개인적인 삶에도 커다란 변화가 있었다. 나는 어머니가 되는 기쁨과 책임감을 알게 되었다. 많은 다른 사람들이 그러했듯이 남편과의 친밀하고 즐거운 관계가 서서히 나빠져가는 쓴맛과 이것이 가져다주는 격렬한 감정적인 고통을 경험했다. 그리고 실패감과 죄의식을 느꼈다.

휴고와 나는 1964년에 결혼했다. 그때는 플로가 새끼를 낳았을 때였는데, 나는 새끼 플린트의 발달 과정을 꼼꼼하게 기록했고, 휴고는 이 과정을 16밀리미터 카메라와 스틸 카메라로 기록했다. 휴고는 촬영을 위해서 침팬지들에게 바나나를 나눠주는 급식소를 세웠다. 데이비드 그레이비어드는 자기 무리의 침팬지들을 점점 더 많이 데려와 바나나를 얻어갔다. 우리는 내셔널 지오그래픽 협회로부터 추가적인 지원을 받아 학생들을 더 고용했고, 더 많은 자료를 수집할 수 있었다. 이렇게 소박하게 시작한 연구소는 지금은 세계에서 가장 활발한 학제적 동물행동학 연구 센터 중 하나가 되었다.

그 10년 동안 나는 곰베를 떠나 외부 세계에서 시간을 보내기도 했다. 미국에서 첫 순회강연을 했다. 끔찍하게 겁에 질려 있었지만 나름대로 경험도 얻고 내 지식도 나누면서 그럭저럭 견뎌내었다. 곰베를 떠나는 것은 언제나 고통이었는데, 키고마로 가는 길모퉁이를 돌기 전에 뒤돌아볼 때면 숲 언덕이 눈물 때문에 약간 흐릿하게 보이곤 했다. 곰베에서 처음으로 영국으로 되돌아왔을 때는 별로 변한 것이 없는 버치스와 가족들이 기다리고 있어서 다행이었다. 왜냐하면 모든 것들이 다르게(거칠고 낯설게) 보였기 때문이다. 사실 변한 것은 바로 나였다. 곰베에서 여러 달을 지낸 후 나는 새로운 눈으로 우리가 만들어낸 '문명화된' 세계를 보았다. 그 세계는 벽돌과 회반죽, 도시와 빌딩, 도로와 자동차와 기계의 세계였다. 자연은 거의 언제나 아름답고 영혼을 풍요롭게 했지만, 사람이 만든 세계는 끔찍하게 추악하고 영혼을 메마르게 하기 쉬운 것처럼 보였다. 곰베에서 영국으로 돌아올 때마다 두 세계 사이의 이러한 대조가 선명히 떠올라 나를 정말 슬프게 했다. 나는 시간을 초월한 숲속의 평화와 그 속에 살고 있는 동물들의 단순하고도 분명한 삶 대신에, 서구사회의 물질주의적이고 소모적인(끔찍하게, 아주 끔찍하게 소모적인) 경주 속으로 빠져들었다. 부드럽게 흔들리는 나뭇잎, 살랑이는 물결, 새들과 귀뚜라미의 노래 대신에 자동차들, 지나치게 큰 록음악, 귀에 거슬리는 그리고 침묵하지 않는 목소리들로 괴롭힘을 당했다. 하얀 밤꽃들의 향기와 비 온 뒤 마른 땅의 냄새는 휘발유나 디젤 배기가스의 악취, 다른 사람들의 음식 냄새, 소독되지 않은 공공 화장실의 퀴퀴한 오줌 냄새와 맞바꾸어졌다. 곰베에서 멀리 떨어져 발전된 세계에 있을 때 신의 존재를 느끼는 것이 더욱 어렵다는 것을 알게 되었다. 그때는 숲속의 평화를 내면에 유지시키는 법을 몰랐다.

서구사회에 있는 동안 환경오염에 대해서도 잘 알게 되었다. 베트남 전쟁 때 뿌린 고엽제에 대한 염려의 목소리가 높았다. 영국의 거대한 원자력 발전소 가운데 하나에서 대단위 방사능 누출이 있었다. 레이철 카슨은 그녀의 기념비적 저작인 《침묵의 봄》에서 살충제가 해충들을 통제하는데 단지 단기적인 효과만 있을 뿐 가축과 인간만이 아니라 물고기나 다른 야생생물들에게도 얼마나 장기적인 위험을 초래하는가에 대해 썼다. 존 F. 케네디 대통령은 위원회를 구성하여 이러한 주장들을 조사하도록 했고, 그 결과 1968년에는 DDT와 다른 몇몇 살충제 사용이 금지되었다 (그러나 수년 동안 계속해서 개발도상국에 대량으로 기증했다). 또 다른 중요한 책은 폴 에얼릭이 쓴 《인구 폭탄》인데, 여기서는 폭발적으로 증가하는 세계 인구 문제가 제기되었다.

1967년, 우리의 아들 휴고 에릭 루이스는 이런 세상에 태어났다. 그는 그럽으로 불렸고, 오늘날도 여전히 이 애칭으로 불린다. 우리의 아프리카인 친구들은 그를 심바라고 이름 지어야 한다고 생각했다. 왜냐하면 출산하기 바로 직전에 휴고와 나는 응고롱고로 분화구에서 캠핑하고 있었는데, 젊은 수사자 세 마리가 캠프에 찾아와 요리사의 텐트를 찢었기 때문이다. 우리는 랜드로버를 조심스레 운전하여 그들을 멀리 몰아내야만 했다. 우리가 텐트로 돌아왔을 때, 사자들이 들어오려고 하면 불꽃을 휘두르려고 밝혀두었던 가스풍로에서 불이 옮겨붙어 텐트 자락이 불타고 있었다. 근처의 작은 나무 오두막으로 피해가자 베란다에는 검은 갈기의 수사자 한 마리가 방금 먹은 것을 소화시키고 앉아 있었고, 암사자는 막 잡은 가젤 영양을 뜯어 먹고 있었다.

그럽은 휴고가 사자, 하이에나, 들개를 촬영하던 세렝게티와 곰베에서 대부분의 유년 시절을 보냈다. 우리는 침팬지로부터 그를 보호해야 했다. 침팬지들은 결국은 사냥꾼들이었고, 그들이 좋아하는 사냥감은 다른 영장류 동물이었기 때문이다. 야생 침팬지들에게 인간의 아기는 단순히 영장류의 한 종류에 지나지 않았다. 당시 곰베 지역에는 침팬지가 아이를 잡아먹었다는 보고가 두 건이나 알려져 있었다. 휴고와 나는 모험을 하지 않았다.

생활은 점차 안정되어갔다. 첫 2~3년간처럼 즐겁게 혼자 살 수 있는 시절은 영원히 사라졌다. 그것이 애석하다는 생각이 자주 들었다. 그러나 순전히 이기적인 애석함이라 할 수 있었다. 혼자서는 결코 학생들과 직원들이 모은 흥미로운 정보들의 10분의 1도 얻을 수 없었을 것이다. 오전에 호숫가 근처의 우리 집에서 연구 논문, 보고서, 제안서를 쓰고 다른 행정적인 일들을 처리하는 동안 그럽은 직원 중 하나가 지켜보는 가운데 물가에서 놀았다. 그리고 어떤 때는 침팬지들을 만나러 침팬지 급식소를 한 시간 정도 방문하기도 했다. 오후에는 그럽과 함께 지냈다.

사람들은 내가 곰베에 머무르고 있었기 때문에 아이가 있어도 별 차이가 없었으리라 흔히 생각한다. "당신은 아이를 키우면서 자기 일을 계속할 수 있었으니 얼마나 행운인가." 그러나 그렇지가 않았다. 나는 침팬지를 따라다니는 것을 포기했고, 학생과 직원들이 그 일을 대신하게 되었다. 연구소 관리를 하면서 엄마로서 시간을 보낸 것이다. 때로는 혼자서 침팬지와 숲을 돌아다니던 시절을 그리며 상실감을 맛보았고, 깊은 슬픔을 느꼈다. 이제는 자기 연구 주제에 따라 개별 침팬지마다 예리한 관심을 보이는 학생들이 한 명씩은 있는 것 같았다. 좋은 일이었지만, 때로는 내가 불법 침입자가 된 것처럼도 느껴졌다. 그러나 아이가 있다는 것은 그 모두를 만회하고도 남는다는 것을 매일 새로이 깨달을 수 있었다.

새끼 딸린 침팬지들을 지켜보면서 내가 배운 것은 아이가 있는 것은 즐거운 일이라는 점이었다. 나는 매일 오후를 그럽과 함께 지냈는데, 우리는 호수에서 놀면서 많은 시간을 보냈다. 그 결과 그럽은 곧 물고기처럼 헤엄칠 수 있게 되었다. 나에게는 놀라운 배움의 시간들이었다. 어른들에게는 아이들의 눈으로 세계를 다시 보는 어떤 경험이 필요하다. 앞서 언급했듯이 나는 삶의 의미에 대해서 의식적으로 생각하는 시간을 당시에는 많이 갖지 못했다. 그러나 매일 삶의 의미를 느끼고 있었다. 그 몇 년은 지금까지의 인생 경험에서 가장 중요한 시간으로 남아 있다. 그리고 나는 자신이 얼마나 행운아인가를 깨달았다. 경제적 성공을 행복과 동의어로 보는 현대 산업사회에서, 많은 여성들은 엄마로서의 순수한 즐거움을 경험하지 못한다. 많은 여성들이 아이를 가진 후에도 일하고 계속해서 자신들의 경력을 쌓아가기를 원한다. 다른 이들은 가정에서 자신의 경제적 몫(그들의 생활수준을 유지하기 위해서 또는 단순히 생계를 위해서)을 담당하기 위해 일을 해야만 한다. 그리고 가족 규모가 크고 심각한 빈곤이 만연한 개발도상국에서라면, 어머니가 되는 것이나 유년 시절이 결코 큰 즐거움이기만은 어렵다. 그럽과 나는 둘 다 운이 좋았다.

그럽이 태어나 인생에 새로운 사랑을 가져다주었으며, 이에 더하여 '본성' 대 '양육' 논쟁에 대한 나의 관심에 불을 지폈다. 그것은 당시 과학 사회의 신랄한 논쟁거리였다. 우리 인간들은 유전적 소양의 산물인가, 그렇지 않으면 환경의 산물인가? 물론 최근에는 이러한 논쟁의 불꽃이 사그라들었다. 현재는 일반적으로 복잡한 뇌를 가진 동물들의 경우, 타고난 소양과 생애를 통해서 개별적으로 얻은 경험이 혼합되어 성체의 행동 특질이 형성된다고 받아들여지고 있다. 다시 말해 우리의 행동은 전적으로 유전자에 의해 결정되는 것도 아니고, 그것으로부터 자유로운 것도 아니다. 동물의 뇌가 복잡하면 복잡할수록 행위를 형성하는 데 학습의 역할이 커지고, 따라서 개체와 개체 사이에서 발견되는 다양성도 커진다. 그리고 유아기와 유년 시절처럼 유연성이 클 때 획득된 정보와 학습이 특히 중요한 역할을 한다.

물론 다른 엄마들처럼 나 역시 내 아들이 인생에서 가장 좋은 시작을 할 수 있도록 해주고 싶었다. 그럽은 첫 아이(결국 유일한 자식이 되었는데)여서, 나는 다양한 이들의 충고 중에서 선택해야만 했다. 어머니, 스포크 박사, 플로가 그 조언자 역할을 했다. 나는 새끼 딸린 어미 침팬지들을 관찰하면서 안정된 어린 시절이 있어야 독립적이고 자율적인 어른이 될 수 있으며, 반면에 초년에 잘못되면 불안정한 어른이 된다는 것을 배웠다. 가장 중요한 것은 엄마의 특성이었다. 아이와 엄마의 관계, 그리고 엄마가 무리의 다른 개체들과 맺는 관계의 성격이 여기 포함된다. 플로와 같이 명랑하고 다정다감하고 참을성 있고 자식을 지지해주는 엄마는, 새끼를 무리의 성원들과 편안한 관계를 유지할 수 있는 어른으로 키우는 것 같았다. 패션과 같이 혹독하고 잘 돌봐주지 않고 명랑하지 않은 엄마는 새끼를 긴장된 어른으로 키우는 것 같았다. 이것은 특히 딸들에게 적용되었다. 그러나 아들들에게도 영향을 미친다는 증거도 있다. 플로처럼 다른 성원과 편안한 관계를 맺고 있으며 단호하고 자신감 넘치는 엄마는, 올리처럼 다른 성원과 긴장된 관계를 맺고 있는 내성적이고 지위가 낮은 암컷보다 새끼들이 좀 더 나은 출발을 하도록 해주었다. 초기에 받은 이러한 인상은 이후 수집된 모든 자료에 의해 지지되었다.

새끼 침팬지의 성장에 영향을 미치는 요인들이 인간의 아이들에게도 역시 중요할 것이라고 가정할 수는 없다. 그러나 상식과 직관으로 나는 그러리라고 생각했다. 그럽의 인생이 확실히 즐거움으로 가득하게 만들어주고 싶었다. 나는 플로에게서 벌보다는 오락이 어린아이들을 가르치는 데 좋은 방법임을 배웠다. 그러나 규율과 일관성의 중요성 또한 알고 있었다. 결국 나는 어머니, 플로, 스포크 박사 그리고 대자연으로부터 얻은 지혜를 혼합하여 아들을 길렀다.

그럽이 태어나고 첫 3년 동안 우리는 하룻밤도 떨어져 있지 않았다. 최소한 하루의 절반은 아들과 함께 지냈다. 그럽은 처음에는 통신 교육 과정으로 배웠다. 우리가 직접 그럽을 가르치고자 했지만 잘되지 않아, 고등학교를 졸업하고 대학에 들어가기 전에 1년 정도의 사회 경험을 원하는 젊은 사람을 연달아 고용했다. 보수는 곰베에서 지내도록 해주는 것이었다. 그리고 그럽이 아홉 살이 되었을 때 영국에 있는 학교에 보내 버치스에서 어머니와 함께 살게 했다. 나는 어린아이들을 기숙학교로 보내서 '집으로 돌아오게' 하는 영국의 관습을 늘 혐오해왔다. 그러나 이 경우는 달랐다. 대니 할머니, 어머니, 올리 이모, 오드리 이모와 함께 사는 버치스는 그럽에게는 집의 연장이었다. 우리는 휴가 때마다 함께 지냈다. 나는 본머스에 돌아가 크리스마스와 부활절을 보냈다. 그리고 그럽은 탄자니아로 와서 여름을 지냈다. 방학 기간 주말에는 그럽이 당시 런던에서 영화를 편집하고 있던 휴고를 몇 차례 방문했다.

침팬지를 관찰함으로써 더 나은 엄마가 되는 데 도움을 받았다는 것은 의심의 여지가 없다. 그러나 내가 엄마가 된 경험 또한 엄마 침팬지의 행동을 더 잘 이해하는 데 도움을 주었다는 것도 깨달았다. 우리 자신들이 경험하지 못했던 감정을 공감하거나 이해하는 것은 어려운 일이다. 예를 들어 그럽이 생기고 나서야 비로소 나는 기본적인 모성애의 강한 본능을 이해하기 시작했다. 만약 누군가가 그럽을 놀라게 한다거나 혹은 어떤 식으로든 그의 안전을 위협하면 끓어오르는 분노를 느꼈다. 새끼에게 지나치게 가깝게 접근하는 누구에게든지, 또는 생각 없이 자기 새끼를 다치게 한 놀이 친구에게 미친 듯이 팔을 휘두르고 위협의 소리를 내지르는 엄마 침팬지의 감정에 대해 더 깊이 이해할 수 있었다.

1968년 숲속 작은 캠프에 비극적 사건이 벌어졌다. 미국인 학생 중 한 명이 침팬지를 뒤쫓다가 절벽에서 떨어져 죽었다. 루스 데이비스는 똑똑하고 매력적이고 활기로 충만한 학생이었다. 그녀는 곰베와 침팬지를 사랑했다. 그녀는 수컷의 지배 상호 작용에 대해서 열정적인 관심을 가졌고, 마이크, 골리앗, 데이비드 그레이비어드, 휴고와 찰리 형제, 그리고 기타 침팬지들을 관찰하면서 시간을 보냈다. 그녀의 연구가 죽음의 간접적인 원인이었다. 당시에 모든 사람들은 자신들이 진행 중인 관찰을 작은 녹음기에 기록했는데, 루스의 것은 그녀의 시체 근처에서 발견되었다. 테이프는 마치 비행기의 블랙박스와 같이 삶의 마지막 몇 시간의 기록을 담고 있었다. 사고가 났을 때 루스는 남쪽으로 멀리 휴고를 따라가고 있었다. 테이프에는 몰아쉬는 그녀의 호흡이 기록되어 있어 극도로 기진했다는 것을 알 수 있었다. 그녀는 어쩌다 미끄러져 낭떠러지로 떨어졌고, 나중에 우리가 발견했을 때는 우거진 수풀에 거의 완전히 가려져 있었다.

루스의 부모님은 딸이 생전에 그렇게 사랑했던 곰베의 언덕에 그녀를 묻기로 결정했다. 그들은 소박한 장례를 치르러 날아왔고, 슬픔에 겨웠음에도 루스에게 중요했던 장소를 한 번이라도 보게 된 것이 기쁘다고 말했다. 나 역시 루스가 그곳을 마지막 안식처로 삼게 되어 기뻤다. 거기에서 오랫동안 나는 그녀의 존재를 느꼈다. 부드럽고 조용한 존재감, 삶의 가장 행복한 날 가운데 얼마를 보냈다고 자주 말하던 그 숲속에서 평온히 잠든…….

루스가 죽었을 때 그럽은 한 살 반이었다. 그녀가 휴고와 나와 함께 몇 주 동안 머물렀을 때 그럽은 그녀를 좋아하게 되었다. 우리가 그녀의 죽음에 대해서 설명하지 않았음에도 그럽은 확실히 어린아이들이 하는 방식대로 무슨 일이 일어났는지를 감지했다. 그럽과 내가 앨범을 들춰보고 있을 때 갑자기 정원에서 그럽과 함께 놀고 있는 루스의 사진이 나왔다. 그럽은 "루스" 하고 가리켰다. 그리고 "루스는 이제 모두 부서졌어"라고 슬피 말했다.

루스의 죽음 이후에 우리는 학생들을 그 지방 탄자니아 사람과 함께 다니게 하기로 결정했다. 루스의 사체를 해부한 의사는 고통받지 않고 즉사했다고 재확인시켜주었다. 그러나 그녀를 찾아다녔던 그 닷새 동안 우리는 그녀가 엄청난 고통 속에서 홀로 누워 있었으리라 생각하며 괴로워했다. 만약 루스가 혼자 있지 않았다면 동료 중 한 명이 최소한 그녀가 어디에 있는지라도 알려줄 수 있었을 것이다. 그래서 힐랄리 마타마, 에슬롬 음퐁고, 하미시 음코노, 야하야 알라마시, 그리고 다른 여러 사람들을 우리 직원으로 고용했다. 공원 주변의 작은 마을 출신인 이 사람들이 최고의 조사 요원들이 될 잠재력이 있다는 것이 금세 명백해졌다. 우리는 그들을 훈련시키는 데 많은 시간을 보냈고, 곧 그들은 조사팀의 필수불가결한 일원들이 되었다.

나는 아들에 대해서는 엄마 역할을 무리 없이 하고 있다고 생각한 반면에, 불행히도 남편과의 사이는 잘되지 않았다. 휴고는 서아프리카에서 영화를 찍고 나는 미국에 강연 여행을 떠나게 되어 우리는 많은 시간 떨어져 지내기 시작했다. 게다가 타협할 수 없는 기본적인 부분들이 있었다. 물론 결혼을 하기 전부터 우리들의 시각 차이에 대해서 알고 있었다. 그러나 대부분의 젊은 사람들이 그렇듯이 서로 상대가 변할 것이라고 믿었다. 이것이 이루어지지 않았을 때 다툼이 점점 더 심해졌고, 1974년에 이혼하기로 결정했다. 휴고와 나는 여전히 친구로 남았지만, 이혼은 우리 둘 다를 사랑했던 그럽에게는 매우 슬픈 일이었다.

이렇게 감정적으로 괴로웠던 중에, 공격성에 대한 유네스코 학회에 참가하러 파리의 노트르담을 방문할 기회가 있었다. 전에 빅토르 위고의 《노트르담의 꼽추》를 읽은 뒤로 언젠가는 그 유명한 대성당 안에 들어가보고 싶다고 생각했다. 나는 그 방문이 얼마나 중요한 것이 될지 전혀 몰랐다. 그러나 서문에도 썼듯이, 바로 그때 무아경이라는 것을 경험했고, 예전에 몰두했던 철학과 삶의 의미에 대한 질문들이 되살아남을 느꼈다. 우주 가운데로 인도하는 힘, 물질의 창조주, 즉 삶 자체의 창조주는 존재하는가? 지구의 생명에 목적이 있는가? 만약 그렇다면 우리 인간들은 이 모든 것 속에서 어떤 역할을 하도록 되어 있는가? 특히 나의 역할은 무엇인가?

내가 보기에 여기 현세에서 우리의 존재에 대해 생각할

수 있는 방법은 오직 두 가지뿐이다. 첫째, 맥베스에 동의하여 삶은 '바보가 하는 이야기', 즉 진화의 실수인 호모 사피엔스라는 영리하고 탐욕스럽고 이기적이고 불행히도 파괴적인 종을 포함하는 생명 형태의 목적 없는 출현에 지나지 않는다고 생각할 수 있다. 둘째, 신부이자 고생물학자인 피에르 테야르 드 샤르댕이 말했듯이 "우주에는 무언가 일어나고 있는데, 이것은 잉태와 탄생 같은 것"이라고, 다시 말해 모든 것에는 계획, 즉 목적이 있다고 믿을 수밖에 없다.

이혼을 한 시련의 시기에 이러한 궁극적인 질문들에 대해 생각하면서 숲속에서의 경험, 침팬지들에 대한 이해가 나에게 새로운 전망을 가져다주었음을 깨달았다. 비록 나의 유한한 마음이 결코 그 형태나 본질을 이해할 수 없다 해도, 개인적으로 우리가 하나님, 알라 혹은 브라마라 부르는 거대한 영적인 힘이 존재한다는 것을 완전히 확신하게 되었다. 신이 없다 할지라도, 심지어 인간에게 영혼이 없다 할지라도, 수백만 년의 시간에 걸쳐 진화가 주목할 만한 동물(인간이라는 동물)을 창조했다는 진실은 여전히 존재한다. 그래서 침팬지들이 아무리 우리와 가장 가까운 생물학적 친척처럼 보인다 하더라도, 그들은 우리와 너무도 다르다. 침팬지를 연구하면 유사성만이 아니라 다른 점들도 알게 된다. 우리가 성격, 합리적 힘, 이타주의, 즐거움과 슬픔 같은 감정을 가진 유일한 존재가 아님은 분명하다. 또한 정신적·육체적 고통을 느낄 수 있는 유일한 존재도 아니다. 그러나 약 200만 년 전 유인원 같은 존재로부터 처음으로 진짜 인류가 갈라져 나온 이래로 우리의 지적 능력은 급격하게 성장해왔다. 그리고 우리만이 복잡한 구어를 발전시켜왔다. 진화상 처음으로 하나의 종이, 지금 이곳에 존재하지 않는 대상과 사건에 대해 어린 세대에게 가르쳐주고, 과거의 성공과 실수로부터 얻은 지혜를 전승하며, 먼 미래를 위해 계획을 세우고, 아이디어를 서로 논의하여, 때로 깨닫지 못하는 사이에 집단의 결집된 지혜에 의해 그것들을 더 발전시킬 수 있도록 진화했다.

우리는 언어를 가지고 우리가 누구이며 왜 여기에 있는가라는, 다른 생명체는 할 수 없는 질문을 할 수 있다. 이렇게 고도로 발전된 지성을 가졌다는 것은, 확실히 인간 종(신의 존재를 믿는지 안 믿는지와는 상관없이)의 생각 없는 행동에 의해 그 존재의 지속을 위협받고 있는 다른 생명체들에 대해 우리에게 책임이 있음을 의미한다. 실제로, 신을 인정하지는 않지만 진화적 사건으로 우리가 이 세계에 있다는 것을 확신하는 사람들이 환경에 대해 더 책임감을 가지고 행동할 수도 있다. 왜냐하면 만약 신이 없다면 세상을 올바르게 하는 것은 전적으로 우리들에게 달려 있기 때문이다. 반면에 모든 것은 안전하게 '신의 손' 안에 있다고 믿으면서 인간적 책임감을 외면한 채 신만 의지하는 사람들도 많이 만났다. 나는 "신은 스스로 돕는 자를 돕는다"라고 배워왔다. 우리는 책임을 져야만 한다. 이런저런 식으로 파괴해온 지구를 치유하고 정화하는 데 모두 자신의 역할을 해야 한다.

노트르담에서의 일은 아마도 실천을 하라는 부름 같은

것이었다고 생각한다. 인간의 귀에 적합한 형태로 신의 목소리(당시에는 그렇게 생각하지 않았지만)를 들었다고 생각한다. 그 소리 이외에 어떤 말씀을 들은 것은 아니다. 하지만 말이었든 다른 무엇이었든 그 경험은 강력했으며, 내가 태어난, 많은 문제를 안고 있는 20세기의 세계 속으로 나를 순식간에 되돌려놓았다. 그것은 내가 야생의 아름다운 숲의 세계에서 강렬하게 느꼈던 영적 힘이, 어린 시절부터 알고 있었고 트레버 목사의 설교를 듣던 시절과 고대의 대성당에서 오랜 시간을 보내던 시절에 알고 있던 것과 결국 같은 것임을 깨닫게 해주었다. 회고해보건대 노트르담에 간 것은 인생 여정에서 하나의 이정표였다. 결국 때가 되었을 때 나는 그 영광스러운 경험을 기억했고, 메시지를 깨달았다. 그러나 그때가 오려면 상당한 시간이 흘러야 했다. 그 사이 이런저런 일들이 일어나, 나 자신과 신에 대한 믿음을 전에 없이 시험하곤 했다.

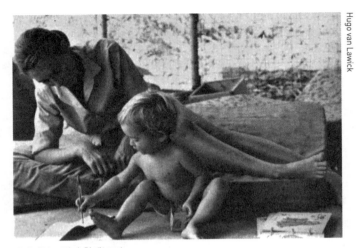

곰베에서 그럽과 함께(1968).

휴고 반 라윅과의 결혼(1964).

결혼식에서 나와 아버지.

다르에스살람의 우리 집 베란다에서 데릭과 함께.

Reason for Hope
Jane Goodall

7장

잃어버린 낙원

나는 호수 저 멀리 평화롭게만 보이는 산속으로 저무는
태양을 바라보며 앉아서 그 모든 폭력에 대해 생각했다.
내가 바라보고 있는 이 산에도 사람들이 자신들의 생명을 염려하며
박해자로부터 도피할 최선의 방책을 궁리하면서 숨어 있을 것이다.
그리고 나는 우리의 모든 뛰어난 지성과 고귀한 포부에도 불구하고,
우리의 공격성이 침팬지의 그것과 단지 비슷할 뿐만 아니라
심지어는 더욱 악질적이라는 것이 얼마나 슬픈 일인가를 생각했다.

나의 세계가 완전히 전복되기 바로 직전, 몇 년이라는 짧은 기간에 나의 새로운 동반자가 되어준(사랑과 일에서) 데릭 브라이슨이라는 남자를 만났다. 그는 탄자니아 국립공원의 관리자이자 다르에스살람 의회의 의원이었다. 그는 자신이 귀화한 나라에 열정적인 사랑과 충성심을 가지고 있었고, 오랫동안 사하라 이남 아프리카에서 자유로이 의회에 선출된 유일한 백인이었다. 만약 그를 만나지 못했더라면, 1975년 5월 곰베에서 있었던 납치 사건으로 인해 연구가 종말을 고했을 것이라 확신한다. 그는 강건하고 힘이 넘쳤다. 또한 매우 솔직했다. 탁월한 유머 감각을 지녔으며, 긍정적인 변화를 일으키기 위해 일하려는 의지와 에너지를 가진 이상주의자였다.

데릭은 제2차 세계대전 중에 전투기 조종사로 영국 공군에 복무했다. 그러나 현역으로 복무한 지 몇 달 되지 않아 비행기가 격추당했다. 그 사고에서 척추를 다쳤고, 다시는 걸을 수 없을 것이라는 진단을 받았다. 그는 그때 겨우 열아홉 살이었다. 의사가 틀렸다는 것을 보여주려고 결심한 그는 단호한 의지로 노력하여 결국 지팡이를 짚고 걸을 수 있게 되었다. 한쪽 다리에는 앞으로 움직일 수 있을 정도의 근육이 남아 있었다. 그리고 나머지 다리 하나는 엉덩이 아랫부분을 앞으로 흔들어나가야 했다. 한 손으로 왼쪽 다리를 들어 클러치에서 브레이크로 발을 옮기는 방법으로 운전도 배웠다.

일단 걸을 수 있게 되자 데릭은 케임브리지대학교에서 농업학사 학위를 취득했다. 그의 말에 따르면, 그는 영국에서 제안한 '장애인에게 알맞은' 편안한 농업 직책을 거절하고 대신 케냐로 가서 2년간 농사를 지었다. 그 후에 영국 정부로부터 킬리만자로 산기슭에 있는 밀 농장들 중 하나를 운영할 수 있는 허가를 받았다. 그리고 2년 후에 그곳에서 카리스마적 정치 지도자인 줄리어스 니에레레를 만나 탄자니아 독립운동에 헌신하게 되었다. 나머지 인생 동안 데릭은 농업과 보건을 포함한 여러 내각직을 거치며 탄자니아의 주요 정치가로 활동했다.

니에레레 대통령은 내가 데릭을 만나기 바로 직전에 그를 공원 관리자로 임명했다. 데릭은 공원을 정기적으로 방문했는데, 때때로 그럽과 내가 그의 작은 4인승 경비행기 세스나기에 동승하기도 했다. 한번은 비행 중 사고로 죽음

직전까지 간 적이 있다. 그리고 아마도 그 사고로 현세의 삶의 덧없음을 느끼게 되어 우리는 결혼을 결심했다. 우리는 거의 한 시간 동안 하늘을 날고 있었는데, 갑자기 잘 비벼 끄지 않은 재떨이 속의 꽁초에서 나는 듯한 작은 연기 기둥이 계기판 아래에서 보였다. 루아하 국립공원까지 가려면 아직 45분이나 더 비행해야 했다. 그때 우리는 바위와 나무로 덮인 거친 지대 위를 날고 있었다. 데릭은 기계를 점검했다. 연기를 제외하고는 모든 것이 좋아 보였다. 연기를 제외하고 말이다! 확실히 어떤 경우라도 연기가 나지 않는 편이 더 좋았을 것이다. 그러나 모든 것이 잘되기를 바라며 기도하는 것 외에 할 수 있는 일은 아무것도 없었다. 우리 모두는 그것을 무시하려고 노력했지만, 그 작은 회색 연기에서 눈을 뗄 수 없었다. 다행히도 더 이상 커지지는 않았다. 그러나 그 45분은 영원히 계속되는 것 같았다.

마침내 국립공원에 도착했다. 산림경비대 캠프와 휴게소들이 시야에 들어왔고, 거대한 루아하 강 옆에 덤불로 덮인 작은 활주로가 보였다. 여전히 불꽃은 일어나지 않았다. 우리가 땅에 착륙하려 할 때 얼룩말 떼가 활주로를 가로질렀다. 조종사는 비행기의 고도를 다시 높였다. 그때 갑자기 조종사가 겁을 먹었다. 한 줄기의 연기를 달고 날아온 그는 그 마지막 몇 분의 지연으로 일시적으로 안정을 잃었던 것이다. 그는 선회하여 다시 활주로에 돌아오는 대신 강변 멀리 나무들 사이에 긴급 착륙을 시도하려 했다. 내가 그럽의 안전벨트를 가지고 씨름하고 있을 때 "설마 여기 착륙하려는 것은 아니겠지? 안 돼!"라는 데릭의 급박한 목소리가 들렸다. 마지막 말은 고함이었다. 그러나 너무 늦었다.

비행기는 정상적인 착륙 속도의 두 배로 지면에 부딪쳤다. 신의 은총으로 날개 중 하나가 나무에 처박혔고, 비행기는 한 바퀴 획 돌았다. 그러지 않았더라면 분명 뒤집어져 화염에 휩싸였을 것이다. 비행기는 완전히 통제를 벗어나 덤불 속으로 계속 충돌해 들어갔다. 그 시간이 아주 길게만 느껴졌다. 마침내 비행기가 멈추었다.

조종사는 문을 열고 소리쳤다. "빨리 나가세요. 비행기가 폭발할 거예요." 그리고 승객들을 버려둔 채, 더군다나 엔진의 시동을 걸어둔 채 사라졌다.

"밖으로 나가! 그럽!" 나는 소리쳤다. "저 사람을 따라가!" 그럽은 훌륭했다. 정확하게 내가 시킨 대로 하고, 안전한 거리까지 갔을 때 뒤돌아서 우리 쪽을 보았다.

그러나 데릭은 빠져나올 수 없었다. 그쪽 비행기 문은 6~7센티미터밖에 열리지 않았다. 데릭 쪽의 비행기 바퀴가 심하게 찌그러져 비행기 각도가 기울어 있고, 반대편 날개는 하늘 높이 치솟아 있었다. 비행기의 후미에 실려 있던 짐이 모두 앞좌석의 뒷바닥으로 떨어져 내렸기 때문에, 데릭은 좌석을 뒤로 밀어내어 몸을 움직일 공간조차 만들 수 없었다. 나는 미친 듯이 짐들을 던져내기 시작했다. "지갑이나 뭘 잃어버렸소?" 장난스러운 웃음을 지으며 데릭이 말했다. 나는 그를 바라보았다. "걱정 말아요. 비행기는 이제 불타지 않을 거요." 그는 나를 안심시켰다. 오, 이 얼마나 놀랍고 건조한 영국식 유머 감각인가!

데릭이 간신히 빠져나와 반대쪽 문으로 나왔을 때 공원 직원이 도착했다. 그들은 비행기가 떨어지는 것을 보고 모두 죽었을 것이라고 생각했다가 살아서 무사한 것을 보고 안도했다. 우리는 그들이 나룻배편으로 랜드로버를 보낼 때까지 30분 이상 기다리든지, 큰 악어들이 사는 루아하 강을 위험을 무릅쓰고 걸어서 건너든지 결정해야 했다. 그럽이 결정을 내렸다. 비행기 사고가 났을 때 하나님이 우리를 구해주셨듯이, 악어에게 먹히도록 내버려두지는 않을 것이라고. 나는 차 한 잔이 지독하게 마시고 싶었고, 게다가 안전해진 후 다리가 후들거리기 시작해서 그럽의 결정에 동의했다. 결국 하나님의 돌보심이었는지, 혹은 (더 있음직한 일이지만) 공원 경비대가 강 양편에서 물을 튀겨서인지, 악어를 만나지는 않았다.

공원 휴게소에서 마른 옷으로 갈아입고 쉬었다. 안전해지자 우리가 얼마나 운이 좋았는지를 깨달았고, 새삼 충격을 느꼈다. 데릭, 그럽과 함께 차를 마시며 앉아서 그 사고에 대해 생각했다. 비행기가 땅으로 처박히고 나무들 사이로 질주해 들어갔을 때 나는 우리가 곧 죽을 것이라고 확신했다. '이 비행기는 충돌해서 불탈 거야'라고 혼자 생각했다. 그러나 사고가 일어나는 동안에는 어떤 공포감도 느껴지지 않았다. 나는 내 마음의 성찰적 부분이 마비되었다고 생각한다. 나는 그냥 스스로에게 말했다. '이게 끝이야!' 죽음에 직면했을 때 자기 인생이 일련의 생생한 영상으로

섬광처럼 지나가는 것을 봤다는 사람들의 이야기를 들은 적이 있지만, 나에게는 그와 같은 일이 전혀 일어나지 않았다. 정말로 실망스러웠다.

저녁이 되어 시원해지자 우리는 공원으로 차를 몰고 갔다. 조그만 코끼리 떼가 물을 먹고 있었다. 오렌지빛 붉은 태양은 피버나무 뒤로 낮게 떠 있었다. 큰 사고를 모면한 이후에 찾아온 안도감에 아프리카는 전에 없이 아름다워 보였다. 그리고 데릭이 청혼했을 때 나는 응낙했다.

결혼 후에도 나는 연구 센터의 관리자로서 계속해서 곰베에서 살았다. 1975년경에는 스무 명이나 되는 학생들이 침팬지뿐만 아니라 비비 원숭이를 연구하면서 곰베에서 살았다. 인류학, 동물행동학, 심리학 등 다양한 분과에서 온 미국과 유럽의 대학원생들도 있었다. 학생들은 캠프 근처의 나무 사이에 세워진, 잔디로 덮인 작은 알루미늄 오두막에서 잤다. 그들은 호숫가 근처의 커다란 건물에 함께 모여서 식사를 했는데, 종종 그럽과 내가 함께하기도 했다. 데릭은 계속 다르에스살람에 살고 있었지만, 정기적인 공원 순회 길에 자주 곰베에 들렀다. 그는 센터를 관리하는 데 엄청나게 많은 도움을 주었다.

5월의 어느 날 밤, 갑작스러운 테러가 발생했다. 마흔 명의 무장한 남자들이 자이레(지금의 콩고)에서부터 작은 배를 타고 탕가니카 호수를 건너와 캠프를 습격했다. 공원 관리자인 에타 로하이가 고함 소리에 깨어 살피러 나갔다. 곧 그녀는 사로잡혔고, 무장한 남자들은 그녀의 머리에 총구를 겨눈 채 학생들의 집까지 안내하도록 명령했다. 그녀는 거부했다. 그때 습격자들이 네 명의 학생들을 잡아왔다. 호수 건너편에 있는 두 개의 오두막에 각각 두 개씩 매트리스를 준비해놓았던 것을 보면 그들은 아마도 네 명만을 원했던 것 같다. 에타는 물가에서 풀려났다. 손을 등 뒤로 단단히 묶인 희생자들을 공포스럽게 바라보면서 그녀는 탄자니아 학생인 아디 리야루를 찾으러 뛰어갔다. 습격자들은 흰 잠옷을 벗고 어둠 속으로 서둘러 사라지면서 나머지 학생들에게 경고를 남겼다. 우리 집은 호숫가를 따라 멀리 떨어져 있어서 보트가 떠난 후에야 습격 소식을 들었다. 일단 습격자들이 떠났다는 것을 확인하고 난 후, 놀라서 아연해진 우리들은 모두 모여 해야 할 일을 정하려고 노력했다. 학생 네 명(미국인 세 명과 네덜란드인 한 명)이 없었다. 누군가가 호숫가에서 네 발의 총성을 들었다고 이야기했고, 우리는 납치된 학생들이 죽임을 당했을까 봐 두려워했다. 몇 주가 지나서야 그 학생들에게 무슨 일이 일어났는지를 알게 되었다.

탄자니아 사람이 아닌 사람은 모두 곰베를 떠나야 했다. 그래서 우리는 다르에스살람으로 이동하여, 데릭의 자그마한 손님 숙소에 모두 비집고 들어가 소식을 기다렸다. 악몽의 시간이었다. 2주 후 납치범들이 학생들 가운데 한 명을 키고마로 돌려보내 몸값을 요구했을 때에야 겨우 안도할 수 있었다. 적어도 다른 세 명의 학생들이 살아 있다는 것을 알게 된 것이다. 그러나 그들의 요구는 과도했다. 반군들은 엄청난 액수의 돈과 무기 선적을 원했을 뿐 아니라, 데릭이 판단하기에 탄자니아 정부가 결코 승인하지 못하거나 하지 않을 요구도 해왔다. 결국 반군은 두 명의 대표를 다르에스살람으로 보내 미국과 네덜란드 대사관과 협상하게 했다. 그들은 협상을 끝없이 질질 끌었고, 모든 관계를 긴장으로 몰아넣었다. 생각하고 싶지도 않은 고뇌의 시간이었다. 다르에스살람에서 기다리고 있던 우리들에게 그것이 생지옥 같은 시간이었다면, 납치되었던 곰베의 낙원으로부터 반대편 호숫가의 숲속에서 구출될지 아니면 죽을지를 걱정하면서 기다리고 있던 희생자 자신들에게는 얼마나 더 끔찍한 시간이었겠는가.

마침내 몸값이 지불되었다. 이제 와서 알려진 바로 그 돈은 로랑 카빌라의 혁명 운동 기금에서 나온 것이었다. 그는 20년 후에 세세 세코 모부투 대통령을 실각시키고 자이레를 접수하여 콩고민주공화국으로 개명했다. 밤에 호수에서 돈이 지불된 후 반군은 합의 사항을 어겼다. 남아 있던 세 명의 인질 가운데 여자 둘만을 풀어주었던 것이다. 나는 그때 반군이 본보기로 마지막 인질을 죽였으리라 생각하고 깊은 절망에 빠졌다. 미국에서 온 고위 협상팀은 이미 돌아가버린 뒤였다. 신께 감사하게도, 무슨 이유 때문인지 반군은 2주 더 마지막 인질을 붙잡아두었다가 키고마 호수로 돌려보냈다. 안도감이 밀려왔다. 결국은 네 명의 인질들이 무사히(다시 말해서 육체적인 해를 입지 않고) 돌아왔다. 그러나 정말로 끔찍한 것은 정신적인 고통이었다. 매일 그들은 "친구들이 너희를 구하려고 돈을 지불하기만을 바라도록 해라. 그렇지 않으면 우리는 너희를 죽여야만 할 것이다"라는 말을 들어야 했다. 나는 그들이 그때 겪은 심리적 고통으로부터 완전히 자유로워지지는 못하리라 생각한다. 기억은 항상 어딘가에 잠복해 있다가 아프거나, 외롭거나, 혹은 절망의 시간에 끔찍한 악몽처럼 저 깊은 잠재의식에서 표면으로 떠오르게 마련이다.

그 사건 이후 곰베는 몇 달 동안 '민감한' 지역으로 간주되었고, 방문할 때마다 매번 정부에 특별 허가를 요청해야 했다. 데릭이 없었다면, 그리고 탄자니아 정부가 그를 높이 평가하고 있지 않았다면, 납치 사건으로 인해 곰베에서의 연구는 끝장났을 것이다. 나 혼자서는 새롭게 일어난 여러 문제들에 대처할 수 없었을 것이다. 데릭은 공원과 연구센터의 행정 관리도 도와주었다. 그리고 가장 중요한 것은, 그가 탄자니아인 직원들을 재조직하여 일상의 연구 활동에서 그들이 점점 더 비중 있는 역할을 할 수 있도록 고무했다는 사실이다. 또한 다르에스살람에 있는 그와 매일 무전기로 연락하여 일들이 어떻게 돌아가고 있는지도 알 수 있었다. 나는 납치 사건의 악몽에서 완전히 벗어나고자 노력했다.

그러나 1975년 10월, 미국에 갔을 때 그 사건이 결코 끝난 것이 아니라는 것을 알게 되었다. 나는 여전히 봄학기에 2주, 가을학기에 한 쿼터 동안 스탠퍼드대학교에서 가르치고 있었다. 우리는 몸값으로 지불된 돈이 학생들의 석방 전에 모두 조달되었다고 믿고 있었지만, 그것이 아니었다. 돈을 모으기 위한 노력이 여전히 계속되고 있었다. 나는 많지는 않지만 할 수 있는 만큼 기부했다. 그 이후 나에게 낯설고 현실 같지 않은 악몽이 시작되었다.

소문은 퍼져 있었다. 2주 후에 내가 스탠퍼드대학교를 떠나는 것이 좋으리라는 말이 나왔다. '일이 잠잠해질 때까지' 그러는 편이 더 좋을 것이라는 말을 들었다. 대부분의 소문은 데릭에 관한 것이었다. 나쁜 전례를 남길까 봐 그가 몸값을 지불하지 않고 학생들이 석방되기를 바랐던 것은 사실이다. 그러나 학생들이 죽임을 당하는 편이 나았을 거라고 생각했다는 이야기는 말도 안 된다. 그는 심지어 특수부대에 있는 자기 친구들이 학생들을 구출할 수 있는지 알아보려고 협상해보기도 했다. 소문들 중에는 내가 책임감이 부족했다는 이야기도 있었다. 왜 내가 그날 밤 학생들 대신 잡혀가기를 자원하지 않았는가라는 것이었다. 학생들이 납치를 당하고 나서야 그 일을 알게 되었다는 사실은 고려해주지도 않은 채 말이다.

이러한 소문들은 미국의 이곳저곳을 계속 돌아다녔다. 하나는 확실하다. 제안대로 그때 스탠퍼드를 떠났다면, 아마도 나는 미국으로 다시는 돌아갈 수 없었을 것이다. 대신 나는 집 한 채를 세냈다. 어머니와 그럽이 함께 살았으며, 마침내는 데릭도 와서 살게 되었다. 그리고 소문들에 정면으로 맞섰다. 가을학기 동안 애쓰며 "허리띠를 졸라매라"라는 구절의 의미를 알게 되었다. 나는 계속해서 허리띠를 졸라매고 나를 피하던 여러 사람들과 맞서나갔다. 때로는 감당하기 힘든 주말 비행 여행도 해야만 했다. 이 모든 일은 단지 무슨 일이 일어났는지를 내 입장에서 설명하기 위해서였다. 어머니는 여느 때와 같이 강인한 요새가 되어주었다. 우리는 그럽이 학교의 유치원에서 하루를 보내고 평화롭게 잠이 든 후 이슥한 한밤에 전략을 논의하곤 했다. 그러고 나서 엎치락뒤치락하며 잠을 청할 때 대니 할머니가 전해준 성경 말씀이 위안을 주었다. "네가 사는 날을 따라서 능력이 있으리로다(신명기 33:25)." 물론 그러했다.

내게 일어나고 있는 일들이 괴롭기도 했지만, 무엇보다도 왜 이런 일이 벌어지고 있는지 의문스러웠다. 그러다 그즈음 세계 각지에서 일어난 열두 건의 주요 납치 사건(그 가운데 하나가 유명한 패티 허스트 사건(1974년 미국의 언론 재벌 상속녀 패트리샤 허스트가 납치된 사건 – 옮긴이)이다)을 조사하던 사람과 인터뷰를 하면서 의문이 풀렸다. 인터뷰가 끝나갈 무렵에 그가 했던 말을 결코 잊을 수 없을 것이다. "제인, 당신의 상황을 부당하고 충격적이라고 생각하는 걸 알아요. 불행히도 내가 조사했던 사건을 보면 상당한 액수의 돈이 건네졌던 경우에는 반드시 사람들의 관계에 금이 갔어요. 우정과 신뢰는 적대감과 쓰라림으로 변했어요. 예외 없이."

인간 본성에 대한 얼마나 끔찍한 평가인가. 사람들이 상처받고 취약해져 한 줄기 삶이라도 건지려고 노력하는 바로 그때, 우정이 붕괴되어 적대감과 쓰라림이라는 감정으로 변하는 것이다. 다소 지치고 소진되기는 했으나 대부분의 소문이 가라앉으면서 시련의 시간도 마침내 끝이 났다. 또한 스탠퍼드대학교에서의 교수직도 마감되었다. 인생의 한 시기가 끝난 것이다.

그것은 이미 오래전의 일이며, 이제는 좀처럼 떠올리지 않는다. 단지 당시에 그 일이 그렇게 나를 황폐화시켰고 인간 본성에 대해 많은 것을 가르쳐주었기 때문에 여기서 언급할 뿐이다. 내가 진정한 친구들이라고 생각했던 많은 사람들이 정작 어려운 때는 믿지 못할 친구들이었다. 나는 진짜 친구들이 누구인지를 알게 되었다. 그리고 그들이 얼마나 큰 힘이 되는지도 알게 되었다. 내가 가르쳤던 학생 몇몇은 먼 곳에서 달려와 함께 시간을 보내며 끝까지 사기를 북돋아주었다. 의심할 여지 없이 나는 더욱 강해졌고, 더욱 자신감 있는 사람이 되었다. 일련의 경험들은 결코 예기치 못한 매우 기괴하고 힘든 것들이었다. 당시 내가 해야만 하는 일들을 할 수 있게 힘을 달라고 기도했던 것을 기억한다. 돌이켜보건대 그러한 시련을 극복하면서 신앙이 더 강해진 것 같다.

납치 사건 이후 곰베에는 박사 과정 학생이 없어졌고, 그래서 연구를 계속 지원할 재원 또한 없었다. 또 다른 도전이었다. 두 명의 고마운 친구, 라니에리 디 산 파우스틴 왕자와 제느비에브(혹은 애칭으로 제니) 왕자비가 도움을 주고자 했다. 라니에리는 연구 보조금에 전적으로 의존할 것이 아니라 자체 연구 기금을 운영하는 것이 중요하다며 내 이름을 건 비영리 기구 건립을 위한 법적 지위를 확보하는 작업에 착수했다. 불행히도 그 일을 채 이루기도 전에 그는 세상을 떠났다. 그러나 제니가 서류 일을 계속했고, 1976년에 제인 구달 연구소를 설립했다. 수년 동안 유능하고도 헌신적인 사람들이 이 일에 참여하여 곰베에 사는 침팬지들의 미래를 보장하고 연구 프로그램들을 확대할 수 있도록 도움을 주었다. 납치 사건과 그로 인한 혼란스러운 여파에도 불구하고 곰베에서의 연구는 약간 다른 형태로 계속되었다. 전 세계에서 온 학생 팀이 더 이상 독자적으로 정보를 수집하지 않고, 공원 근처의 마을 출신인, 고도로 숙달된 탄자니아 직원 팀이 주로 수집했다. 이후에 소수의 외국인 연구원들과 한 명의 탄자니아인 박사가 합류했다.

납치 사건이 있은 후 2~3년 동안 곰베에는 외국인 학생이 없었다. 실제로 사건 후 몇 달 동안에는 나조차도 한 번에 2~3일 이상 체류하는 장기 방문을 허락받지 못했다. 점차 긴장이 완화되면서 1주나 2주 정도 머무는 것이 허용되었다. 그때는 마치 옛날로 거슬러 올라가는 것 같았다. 호숫가에는 나만의 집이 있었기 때문에 학생이나 그들의 연구를 방해할 염려 없이 원할 때면 언제든지 침팬지를 뒤따라 다닐 수 있었다. 그렇게 종종 방문하던 중에, 납치 사건이 있은 지 약 3년이 지난 뒤였을까, 나는 장려한 일몰을 지켜보면서 호숫가에 앉아 생각에 잠겨 있었다. 오리알 같은 섬세한 푸른색 하늘이 호수의 저편 끝 언덕 위에 걸려 있는 타는 듯한 붉은빛과 황금빛의 구름으로 아롱져 있었다. 말할 수 없이 평화로워 보였다. 그러나 고요히 부드럽게 살랑이는 물결 너머 서쪽으로 동※자이르에서 북쪽으로 부룬디에 이르기까지는 평화라는 것을 조금도 찾아볼 수 없었다. 거기에는 공포와 증오와 폭력만이 있었다. 우리 학생을 납치했던 사람들과 같은 출신의 반군들이 자이르 사람들을 자주 공포에 몰아넣었다. 전날 밤에도 나는 망원경으로 맹렬한 화염이 하늘을 향해 치솟는 것을 목격했다. 반군들이 요구한 만큼의 식량을 내놓지 않았다며 벌로 마을의 오두막을 불태운 것이었다. 그런 폭력들이 만연해 있었다. 비참하고 굶주린 피난민들로 가득 찬 카누가 이따금씩 곰베의 물가로 올라왔다.

곰곰이 생각하면 자이르는 언제나 뒤숭숭했다. 어머니와 내가 1960년 키고마의 작은 마을에 처음으로 도착했을 때도 당시 벨기에령 콩고였던 곳으로부터 도망친 피난민들의 물결에 맞닥뜨렸다. 그들은 콩고에서 혁명이 일어나 구※식민 지배자들을 몰아내자 도망쳐온 벨기에인 피난민들이었다. 그 혁명으로 결국 모부투 대통령이 독재로 다스리는 자이르가 출현했다. 어떤 이는 부상을 입은 상태로, 대개는 빈털터리가 된 채로 수백 명의 벨기에인들이 호수를 넘어 도망쳐왔다. 그들은 키고마 항구에 있는 대형 창고에 임시로 수용되었다. 일시적으로 오도 가도 못하게 된 어머니와 나는 키고마 사람들이 난민들을 위해 음식을 준비하는 것을 도왔다. 2000개의 스팸 샌드위치를 만들고, 그것들을 습기 있는 천에 싸서 깡통 가방에 담아 운반하는 팀의 일원으로 일했던 기억이 지금도 난다. 어머니와 나는 약

일주일쯤 지나서 관계자들이 모든 일들이 잠잠해졌다고 확신한 후에 다시 곰베로 출발했다.

시작은 폭풍 같았으나 이후에는 모든 일이 순조롭고 평온했다. 1961년 11월, 탕가니카의 독립 때 폭동이 발발할지도 모르는 만일의 경우를 대비하여 키고마를 떠나라는 요청을 받았지만, 사람들은 평화로웠다. 루이스 리키는 자신이 의식하지도 못한 사이에, 아직도 침팬지들이 발견되는 21개의 아프리카 국가들 중에서 정치적으로 가장 안정된 곳을 선택했던 것이다. 40년 남짓한 세월 동안 탄자니아에서는 국부國父로 존경받는 줄리우스 니에레레 덕분에 폭동이나 반란이 전혀 없었다. 그러나 곰베는 북쪽으로 부룬디 국경에서 단지 34킬로미터 떨어진 곳에 있어서, 우리는 이 작은 국가의 긴장 상황에 대해 알게 되었다. 부룬디에서 투치족과 후투족 간의 분쟁이 주기적으로 터질 때마다 매번 수천 명의 무고한 남자, 여자, 아이들이 잔인하게 살해되었다.

1972년에는 오래 지속되어온 이 갈등이 대량 학살로 폭발했다. 우리는 가끔씩 북쪽에서 바람이 불어올 때 총성을 들었고, 심지어 상황이 악화되면 언덕으로 숨을 계획도 세웠다. 그러나 물가를 따라 남쪽으로 이동하는, 프랑스어를 사용하는 아프리카인들의 수가 눈에 띄게 늘어난 것을 제외하면 키고마 거리는 적어도 우리들에게는 아무것도 변한 것이 없는 것처럼 보였다.

나는 호수 저 멀리 평화롭게만 보이는 산속으로 저무는

태양을 바라보며 앉아서 그 모든 폭력에 대해 생각했다. 내가 바라보고 있는 이 산에도 사람들이 자신들의 생명을 염려하며 박해자로부터 도피할 최선의 방책을 궁리하면서 숨어 있을 것이다. 그리고 나는 우리의 모든 뛰어난 지성과 고귀한 포부에도 불구하고, 우리의 공격성이 침팬지의 그것과 단지 비슷할 뿐만 아니라 심지어는 더욱 악질적이라는 것이 얼마나 슬픈 일인가를 생각했다. 인간은 기본적인 본능을 초월할 수 있는 잠재력을 가지고 있기 때문에 더욱 나쁘다. 반면에 침팬지는 그렇지 않은 것 같다. 물론 곰베에서의 수년간의 연구를 통해 침팬지 본성의 어두운 측면이 점차 드러나게 되었다. 나는 이를 통해 왜, 어떻게 인간이 그런 식으로 행동하는가를 이해하는 데 새로운 실마리를 잡을 수 있으리라 생각했다.

Hugo van Lawick

파벤.

8장

악의 뿌리

그렇게 곰베 침팬지들의 행동은 이론적 논쟁에 불을 붙였다.
여러 과학자들이 곰베 침팬지들에 대해서 열정적으로 논쟁했다.
그들은 인간 공격성의 본질에 대해 자신들이 좋아하는 이론을 입증하거나
반박하기 위해서 침팬지들을 이용하거나 무시했다.
반면에 나는 곰베에서의 연구 결과를 가지고 침팬지 공격성의 본질을
더 잘 이해하고자 노력했다. 나의 질문은 이것이었다.
침팬지들이 증오와 악 그리고 전면전에 도달한
우리 인간들의 행로를 얼마나 따라왔는가?

루이스 리키는 침팬지의 행동이 인간의 과거를 들여다볼 수 있는 창이 되리라는 희망을 가지고 나를 곰베로 보냈다. 그는 선견지명이 있는 천재였다. 그는 나의 작업이 최소한 10년은 걸려야 완성될 것 같다고 말했다. 당시는 단 1년간이라도 계속된 연구는 거의 들어보지도 못한 때였는데도 말이다. 물론 내가 이 일을 시작했을 때는 10년 동안이나 곰베에 머무를 생각이 전혀 없었다. 내가 스물여섯 살이었던 그때는 10년이 내 인생의 전부 같아 보였다. 딱 10년 후에 연구를 중단했더라면, 침팬지들이 행동 면에서 우리들과 매우 유사하더라도 사람보다 좀 더 착하다는 것을 계속해서 믿을 수 있었을 것이다. 그러나 그때 일련의 충격적이고 무서운 사건들이 일어났다.

1971년에 우리 연구원 중 한 명인 데이비드 바이곳이 침팬지가 이웃 집단의 암컷을 잔인하게 공격하는 것을 보았다. '우리' 집단의 수컷들이 그 암컷을 맹공격하여 때리고 차례차례 그녀를 짓밟았다. 공격은 5분 이상 계속되었고, 수컷들은 그녀의 18개월 된 새끼를 빼앗아 죽여서 일부분을 먹었다. 어미는 간신히 도망쳤지만, 피를 많이 쏟았고 심한 상처를 입었기 때문에 결국은 죽었을 것이다. 데이비드가 돌아와서 본 것을 이야기했을 때 우리는 경악했다. 우리는 밤중까지 계속 논의해서, 결국은 일회성의 기괴한 사건이었을 것이라는 결론을 내렸다. 공격의 주동자는 우두머리 수컷인 험프리였는데, 그가 자기 집단의 암컷들도 맹렬히 공격한 적이 있어서 우리들 모두는 보통 때조차도 그를 정신병자로 간주하고 있었다. 험프리가 그렇게 이상한 방식으로 행동하도록 다른 수컷들을 부추겼음에 틀림없다고 느꼈다.

그러나 슬프게도 '고상한 유인원'은 '고상한 미개인'만큼이나 신화에 불과했다. 우리는 집단 간 공격과 새끼 살해의 잔인한 사례를 더 많이 목격하게 되었다. 때때로 '우리' 침팬지와 다른 집단에서 온 '이방의' 암컷들 사이의 상호 작용은 기괴한 형태로 이루어졌다. 이 불운한 암컷들 가운데 하나가 영역의 남쪽 경계 지역을 순찰하던 한 무리의 수컷들에게 잡혔다. 한 암컷이 자기 배에 달라붙은 새끼에게 젖을 먹이고 있던 나무 위로 수컷들이 기어올랐다. 그녀는 나뭇가지 근처에 쭈그리고 앉아서 복종하는 소리를 내며 필사적으로 수컷들을 달래려고 했다. 잠시 동안 그녀의 노력이 효과가 있는 것처럼 보였다. 수컷 무리들 가운데 몇몇은 먹이를 먹기 시작했다. 수컷 하나가 그녀 가까이로 지나갔고, 암컷은 전형적인 항복의 표시로 그를 만지기 위해 팔을 건드렸다. 갑자기 수컷은 휙 뒤로 물러서며 그녀가 만진 팔을 노려보았다. 그러고는 나뭇잎을 한 움큼 움켜쥐고 더럽혀진 털을 힘차게 문질렀다. 몇 분 후 수컷 모두가 암컷에게 맹렬한 집단 공격을 가했다. 암컷의 새끼가 죽었다. 그녀도 죽었다는 증거는 없었지만, 상처가 너무 심해서 회복되기는 거의 불가능해 보였다.

1975년에는 지위가 높은 암컷인 패션과 그녀의 젊은 딸인 폼이 자신들 집단의 한 암컷의 갓 태어난 새끼를 잡아먹은 사례가 처음으로 관찰되었다. 나는 다르에스살람에서 이 이야기를 들었다. 패션과 폼이 길카의 새끼를 죽여서 먹었다는 것이다. 그 소식이 송수신 겸용 무전기에서 들렸다. 나는 그것이 잘못된 것이기를 바랐다. 어떻게 그러한 일이 일어날 수 있단 말인가? 그러나 불행히도 그것 역시 사실이었다.

데릭과 나는 곰베로 날아갔고, 섬뜩한 이야기를 구체적으로 들었다. 길카가 새끼를 안아 어르며 앉아 있었을 때 패션이 나타나서 잠시 동안 노려보다가 털을 세우고 공격했다. 길카는 소리 높여 비명을 지르며 도망쳤다. 그러나 그녀는 절름발이였다. 1966년 유행성 소아마비로 손목 관절 하나가 부분적으로 마비되었던 것이다. 절룩거리는 데

다가 보호할 새끼까지 데리고 있어서 길카에게는 가망이 없었다. 패션은 그 새끼를 잡아채 앞이마를 한 번 강하게 물어 죽이고 나서 딸과 어린 아들과 함께 소름끼치는 축제를 벌이기 위해 자리를 잡았다.

왜 이런 일이 일어났을까? 당시 곰베에는 식량이 부족하지 않았다. 패션에게는 생존을 위해서라면 새끼의 살코기가 필요치 않았다. 그리고 길카는 이웃 침팬지 집단의 성원도 아니었다. 길카와 패션은 일생을 서로 알고 지냈다. 우리는 그 끔찍한 사건에 대해 논의하면서, 12개월 전에 출생한 길카의 첫 새끼도 비슷한 운명에 처했던 것은 아닌지 궁금해지기 시작했다. 길카의 첫 새끼 역시 2주 정도 되었을 때 사라졌기 때문이다. 1년 후 길카가 다시 새끼를 낳고, 그 새끼가 다시 패션에게 죽임을 당했을 때 결정적인 공포감이 찾아왔다. 길카는 그녀의 신체적 불구를 무릅쓰고 맹렬하게 싸웠다. 그러나 이번에는 폼이 패션과 함께 가세했다. 좀 더 힘센 패션이 길카를 공격해 결코 치유될 수 없을 상처를 입히는 동안 새끼를 잡아 죽이는 것은 쉬웠다. 길카는 여러 해에 걸쳐 세 마리의 새끼를 잃었는데, 내 생각으로는 그녀의 정신도 피폐해졌을 것이다.

약 2년 후에 나는 세차게 흐르는 카콤베 계곡 근처에서 우연히 길카의 사체를 발견했다. 그녀는 스무 살이 채 못 되었다. 1960년대 초반에 그녀가 아주 어린 새끼였을 때부터 나는 그녀의 삶 전부를 알고 있었다. 나는 거기 서서, 출발은 희망찼으나 어렸을 때부터 그녀를 따라다닌 일련의 불행한 사건으로 슬프게 전개된 한 삶에 대해 생각했다. 비록 조용하고 비사교적인 어미에게서 태어났지만, 그녀는 즐거움과 억누를 수 없는 흥겨움으로 충만한 매력적인 새끼였다. 어렸을 때의 그녀는 수컷들 사이에서 기쁨에 겨워 공중제비를 돌고 발끝으로 빙빙 도는 재주를 보이던 타고난 자랑꾼이었다. 그 후 청소년기에 그녀는 소아마비에 걸렸다. 그 병은 손목을 마비시켰을 뿐 아니라 그녀가 그렇게 귀여워했던 어린 동생을 앗아갔다. 아직 한창 젊은 나이에, 하트 모양의 개구쟁이 얼굴은 지독한 곰팡이균에 감염되어 일그러졌다. 코와 눈두덩은 기괴하게 부풀어 올랐다. 거의 눈이 멀게 된 그녀는 오솔길을 힘들게 따라가다 이리저리 부딪치기도 했다. 어미가 죽은 후 길카는 매우 외로워 보였다. 그녀의 가장 강한 끈은 그녀의 오빠였다. 그들이 함께 이동할 때 절름발이 여동생이 어떤지를 보기 위해 때때로 기다리는 오빠의 모습은 감동적이었다. 나는 그녀가 첫 새끼를 출산했을 때 매우 기뻤다. 새끼가 그녀의 동료가 될 것이니 말이다. 그러나 새끼는 태어난 지 2주 만에 사라졌다. 세 번이나 어머니로서의 경험이 잔인하게 유린되었다. 바로 패션이 세 마리의 새끼 모두를 죽였을 것이다. 새끼와 함께했던 그 몇 주 동안 길카는 세심하고 애정이 깊은 어미였다.

어슴푸레하고 푸른 숲속은 늦은 오후의 한 줄기 햇빛이 숲의 살랑거리는 나뭇잎 사이로 떨어지면서 빛의 반점으로 아롱졌다. 졸졸졸 흐르는 물소리와 내 마음을 사로잡는 순수하고 잊히지 않을 아름다운 울새의 노랫소리만이 들렸다. 그녀를 내려다보면서 나는 갑자기 평온함을 느꼈다. 마침내 길카는 무거운 굴레 외에는 아무것도 아니었던 그 몸을 벗어버린 것이다.

1974년에서 1978년까지 4년 동안 열 마리의 새끼가 연구 중인 침팬지 무리에서 태어났다. 그러나 한 마리만이 생존했다. 우리는 그 가운데 다섯 마리(길카의 새끼 두 마리를 포함하여)가 패션과 폼에게 살해당해 먹혔다는 것을 알게 되었다. 다른 세 마리 역시 그랬을 거라 추측했다. 우리는 앞으로 장차 그러한 공격을 막을 수 있는 방안에 대해 심각하게 논의하기 시작했다. 그러나 다행히도 패션과 폼 둘 다 새끼를 출산했고, 동족을 잡아먹는 일을 멈추었다.

그러나 이것이 모든 일이 잘되어가고 있다는 것을 의미하지는 않았다. 한때는 평화롭게 보였던 침팬지들이 일종의 원시적인 전쟁에 가까운 공격에 격렬하게 가담했기 때문이다. 이 전쟁은 내가 너무나 잘 아는 그 침팬지 무리가 둘로 분리되면서 시작되었다. 일곱 마리의 성숙한 수컷들과 세 마리의 어미와 그 새끼들이, 예전에 집단 전체가 돌아다니던 구역의 남쪽에서 점점 더 오랜 시간을 보내기 시작했다. 1972년경에는 이들 침팬지들이 완전히 새로운 무리를 형성하여 집단이 분리되었다. 남부의 카하마 무리는 북부 지역을 포기한 반면에 카사켈라 집단은 이제 예전에는 마음대로 돌아다녔던 남부 지역에서 배제되었다. 두 집단의 수컷들은 집단의 영역이 겹치는 지점에서 만나면 서로를 위협했다. 숫자가 적은 쪽이 재빨리 포기하고 자기 근거지의 중심부로 후퇴했다. 이는 전형적인 영역 행동이었다.

그러나 1974년 무렵에는 공격이 더 심각해졌다. 최초의 치명적인 공격은 책임자인 힐랄리 마타마가 관찰했다. 여섯 마리의 카사켈라 수컷들이 남쪽 경계까지 소리죽여 이동하여, 거기서 조용히 먹이를 먹고 있던 젊은 카하마 수컷들 가운데 하나인 고디와 맞닥뜨렸다. 고디는 그들을 보고 도망치려 했다. 그러나 그는 붙잡혔고, 땅바닥에 짓눌렸다. 카사켈라 깡패들은 10분 동안이나 그를 두들겨 패고 짓밟고 때리고 물어뜯었다. 그런 다음 땅 위에 누워 힘없이 울부짖는 그를 내버려두고 떠났다. 고디는 여전히 울부짖으면서 천천히 일어나 그들의 뒷모습을 바라보았다. 아마도 그는 상처 때문에 죽었을 것이다. 그 후로 그를 다시는 볼 수 없었기 때문이다.

그것이 강력한 카사켈라 무리가 이탈한 집단의 개체들에게 지속적으로 행한 일련의 잔인한 습격(4년 전쟁) 중 첫 번째였다. 희생자에는 성숙한 수컷들뿐 아니라 성숙한 암컷들도 포함되었다. 모든 공격은 10분에서 20분 정도 계속되었고, 희생자의 죽음으로 끝났다. 우리는 일곱 마리의 이탈한 수컷들 가운데 네 마리가 공격당하는 것을 보았다. 한 마리는 죽은 채로 발견되었는데, 시체가 훼손된 방식으로 보아 그 역시 카사켈라 수컷들에게 당한 것으로 보였다. 그리고 나머지 두 마리는 그냥 사라져버렸다. 세 마리의 성숙한 암컷들 가운데 한 마리가 공격당하는 것도 관찰되었다. 다른 두 마리는 없어졌다. 다시 말해서 남쪽으로 분리해나 갔던 집단 전체는 전쟁으로 전멸되었다. 새끼가 없던 어린 암컷 세 마리만 살아남았으며, 승리한 수컷들이 그들을 데 려갔다.

1974년에서 1977년까지 4년 동안은 곰베 역사상 가장 어 두운 시기였다. 그리고 내 인생에서도 지적으로나 감정적 으로나 가장 어려운 시기 중 하나였다. 우리의 평화롭고 목 가적인 세계, 즉 우리의 작은 천국은 전복되었다. 납치와 그에 따른 충격과 공포, 4년 전쟁과 집단 간 습격에서 나타 난 여타의 폭력, 패션과 폼이 보여준 동족 잡아먹기, 상심 과 후회로 점철된 이혼. 그중에서도 가장 힘든 일은 대니 할머니의 죽음이었다. 단지 4년 만에 내 세계의 그토록 많 은 부분이 산산조각 났다.

납치와 그 이후의 고통은 사건에 관계된 우리 모두에게 영향을 미쳤다. 납치와 몸값 지불에 대해 들어는 보았지만, 그러한 것들을 직접 경험했다고 해서 인간성의 어두운 측 면에 대한 나의 견해가 크게 변화되지는 않았다. 그러나 침 팬지들 사이에서 관찰된 잔인한 살해는 달랐다. 그것은 침 팬지의 본성에 대한 관점을 영원히 변화시켰다. 연구를 하 던 첫 10년 동안 나는 앞서 언급했던 것처럼 곰베의 침팬 지들이 많은 면에서 인간보다 더 낫다고 믿었다. 침팬지들 은 때때로 사소한 이유로 갑자기 공격성을 폭발시킬 수 있 다. 그들은 본래 흥분을 잘 한다. 그러나 집단 내부에서 발생하는 대부분의 공격들은 맹렬한 싸움이라기보다는 별 것 아닌 시끄러운 소리를 질러대는 공갈과 협박이다. 그러다가 갑자기 침팬지가 잔인할 수 있다는 것을 알게 된 것이다. 즉, 그들도 우리와 마찬가지로 본성에 어두운 측면을 지니고 있었던 것이다.

나는 새로이 알게 된 사실들을 나름대로 이해하기 위해 몇 달 동안 애썼다. 마음속에서 끔찍한 폭력의 장면이 떠올라 종종 한밤중에 깨어나곤 했다. 패션이 길카의 자그마한 새끼의 시체를 먹다 입술에 피를 묻히고 올려다보는 모습, 스니프의 상처 입은 얼굴에서 흘러내리는 피를 모아 마시기 위해 손을 받치고 있는 사탄의 모습, 고디의 부러진 다리를 계속 돌려 뒤틀고 있는 파벤의 모습, 그리고 마담 비가 초목 아래에 숨어 누워서 끔찍한 상처로 천천히 죽어가고 있는 동안 그녀의 열 살 난 딸이 그녀를 편안하게 하기 위해 부드럽게 털을 고르며 파리를 쫓고 있는 모습.

곰베 침팬지들의 집단 간 살육에 대한 책을 처음으로 출간했을 때 나는 몇몇 학자들로부터 엄청난 비판을 받았다. 어떤 비판자들은 그러한 관찰이 단순히 '하나의 일화'일 뿐이며, 따라서 무시되어야 한다고 말했다. 이는 명백히 어리석은 소리다. 우리는 가까이서, 카하마 집단이 단 한 번이 아니라 다섯 번의 잔인한 공격을 감행한 것을 목격했다. 그리고 이웃의 무리로부터 온 낯선 암컷들을 공격한 사례도 많이 갖고 있었다. 당시에 우리가 침팬지들에게 바나나를 나눠주었기 때문에 곰베 침팬지들이 정상이 아니었다고 확신한 학자들도 있었다. 이것은 타당한 비판이다. 그러나 이웃 암컷들에 대한 집단 간 공격 모두는 카사켈라 집단의 주변부에서, 바나나 급식소에서 멀리 떨어진 곳에서 일어났다. 더구나 카하마의 개체들은 모두 자발적으로, 그리고 분명히 영구적으로 바나나가 풍부한 그 지역을 떠났다. 그들이 되돌아오고자 했기 때문에 공격이 일어났다고 이야기할 수 있는 사례는 하나도 없었다. 더욱 중요한 것은 다른 연구자들도 아프리카의 여타 침팬지 서식지에서 이와 유사한 공격적인 영역 행동을 관찰했다는 사실이다. 곰베의 자료를 인정하는 과학자들 중에서도 그러한 사실에 대한 책을 출간한 것은 실수였다고 하는 사람들이 있었다. 그들은 내가 공격성에 대해서는 될 수 있는 한 무시해야만 했다고 말했다. 왜 이런 강한 반발이 있었을까? 이것은 정치적·종교적·사회적 이유로 인해 출판을 강요당하거나 출판하지 않도록 강요당하는 과학의 정치와 조우한 첫 경험이었다. 한 동료에게 침팬지들의 폭력성에 대해서 이야기했을 때 그는 이렇게 말했다. "당신은 이것을 출판하지 말아야 합니다. 왜냐하면 갈등에 몰입하는 인간의 성향은 타고난 것이며, 따라서 전쟁은 필연적이라는 것, 즉 유인원과 유사한 우리의 사나운 선조들로부터 전해진 인간의 숙명이자 유감스러운 유산이라는 것을 '증명'하려고 하는 책임감 없는 과학자와 저자들에게 그들이 필요로 하는 자료를 주는 일이기 때문입니다."

1970년대 초반에 공격성이라는 주제는 매우 정치적인

것이 되었다. 이것은 별로 놀라운 일이 아니었다. 공격성의 본질에 대한 질문은 우리가 가까운 과거에 겪었던 제2차 세계대전에 대한 공포와 여전히 연결되어 있었기 때문이다. 그러한 논쟁의 한편에는 공격성은 타고난 것이며 우리의 유전자에 입력되어 있다고 믿는 사람들이 있었다. 그리고 반대편에는 인간의 아기는 백지와 같이 세상에 태어나며, 살면서 일어나는 사건들이 그 위에 새겨지고, 이것이 어른이 되었을 때의 행동을 결정짓는다고 믿는 사람들이 있었다.

나는 유네스코가 파리에서 주최한 '본성' 대 '양육' 논쟁에 관한 첫 학회에 참석했다. 거기에는 대단히 존경했던 과학자들이 모든 공격성은 학습되는 것이라고 진지하게 선언하는 것을 듣고는 놀랐다. 결국 그들은 아이들의 삶으로부터 모든 폭력성과 공격성에 대한 경험, 그에 대한 이야기, 민족주의, 호전적인 음악, 경쟁, 체벌, 그리고 지금은 내가 기억하지도 못하는 다른 경험들을 모두 지워버림으로써 공격성 없는 이상적인 사회를 만드는 데 성공할 수 있으리라 주장했다. 나아가 '진보'에 의해 오염되지 않은 부시맨과 에스키모 같은 사람들에게는 공격성과 전쟁이 전혀 없다고 주장했다. 사실이 그렇다면 명백히 인간의 진실한 본성은 극도로 평화스러운 것이리라. 하지만 이미 그것이 사실이 아니라고 밝혀졌음에도 불구하고, '고상한 미개인'이라는 생각은 여전히 많은 사람들에게 각인되어 있다. 침팬지들 간에 우세 위계를 놓고 벌이는 투쟁, 집단 간 갈등, 그리고 기타 공격적 행동을 논의한 그 학회에서 참석자 절반은 내가 한 논평을 환영했다. 나머지 절반은 맹렬하게 반박했다.

특히 내가 언제나 매우 존경해온 한 과학자는 놀랍게도 인간은 '백지장'으로 태어난다는 편에 서서 강력히 주장했다. 나는 커피를 마시며 그에게 질문했던 것을 잊을 수 없다. "정말로 모든 공격성이 학습된다고 생각하십니까? 동물행동학자로서 어떻게 그럴 수 있는지 모르겠습니다." 그가 대답했다. "제인, 내가 정말로 어떻게 믿고 있는지 이야기하고 싶지 않습니다." 그에 대한 나의 존경심은 사그라들었다.

또한 구소련 출신의 한 심리학자도 영원히 잊지 못할 것이다. 물론 우리는 냉전의 정점에 있었다. 그는 조금이라도 정치적이거나 논쟁의 여지가 있는 문제들에 대해서는, 답변하기 전에 나가서 상사에게 전화를 걸어야만 했다.

나는 침팬지들이 인간들보다 더 낫다거나 나쁘다거나 하는 것을 증명하기 위해서, 혹은 인간의 '진정한' 본질에 대한 압도적인 의견을 내놓을 기반을 마련하려고 곰베로 간 것은 아니었다. 배우고, 관찰하고, 내가 관찰한 것을 기록하기 위해서 갔다. 그리고 나는 할 수 있는 만큼 정직하고 분명하게, 나의 관찰과 생각을 다른 사람들과 공유하고 싶어 했다. 그리고 사실들이 아무리 마음 편치 않더라도 억지로 부정하면서 불안 속에서 사는 것보다 그것을 직면하는 편이 훨씬 낫다고 생각했다.

일단 곰베에서의 집단 간 갈등에 대한 세부적인 내용들이 책으로 출간되자, 몇몇 저자들은 우리의 선조 영장류로부터 계승되어온 유전자 속에 폭력성이 깊이 새겨져 있음을 증명하는 것이라고 주장하는 데 자료를 사용했다. 그들의 결론은, 인간은 피에 굶주린 창조물이며 따라서 범죄와 전쟁은 필연적이라는 것이다. 이러한 관점은 인간의 동기에 대한 사회생물학적 연구로서 1976년에 출간된 리처드 도킨스의 《이기적 유전자》로 신빙성을 더했다. 도킨스는 우리의 행동이 주로 유전자에 의해서 결정된다고 주장했다. 이러한 작은 단백질의 '목적'은 자체 번식이기 때문에, 우리가 하는 것들의 대부분은 유전자 생존의 필요성에 의해 형성된다. 그리고 유전자의 생존은 성공적인 생식 활동을 통해서 혹은 유전자의 다양한 부분을 공유하고 있는 친척들의 성공적인 생식 활동을 통해서 확보된다. 이것은 우리가 유전자의 생존을 확보하기 위해서 혈연, 그중에서도 형제들처럼 가장 가까운 사람들을 도울 가능성이 크다는 것을 의미한다. 만약 우리와 관계없는 사람들을 돕는다면? 이것은 실제로 인간을 돌보거나 사랑하는 마음이 솟구쳐서가 아니라, 우리가(혹은 더 정확하게는 우리의 유전자가) 자신의 선행이 보답받기를 '기대'하기 때문이라는 것이다. 나는 언젠가 당신이 나 혹은 나의 친척을 구해줄 것을 기대하면서 오늘 물에 빠진 당신을 구해준다. 우리는 천성적으로 이기적이다. 우리가 하는 모든 것은 자신의 궁극적인 유전적 생존을 위한 것이다. 더군다나 도킨스의 그다음 논문에 따르면, 우리는 신으로부터 어떤 도움도 기대하지 말아야 한다. 왜냐하면 우리는 '맹목적이고 무자비하고 무관심한' 우주에서 살고 있기 때문이다.

내 생각에 도킨스의 책이 베스트셀러가 된 이유 중 하나는 그 책이 많은 사람들에게 인간의 이기심과 잔인성에 대해 변명해주기 때문인 것 같다. 인간의 이기심과 잔인성은 단지 우리의 유전자 때문이다. 그러니 어찌할 수 없다. 더구나 의학에서는 여러 가지 정신적 문제에는 신체적 원인이 있다고 밝혀내고 있었다. 잘못된 행동들에 대해 자신의 책임을 부인하면 아마도 마음은 편할 것이다. 나는 홀로코스트의 생존자들로부터 들은 사디스트적인 난폭성과 고문에 관한 이야기들을 돌이켜보았다. 도킨스의 이론이 문명국이라고 간주되는 국가에서 대량 학살과 종족 말살이 어떻게 일어났는지를 설명하는 데 도움이 될까?

나는 인간들이 타고난 공격성과 폭력성을 간직하고 있음을 부정하는 것은 무의미하다고 그때도 결론 내렸고, 지금도 여전히 믿고 있다. 내 귀한 아들인 그럽이 위협당하고 있다고 느꼈을 때 본능적으로 끓어오른 분노가 충분한 증거가 된다. 그리고 여러 과학적 실험들에 따르면 공격적 패턴은 적어도 쉽게 학습된다. 1970년대 초반에 스탠퍼드대학교의 부교수로 있을 때 정신과 의사인 로버트 빈도라는 어린아이들이 얼마나 쉽게 공격적 패턴을 학습하는지 검토하는 실험을 했다. 그는 인체 모형 인형을 만들어서 두세 살 정도의 아이들 앞에 두었다. 그런 다음 인형을 때리고 패고 차고 짓밟기를 계속했다. 그는 이러한 행위들을 천천히 분명하게 여러 차례 반복했다. 시간이 좀 지난 후에 어린아이들을 인형에 가까이 데려가서 그들의 반응을 기록했다. 기대했던 바대로 그의 작은 피험자들은 그가 보여주었던 것과 똑같은 행동을 하면서 인형을 공격했다. 어린아이들이 텔레비전에서 방영되는 폭력물을 못 보게 해야 한다는 주장에 대한 좋은 논증이었다. (나는 인체 모형 인형에게 키스하고 껴안아주고 어루만져주는 등의 행동을 보여주는 유사한 실험을 부탁했다. 그러나 그것은 수행되지 않았다.)

그렇게 곰베 침팬지들의 행동은 이론적 논쟁에 불을 붙였다. 여러 과학자들이 곰베 침팬지들에 대해서 열정적으로 논쟁했다. 그들은 인간 공격성의 본질에 대해 자신들이 좋아하는 이론을 입증하거나 반박하기 위해서 침팬지들을 이용하거나 무시했다. 반면에 나는 곰베에서의 연구 결과를 가지고 침팬지 공격성의 본질을 더 잘 이해하고자 노력했다. 나의 질문은 이것이었다. 침팬지들이 증오와 악, 그리고 전면전에 도달한 우리 인간들의 행로를 얼마나 따라왔는가?

고디의 습격을 처음으로 목격한 힐랄리 마타마.

카사켈라 무리가 원숭이의 유해를 먹고 있다.

권력과 이익을 위해 침팬지들 집단 간에 분쟁이 일어나기도 했다.

Reason for Hope
Jane Goodall

9장

전쟁의 전조

문화적 종분화는 분명히 세계 평화의 장벽이다.
우리가 '지구촌'보다 더 작은 집단을 중요시하는 한
편견과 무지를 계속해서 키워나가게 될 것이다.
조그마한 집단의 부분이 되는 것은 아무런 해악도 없다.
실제로 수렵 채집 집단적 성향으로 인해 작은 집단은 우리에게 위안을 준다.
또한 완전히 믿고 의지할 수 있는 내부의 친구 집단을 만들어준다.
그것은 마음의 평화를 얻게 한다. 위험은 오직 우리 집단과 달리 생각하는
다른 어떤 집단 사이에 날카로운 선을 긋고, 도랑을 파고,
지뢰밭을 만듦으로써 생긴다.

침팬지들이 인간의 원시적 전쟁 행위와 크게 다르지 않은 적대적인 영역 행위를 한다는 사실은 매혹적이면서도 무시무시한 것이었다. 전쟁은 항상 인간만이 저지르는 행위처럼 보였다. 인간 역사가 최초로 기록되기 시작한 때부터 전쟁과 유사한 행위에 대한 이야기가 등장하는 것을 보면, 전쟁은 인간 집단의 보편적인 특성처럼 보인다. 전쟁은 문화적·지적으로 결정된 이데올로기적 이슈를 포함한 광범위한 쟁점 때문에 생겨났다. 전쟁은 적어도 생태학적으로는 승리자들에게 삶의 공간과 적절한 자원을 보장했다. 또한 어느 정도까지는 인구를 감소시켜 자연 자원을 보존했다.

다윈이 지적했듯이 선사시대의 전쟁 행위는 무엇보다 개인 간의 문제이기보다는 집단 간의 문제였기 때문에, 집단 성원들 사이에 점차 정교한 협력이 발달하도록 상당한 선택 압력을 행사했을 것이다. 의사소통 기술 또한 중요했다. 복잡한 구어의 출현은 무엇보다 큰 이점이 되었을 것이다. 지성과 용기, 그리고 이타주의가 높이 평가되었으며, 최고의 전사들은 겁 많고 덜 숙련된 집단원들보다 더 많은 여자를 얻고 더 많은 자식들의 아버지가 될 수 있었다. 이 과정은 점차 가속화되었는데, 왜냐하면 한 집단의 지능과 협동, 용기가 커질수록 적들도 그에 대처해야 하기 때문이다. 실제로 전쟁 행위가 인간의 뇌와 유인원의 뇌 사이에 거대한 차이를 만들어낸 주된 진화 압력일 수 있다는 제안이 나오기도 했다. 열등한 뇌를 가진 호미니드hominid(여기서 호미니드는 인류 조상이었을 수도 있는 두 발로 걷는 여러 영장류들을 의미함―옮긴이)에 속한 집단들은 전쟁에서 이길 수 없어 멸종했다는 것이다.

최초의 진정한 인간은 분명 커다란 뇌를 가진 독보적인 존재였다. 인간의 뇌는 침팬지와 비교했을 때 아주 커서 고생물학자들은 여러 해 동안 인간과 유인원 사이의 화석 연결고리가 될 만한 반유인원, 반인간 두개골을 찾아왔다. 이러한 이른바 '사라진 고리'는 확실히 일련의 사라진 뇌들로 구성되어 있으며, 그 각각은 이전에 존재했던 뇌보다 더욱 복잡하다. 그러나 어쩌랴, 뇌는 두개골 화석에 희미한 자국만 남길 뿐 화석화되지는 않으므로 영원히 과학적 연구의 대상이 될 수 없다.

전쟁에 대해 생각하면 일반적인 대규모 부대의 이동, 말에 탄 전사들 사이의 무시무시한 대치, 행군, 무장 지프차나 탱크 운전, 전투기나 폭격기 조종이 떠오른다. 그리고 최악의 시나리오에서는 버튼만 누르면 즉시 전 세계를 멸망시키는 그림이 떠오른다. 인간의 전쟁은 국가 사이에서, 그리고 국가 내부의 파벌들 사이에서 벌어지는데, 혁명과 내전은 그중 가장 참혹한 전쟁이다.

물론 곰베 침팬지들의 4년 전쟁은 이런 종류의 인간 전쟁 행위에 비할 수 없지만, 유인원들이 인간만의 이 독특한 행위에 아주 가까이 왔음을 분명히 보여준다. 인간의 역사에서 군대와 무기를 대규모로 배치하는 전쟁이 하룻밤 사이에 완전한 모습으로 나타난 것은 아니다. 우리의 모든 문화적 발전과 마찬가지로 전쟁도 여러 세기에 걸쳐 침팬지 같은 원시적인 수준의 공격에서 오늘날의 조직적인 무장 분쟁으로 점차적으로 진전해왔다. 곰베 침팬지의 4년 전쟁과 그다지 다르지 않은 전쟁 형태를 지닌 원주민 집단을 여전히 볼 수 있는데, 그곳에서는 기습하는 쪽이 살인과 약탈을 하러 옆 마을의 영토로 몰래 침입한다.

사람이 하는 전형적인 형태의 전쟁은 일종의 문화적 발전의 결과인데, 우리의 초기 조상들에게는 전쟁이 출현하는 것을 애초에 가능하게 한 특정한 사전 적응이 있었음에 틀림없다. 이들 중 가장 중요한 것은 협동적인 집단생활, 사냥 기술, 영토권, 무기의 사용, 그리고 협동 계획을 세울 수 있는 능력 등일 것이다. 또한 공격적인 습격으로 귀결되는, 이방인에 대한 본원적인 두려움이나 증오도 있어야 했을 것이다. 곰베 침팬지들도 정도의 차이는 있지만, 분명히 이런 특성들을 가지고 있었다.

침팬지들은 공격적인 영역성을 확실히 보여주었다. 그들은 이방인들의 침입으로부터 그들의 생활 구역을 단순히 지키기만 한 것이 아니라, 최소한 일주일에 한 번 정도는 이웃들의 움직임을 감시하면서 자신들의 생활 구역의 경계를 능동적으로 순찰하기도 했다. 또한 영역을 방어할 뿐만 아니라 때로는 그들보다 약한 이웃을 희생시켜 영역을 확장하기도 했다. 곰베 4년 전쟁의 가장 그럴듯한 이유는, 새로 형성된 집단이 장악하기 전까지는 마음대로 돌아다녔던 지역을 출입할 수 없게 된 카사켈라 수컷들의 욕구 불만인 것 같았다.

어떤 수컷 침팬지들, 특히 어린 침팬지들은 집단 간의 분쟁에서 엄청난 스릴을 느꼈음에 틀림없다. 심지어 청소년기의 수컷들은 자기 집단의 순찰대가 이미 자기네 영역으로 후퇴하고 난 뒤에도 적을 보려고 때때로 위험을 무릅쓰고 적 가까이 기어가기도 했다. 위험이 주는 이러한 매력은 초기 인류에서 전쟁 행위가 출현하는 데 결정적인 요소였을 것이다. 동종(같은 종의 구성원)의 다 큰 어른을 살해하는 것은 포유류 사이에서 보편적인 것은 아닌데, 왜냐하면 이 정도의 분쟁은 공격자 자신에게도 큰 위험이 될 수 있기 때문이다. 그래서 전사의 역할을 찬양하고, 비겁자를 단죄하고, 전쟁에서의 용기와 기술에 큰 상을 주는 등 항상 문화적인 방법으로 인간 전사들의 용기를 북돋아줘야 할 필요가 있었다. 그러나 인간 남성들이 태생적으로 공격성에, 특히 이웃을 향한 공격성에 매료되기 쉽다면, 군인으로 더 쉽게 훈련시킬 수 있을 것이다. 이것은 사실인 것 같다. 우리 가족의 모든 남성들은 양대 세계대전에서 나팔소리가 울린 순간 전쟁에 참여하려고 달려 나갔다. 데릭은 미성년이었다. 그는 관료적 형식주의에 크게 얽매이지 않는 곳을 찾아 모든 공군 훈련 센터를 돌아다녔다. 인간이 죽음과 고통에 어떻게 매혹되는지 우리는 너무나 잘 알고 있다. 공개 처형은 중세 영국에서 가장 인기 있는 행사들 중 하나였다. 이 글을 쓰고 있는 바로 오늘(1997년 8월) 나는 유죄 판결을 받은 강간범의 사형 집행을 보기 위해 만 명이나 되는 사람들이 서부 테헤란에 모여들었다는 신문 기사를 읽었다. 그들은 그가 크레인으로 들어올려져서 밧줄에 목이 매여 그들보다 훨씬 높은 공중에 매달리는 것을 지켜보았다. 점차 숨이 막혀와 그의 발길질은 약해지고 힘없이 꿈틀거렸다. 자동차 경주에서는 위험한 코너에 최대의 관중들이 모이고, 장애물 경주에서는 가장 많은 말들이 넘어진 점프가 최고로 인기 있다. 특별히 심한 사고가 발생했을 때 몇 킬로미터씩 교통이 정체되는 것은, 부분적으로는 모든 사람들이 그것을 보기 위해 속도를 늦추기 때문이다. 물론 이런 일들은 일상적인 것이 아니라서 단조롭게 살아가는 많은 사람들에게 자극을 주기 때문이다. 이것이 바로 텔레비전과 신문과 잡지에서 폭력이 뉴스로서의 가치를 지닌다고 여겨지는 이유이다.

전쟁과 여타 폭력에 관련된 인간 행위에 대해 확립된 가장 중요한 사실은 문화적 진화가 '의사종분화pseudo-speciation'를 초래한다는 것이다. '의사종분화'란 단순하게 정의하면 개별적으로 습득된 행위가 특정한 집단 내에서 한 세대에서 다음 세대로 전달된다는 것을 의미한다. 시간이 지나면 이것은 그 집단의 집합적인 문화(관습과 전통)가 된다. 의사종분화(내가 선호하는 대로 하자면 '문화적 종분화')가 인간에게 의미하는 것은 무엇보다도 한 집단의 성원들(내부 집단)이 자신들을 다른 집단의 성원들(외부 집단)과 다르다고 생각할 뿐 아니라 자신의 집단과 자신이 속하지 않은 집단에 대해 다르게 행동한다는 것이다. 문화적 종분화가 극단적으로 되면 외부 집단의 구성원들은 비인간화하고, 나아가서 그들을 거의 다른 종의 구성원으로 간주하게 될 수도 있다. 이것은 집단 내에서 작동하는 금지와 사회적 제재로부터 구성원들을 자유롭게 하고, 집단 내에서 허용되지 않는 행동을 '타자들'에 대해서는 할 수 있도록 한다. 저울의 한편에는 노예제와 고문이 있고, 다른 한편에는 비웃음과 사회적 매장이 있다.

곰베 침팬지들은 문화적 종분화의 전조를 아주 뚜렷하게 보여준다. 그들은 집단 정체성에 대한 강한 느낌을 지니고 있다. 그들은 집단에 '속한' 개체들과 그렇지 않은 개체들을 분명하게 구분한다. 집단에 속하지 않은 암컷들의 새끼를 살해하는 반면 자기 집단 암컷의 새끼들은 보호해준다. 이러한 집단 정체성 인식은 단순히 이방인을 싫어하는 증상보다 훨씬 더 복잡하다. 카하마 집단의 구성원들은 분리되기 전에는 그들을 습격한 자들과 가깝고도 우호적인 관계였다. 어떤 경우에는 그들과 함께 자랐고, 함께 돌아다녔고, 먹었고, 놀았으며, 털을 골라주었고, 잠을 잤다. 카하마 침팬지들은 스스로를 분리시킴으로써 집단의 구성원으로 대접받을 '권리'를 상실했고, 대신에 이방인들로 취급받았다. 그리고 우리 인류에게 내전이 가장 충격적일 수 있는 것과 마찬가지로, 침팬지들의 한때의 친구들에 대한 습격도 충격적이었다. 모든 공격이 잔인했지만, 내게 최악이었던 것은 알 수 없는 이유로 남부 원숭이들과 운명을 같이한 내 오랜 친구 골리앗에게 가해진 공격이었다. 그는 많이 늙었고, 말랐고, 연약했으며, 전혀 해를 끼칠 수 없는 존재였다. 그들이 골리앗을 발견했을 때 그는 우거진 덤불 아래에 웅크리고 앉아서 필사적으로 숨으려고 했다. 그러나 결국 비명을 지르며 질질 끌려나왔다. 전에 그의 털 고르기 파트너였던 수놈 다섯 마리가 이 습격에 참여했다. 게다가 청소년기의 침팬지 한 마리는 한 번의 기회도 놓치지 않고 환호성을 지르면서 자신의 작은 주먹으로 기습에 일조했다. 18분간의 공격 동안 치고 물고 끌고 한쪽 다리를 계속해서 뒤틀었다. 그들이 몹시 흥분해서 떠났을 때 이 늙은 수컷은 일어나 앉으려고 했지만, 넘어져서 후들후들 떨었다. 우리는 일주일 동안 그를 찾아다녔으나 다시는 볼 수 없었다.

카사켈라 수컷들은 카하마 침팬지들을 공격할 때마다, 침팬지들이 커다란 동물 사냥감을 무력하게 하거나 사지를 잘라낼 때 규칙적으로 보이는 공격 패턴들을 다시 보여 주었는데, 이런 공격 패턴은 집단 내의 싸움에서는 나타나 지 않는 것이다. 그래서 이 불행한 카하마의 희생자들은 차 이고 두들겨 맞았을 뿐만 아니라, 뼈가 부러지고 살이 찢겨 나가고 골리앗이 그랬던 것처럼 사지가 뒤틀렸다. 패거리 의 급습을 받아 질질 끌려서 휘둘렸다. 심지어 한 공격자는 희생자의 피를 마시기도 했다. 카하마 침팬지들은 결국 사 냥 먹이처럼 다루어졌고, 철저하게 '비침팬지화'되었다.

불행하게도 문화적 종분화는 전 세계에 걸쳐 인간 사회 에서 고도로 발전되어왔다. 선별된 내부 집단들을 만들어 민족적 배경, 사회 경제적 지위, 정치적 확신, 종교적 믿음 등을 공유하지 않은 사람들을 배제하려는 경향은 전쟁이 나 폭동, 갱 폭력, 그리고 다른 종류의 분쟁들을 야기하는 주요 원인 중 하나다. 내부 집단을 만들어서 자신의 도시나 마을, 동네, 학교, 이웃으로부터 타자들을 배제하려는 경향 을 보여주는 예는 많다. 아이들은 재빨리 배타적인 패거리 를 만들어서 함께 몰려다니고, 서로를 도와주고, 그리고 자 신들을 다른 모든 사람들로부터 구분한다. 이러한 집단을 만든 아이들은 '외부자들'에게 극단적으로 잔인할 수 있으 며, 그 결과로 몇몇 아이들은 심한 고통을 겪는다. 윌리엄 골딩의 《파리대왕》은 섬뜩한 소설인데, 적절한(혹은 오히려 잘 못된) 환경만 주어지면 아이들이 야만적으로 행동할 수 있 다는 것을 보여주기 때문이다. 오늘날 문화적 종분화는 근 대적 갱 집단들의 무서운 전개에서 명확하게 나타난다. 자신들을 구분하는 색깔과 낙서, 기타 문화적 징표들을 가진, 로스앤젤레스의 크립스 앤드 블러즈Crips and Bloods와 유사한 갱들이 전 세계에 존재한다. 그들은 단지 인류의 문화적 종분화에서 발생한 악의 한 예일 뿐이다.

1970년대 말, 침팬지의 공격성과 인간의 폭력성 사이의 관계를 이해하려고 노력하던 시기에, 인간 집단들에서 내부·외부 집단 만들기라는 해악의 증거가 전 세계적으로 나타났다. 르완다, 부룬디, 이스라엘, 팔레스타인, 캄보디아, 북아일랜드, 앙골라, 소말리아에서 민족적·정치적·종교적 증오가 있었다. 대량 학살 또는 인종 청소가 수십만의 아니 수백만의 인간들을 죽음으로 몰아갔다. 독일에서 한 남자의 권력 장악이 홀로코스트를 야기했을 때 그 사건은 규모의 거대함과 끔찍한 계획의 계산된 냉혈함으로 우리 시대의 가장 명백한 참사가 되었다. 결국 히틀러의 멸종 계획이라는 완전한 참사가 일반 대중들에게 알려졌을 때 자유세계는 이러한 인간성 유린이 결코 되풀이될 수 없을 것이라고 굳게 믿었다. 그러나 공산주의 구소련 연방의 스탈린은 개인의 자유를 억압했고, 반체제자와 반역자라는 이유로 수천 명을 죽음으로 몰아갔다. 마오쩌둥의 숙청은 중국에서 결백한 사람들을 무수히 없애버렸고, 캄보디아의 폴 포트는 야만스러운 대량 학살을 계속해서 자행했다.

특히 종교 집단들이 그 시작부터 얼마나 다른 종교 신봉자들에게 자신들의 믿음을 강요하려고 했던가는 충격이었다. 역사를 통해 종교적인 이슈로 일어났던 전쟁의 수는 압도적이었다. 누구의 신이 진정한 신인지를 두고 싸우는 소위 '성전'들로 인해 이교도들은 그 당시에 우세했던 사람들로부터 헤아릴 수 없을 만큼 엄청난 고통을 받았다. 스페인 종교재판 시기에 로마 가톨릭에 의해 자행된 고문에 대한 이야기들은 내 역사 교과서에서 가장 끔찍한 것에 속했다.

그러나 위대한 종교적 지도자들의 가르침의 중심에는 폭력을 포기하고 다른 신념을 가진 자들을 배척하기보다는 함께하고자 하는 기원이 있었던 것도 사실이다. 나는 비록 종교를 정식으로 공부한 적은 없지만, 내가 읽은 성경과 내가 들은 설교, 특히 트레버 목사의 설교를 통해 나사렛 예수가 편 가르기의 위험성에 매우 민감했다는 것을 느낄 수 있었다. 전 생애를 통해 그는 연민의 범위를 확장하여 모든 인종, 모든 신조, 모든 사회계급에 속했던 사람들, 심지어는 일반적으로 증오의 대상이 되었던 로마인들까지 아우르고자 했다. "너희 원수를 사랑하며 너희를 미워하는 자를 선대하며 너희를 저주하는 자를 위하여 축복하며 너희를 모욕하는 자를 위하여 기도하라(누가복음 6:27-28)." 그는 또한 "남을 판단하지 말아라. 그러면 너희도 판단받지 않을 것이다(누가복음 6:37)"라고 말했다. 물론 인내와 포용에 관한 비슷한 표현들을 동양의 경전들에서도 찾아볼 수 있다.

나는 문화적 종분화가 명백히 인간의 도덕적·영적 성장을 방해해왔다고 생각한다. 그것은 사고의 자유를 가로막고, 생각을 제한하고, 우리를 우리가 태어난 문화 안에 가둬놓았다. 만약 우리가 계속해서 이 정신의 문화적 감옥에

간혀 있다면, 인간 가족이나 지구촌, 그리고 국가들의 연대에 대한 아이디어들은 모두 수사에 불과할 것이다. 최소한 어떻게 살기를 원해야 하는가, 어떤 종류의 관계를 원해야 하는가를 알기라도 한다는 것은 위안이 된다. 그러나 만약 말로만 그친다면 인종주의, 편협한 신앙, 광신뿐만 아니라 증오, 오만, 약한 자를 괴롭히는 짓은 계속 번창할 것이다. 이제껏 그래왔듯이 말이다.

문화적 종분화는 분명히 세계 평화의 장벽이다. 우리가 '지구촌'보다 더 작은 집단을 중요시하는 한 편견과 무지를 계속해서 키워나가게 될 것이다. 조그마한 집단의 부분이 되는 것은 아무런 해악도 없다. 실제로 수렵 채집 집단적 성향으로 인해 작은 집단은 우리에게 위안을 준다. 또한 완전히 믿고 의지할 수 있는 내부의 친구 집단을 만들어준다. 그것은 마음의 평화를 얻게 한다. 위험은 오직 우리 집단과 달리 생각하는 다른 어떤 집단 사이에 날카로운 선을 긋고, 도랑을 파고, 지뢰밭을 만듦으로써 생긴다.

1970년대 말에 나는 인간 본성의 어둡고 악한 면이 우리의 오랜 과거에 깊숙이 뿌리박고 있다는 것을 받아들이게 되었다. 우리는 특정한 종류의 맥락에서 공격적으로 행동하게 되는 강한 성향을 지니고 있다. 그것들은 질투, 음식이나 성, 영역에 대한 경쟁, 공포, 복수 등과 같이 침팬지들의 공격성을 자극했던 것과 같은 상황들이다. 게다가 나는 유인원들이 화가 났을 때 위협하기, 얼굴 찌푸리기, 때리기, 주먹질하기, 발로 차기, 할퀴기, 머리 잡아당기기, 뒤쫓기 등 우리와 비슷한 자세와 몸짓을 보인다는 것을 알고 있다. 그들은 돌과 막대기를 집어 던진다. 침팬지가 총과 칼을 가지고 있고 그것들을 어떻게 다루는지 안다면, 인간들처럼 사용할 것이라는 점은 의심할 바 없다. 그러나 어떤 면에서 인간의 공격적 행위는 실로 독특하다. 침팬지들도 희생자에게 주는 고통에 대해서 어느 정도는 깨닫고 있는 듯 보이지만, 그들이 인간적인 의미의 잔인성에 도달하지 못한 것은 확실하다. 오직 인간들만이 자기가 가하는 고통을 알면서도 혹은 심지어 알기 때문에 살아 있는 생물에게 의도적으로 신체적·정신적 고통을 준다. 따라서 나는 오직 우리 인간만이 악마가 될 수 있다고 결론 내렸다. 우리는 수세기 동안 그 악마성 안에서 수백만 명의 살아 숨 쉬는 인간들에게 믿을 수 없는 고통을 주었던 다양한 고문들을 만들어냈다. 그래서 나는 인간의 사악함이 침팬지들의 최악의 공격성보다 비교할 수 없으리만큼 더 나쁘다는 것을 알 수 있었다.

그러나 그것은 인간들이 영원히 악마적 유전인자에 속박되어야만 한다는 것을 의미하는가? 분명히 아니다. 확실히 우리는 원하기만 한다면 다른 어떤 생물들보다 생물학적 본성을 조절할 능력이 있지 않은가? 그리고 인간 본성에서 배려하는 측면, 이타적인 측면들 역시 영장류적 유산의 한 부분이 아닌가?

침팬지에 관한 우리의 연구가 사랑의 근원에 대해 무엇을 말해줄 수 있을지 나는 궁금했다.

페니와 팩스.

Reason for Hope
Jane Goodall

10장

연민과 사랑

나에게 미래에 대한 희망을 안겨주는 것은 바로 이러한
인간의 사랑과 연민과 자기희생의 자질을 부정할 수 없다는 사실이다.
우리는 종종 정말 잔인하고 악해질 수 있다.
누구도 이것을 부정할 수는 없을 것이다.
우리는 행동뿐만 아니라 말을 통해서도 서로를 고문하고 싸우고 죽인다.
하지만 또한 가장 고결하고 관대하며 영웅적인 행동들을
할 수 있는 능력도 가지고 있다.

곰베에서 보낸 처음 몇 년간 나는 침팬지들 사이에서 너무나 자주 발견되는 우호적이고 애정 어린 행동에 매료되었다. 한 무리 안에서는 공격적인 것보다 평화적인 상호작용을 훨씬 더 많이 볼 수 있다. 정말로 여러 시간, 심지어 여러 날 동안 소규모의 침팬지 집단을 쫓아다녀도 어떠한 공격적인 모습도 발견하지 못할 때가 많다. 물론 이미 봤듯이 이런 침팬지들도 폭력과 야만성을 드러낼 수 있다. 하지만 같은 무리 안에서의 싸움은 몇 초 지나지 않아 끝나고, 거의 상처조차 남기지 않는다. 무리 성원들 간의 관계는 대개는 편안하며 우호적이다. 우리는 그들에게서 돌봄과 협력, 동정, 이타심의 표현, 그리고 무엇보다도 사랑의 한 형태를 빈번히 보게 된다.

침팬지들은 신체적 접촉을 정말로 좋아한다. 떨어져 있다가 동료들을 만날 때 서로 껴안고 입을 맞춘다. 두렵거나 혹은 갑자기 심한 동요를 느낄 때 그들은 서로 만지려고 팔을 뻗는다. 가끔은 껴안고, 입을 맞추고, 등을 두드리고, 손을 부여잡는 등 서로를 접촉하려고 법석을 떨기도 한다. 우정은 지속되며, 소원했던 관계는 우호적인 행동 중에서도 가장 중요한 털 고르기로 인해 개선된다. 이 털 고르기 덕분에 어른 침팬지들은 편안하고 우호적인 접촉 속에서 장시간을 보내게 된다. 그들은 한 시간 이상 서로의 몸을 구석구석 손가락으로 편안하게 어루만져준다. 털 고르기는 동료 간의 긴장된 관계를 가라앉힐 때 동원되는데, 어미 침팬지들은 이따금 똑같은 방식으로 칭얼대는 새끼들을 달랜다. 침팬지들은 놀 때 신체적 접촉이 많아서 서로 간지럽히고 나뒹굴며 한바탕 거친 레슬링 시합을 치른다. 이런 신나는 놀이가 있을 때는 킥킥거리는 웃음소리가 크게 울려 퍼지고, 심지어 나이가 많은 어른 침팬지들 역시 충동에 못 이겨 끼어들기도 한다.

곰베에서 여러 해가 지나고 복잡한 침팬지 사회에서 누가 누구와 관계를 맺고 있는가를 좀 더 많이 알게 되면서, 가족 성원 간의 유대가 특히 강하고 지속적이며 그 관계는 단순히 엄마와 자식들 사이뿐만 아니라 형제자매들에게도 적용된다는 점을 명확히 알 수 있었다. 나이 든 플로와 그녀의 가족과 시간을 보내면서 나는 많은 것을 배웠다. 나는 그녀가 자신의 새끼들인 사춘기의 플린트와 피피를 보호하기 위해 달려들 뿐 아니라 다 큰 자식인 피간과 파벤을 도와주려고 하는 모습도 보았다. 플린트가 태어났을 때 피피는 곧 갓 태어난 새끼에게 너무나 집착했다. 엄마의 허락을 받자마자 그녀는 그와 놀고, 쓰다듬고, 업고 다니기도 했다. 피피는 엄마를 도왔다. 어린 침팬지들은 가족의 일원이 된 갓 태어난 새끼에게 매료되며, 이러한 형제자매 관계는 수년에 걸쳐 지속된다. 형제들은 자라면서 친밀한 동료, 그리고 종종 동맹 세력이 되어 사회적인 충돌이 있을 때 혹은 다른 성원의 공격을 당했을 때 서로를 보호해준다.

이러한 결속은 여러 측면에서 볼 때 적응적인 것이다. 어느 날 산길을 따라 가족을 이끌고 가던 아홉 살의 폼은 큰 뱀이 웅크리고 있는 것을 보았다. 나직한 경고음을 내면서 재빨리 나무 위로 뛰어올라갔다. 하지만 여전히 발놀림이 불완전한 세 살짜리 어린 동생 프로프는 그녀의 경고를 무시했다. 아마도 폼이 지른 소리의 의미를 이해하지 못했거나 듣지 못했기 때문일 것이다. 그가 뱀에 더 가까이 다가갔을 때 폼의 털은 놀라서 쭈뼛 섰고, 얼굴은 공포로 일그러졌다. 갑자기 그녀는 더 이상 참을 수 없다는 듯 프로프에게 돌진해서는 그를 껴안고 나무 위로 다시 올라갔다.

한 가지 매우 감동적인 이야기는 고아인 멜과 그의 보호자인 청년 스핀들에 관한 것이다. 어미가 죽었을 때 멜은 39개월이었다. 그에게는 자신을 돌봐줄 형이나 누나가 없었다. 우리는 그가 죽을 거라 생각했지만, 놀랍게도 열두 살짜리 스핀들이 그를 키웠다. 곰베에 있는 모든 침팬지

성원들은 약간씩 혈연관계가 있지만, 스핀들이 멜과 가까운 관계였던 것은 확실히 아니었다. 그럼에도 불구하고 몇 주가 지나면서 그들은 뗄 수 없는 사이가 되어버렸다. 스핀들은 이동 중에는 멜을 기다려주었고, 자기의 등에 태웠고, 심지어 비가 오거나 멜이 놀랐을 때는 마치 어미가 자기 새끼에게 하듯이 배 밑에 달라붙게 해주었다. 더더욱 놀랍게도 구성원들의 관계가 험악해진 사회적 동요기에 멜이 큰 수컷에게 너무 가까이 다가가면, 스핀들은 얻어터져 쓰러지는 걸 무릅쓰고 멜을 위험에서 구했다. 오랫동안 이 긴밀한 관계는 지속되었다. 스핀들이 멜의 목숨을 구했다는 것은 의심의 여지가 없었다. 왜 스핀들은 자기의 친척도 아닌 이 작고 연약한 새끼를 떠안았을까? 아마도 그 이유를 완전히 알지는 못할 테지만, 유행병이 멜의 엄마를 앗아간 그때 스핀들의 나이 든 엄마 역시 죽었다는 점을 생각해보면 흥미롭다. 전형적인 열두 살의 수컷 침팬지는 완전히 자립할 수 있음에도 불구하고, 특히 그가 어른 수컷들과 긴장된 관계를 경험하거나 싸움 중 상처를 입게 되면 자기 어미와 함께 많은 시간을 보내게 된다. 스핀들은 어미를 잃어서 그의 인생에 텅 빈 공간이 생긴 것일까? 그 작고 의존적인 새끼와의 긴밀한 접촉이 그 빈 공간을 채워주었을까? 아니면 스핀들이 '동정'과 유사한 감정을 경험했을까? 아마도 그는 이 두 가지의 혼합된 감정을 느꼈을 것이다.

동물원에 사는 침팬지들은 간혹 물이 가득 찬 해자로 둘러싸인 곳에 갇혀 지낸다. 그들은 수영을 못하기 때문에 슬프게도 물에 빠져 죽는 사고가 많이 일어난다. 하지만 거의 모든 경우에 희생자의 동료들 중 하나 혹은 그 이상이 어려움을 무릅쓰고 구조를 시도해왔다. 영웅적인 구조나 그 시도에 관한 사례들은 아주 많다. 일례로 한 어른 수컷은 제 자식도 아닌 새끼를 익사 상태에서 구하려다 목숨을 잃었다.

진화생물학자들은 가족 성원 간의 도움을 진정한 이타주의로 간주하지 않는다. 자신의 친척은 모두 어느 정도는 자신과 동일한 유전자의 일부를 공유하며, 따라서 그러한 행동은 단지 귀중한 유전자들을 가능한 한 많이 보존하는 한 방도라는 것이다. 설사 당신이 구조 행위 때문에 생명을 잃는다 하더라도 구조된 당신의 엄마, 형제자매 혹은 아이는 생존하며, 당신의 유전자는 여전히 장래의 세대에 나타난다. 그래서 당신의 행위는 근본적으로는 이기적이라 간주될 수 있는 것이다. 만일 당신 자신과 관계없는 한 개인을 돕는다면? 이는 '호혜적 이타주의', 즉 내일 그가 당신을 도울 거라는 기대 속에 오늘 당신의 동료를 돕는 것으로 설명된다. 이 사회생물학 이론은 진화 과정의 기본적인 메커니즘을 이해하는 데 유용하긴 하지만, 인간 혹은 침팬지의 행위에 관한 유일한 설명으로 제시될 경우 위험스러운 환원주의의 경향을 띠고 만다. 우리의 생물학적 천성과 본능을 부인할 수는 없겠지만, 동시에 우리는 수천 년 동안 문화적인 진화 과정을 겪어왔다. 우리는 가끔 장래의 유전자 생존과는 아무런 관계가 없는 일들을 벌인다. 심지어 리처드 도킨스조차도 〈런던 타임스〉와의 인터뷰에서 다음과 같이 말했다.

"심한 고통에 처하여 울고 있는 누군가를 본다면, 대부분은 가서 그들을 부축하고 위로하려 할 겁니다. 그건 내가 정말로 느끼는 충동입니다. (…) 그래서 우리는 다윈식의 과거를 넘어설 수 있다는 것 역시 알고 있습니다." 그게 어떻게 가능한지 질문받았을 때 그는 웃으면서 자기도 모른다고 말했다. 그러나 단순한 설명이 있다는 것을 나는 점차 알게 되었다.

돌보고 돕고 안심시키는 패턴들은 모자관계와 가족관계의 맥락 속에서 수천 년에 걸쳐 진화해왔다. 이런 맥락에서 그것들은 진화적 의미에서뿐만 아니라 살아 있는 생명들의 복지에도 확실히 유용하다. 이런 행위들은 침팬지들(그리고 다른 고등사회적 동물들)의 유전자 자질에도 확고히 새겨져왔다. 따라서 지속적으로 관계를 맺는 친밀한 동료들(이들과 함께 놀고 쓰다듬고 돌아다니고 먹으면서 밀접한 상호관계를 형성하는)을 적어도 가끔은 가족 성원처럼 여길 것이라고 생각해볼 수 있다. 그렇다면 분명히 이러한 '명예 가족 성원'들이 낙담해 있거나 부탁을 할 때 혈연으로 이루어진 관계에서와 마찬가지로 반응할 것이다. 가깝지만 직접적인 혈연관계가 아닌 동료들도 마치 생물학적 친족인 것처럼 여겨질 수 있다.

연민이나 자기희생은 많은 인간 사회에서 중요시되는 가치이다. 다른 사람, 특히 가까운 친구나 친척이 힘겨워하고 있다는 것을 알게 되면 마음이 상하게 된다. 무언가를 하고, 또 돕는(또는 도우려고 애쓰는) 것을 통해서만 자신의 불편한 마음을 달랠 수 있다. 또한 전혀 알지 못하는 사람들을 도와야 할 필요성을 느끼기도 한다. 지진으로 피해를 입은 사람들을 도와야 할 필요성을 느끼기도 한다. 지진으로 피해를 입은 사람들이나 피난민들, 지구 전역에서 어려움을 겪고 있는 사람들에 대해 알게 될 때마다 우리는 돈이나 의복, 의료 장비를 보낸다. 다른 사람이 우리의 선행에 박수를 보내주기 때문에 이러한 행동을 하는 것인가? 아니면 굶주리고 있는 어린이들이나 집 없는 피난민들의 모습이 동정심을 불러일으켜, 우리는 이만큼이나 가지고 있는데 저들은 저렇게 헐벗는다는 불편한 감정과 죄의식을 느끼게 하기 때문인가?

자선 행위를 하는 동기가 단지 사회적 지위를 높이기 위한 것이라거나 또는 내면적 불편함을 덜기 위한 것이라면, 우리는 이러한 행동이 결국 이기적인 것에 불과하다고 결론지을 수 있는가? 어떤 사람들은 그렇다고 말할 것이다. 때때로 이것은 사실이다. 그러나 나는 인간의 가장 진정하고 존엄한 가치들을 깎아내리는 이러한 환원론적인 논의에 수긍하는 것이 잘못일 뿐 아니라 위험하기까지 하다고 확신한다. 역사를 통해서 우리는 용기와 자기희생에 관한 매우 감명 깊은 이야기들을 수없이 발견할 수 있다. "하늘에 감사!" 한 번도 만나보지 못한 다른 사람들의 어려움에 대해 가슴 아파할 수 있다는 바로 그 사실은 나에게 이 한 마디의 탄성을 자아내게 한다. 사고로 인해 뇌손상을 입은 아이, 평생 저축한 돈을 도둑맞은 노부부, 키우던 개가 도 난당해 의학 실험실에 팔려갔다는 사실을 알게 되었지만 구해내기에는 이미 때가 늦었다는 이야기, 이런 소식을 들을 때 동정을 느끼고 진정으로 슬퍼할 수 있다는 것은 정말 놀랍고도 가슴을 따뜻하게 하는 일이다.

절반은 죄인이고 절반은 성자인 우리 인간 영장류는 고대로부터 물려받은 두 가지 상반된 성향, 즉 폭력에 이끌리는 한편 동정심과 사랑을 느끼는 성향을 지니고 바로 여기에 서 있다. 우리는 한편으로는 잔인하고 다른 한편으로는 친절한 두 가지 성향 속에서 영원히 분열하게 될 것인가? 아니면 이러한 성향들을 조절하여 우리가 나아가려고 하는 방향을 선택할 능력을 얻게 될 것인가? 1970년대 초반, 이러한 질문들은 나를 사로잡았다. 여기서 나는 다시 영장류에 대한 관찰을 통해 희미하게나마 대답을 얻을 수 있었다.

나는 침팬지가 우리보다 더 제멋대로 행동하기는 하지만, 이러한 행동을 전혀 규제하지 않는 것은 아니라는 점을 깨달았다. 침팬지들은 나이를 먹어가면서 제멋대로 난리 치는 아이 같은 행동을 그만두게 된다. 물론 가끔은 덩치가 작은 놈을 공격하거나 거슬리는 구경꾼을 한 대 때림으로써 기운을 발산하기도 하지만, 이는 욕을 해대거나 식탁을 주먹으로 두드리면서 기분을 푸는 사람들의 행동과 같은 것이다. 침팬지는 긴장된 상황을 해소하는 뛰어난 방법들을 가지고 있다. 따라서 싸움에서 희생되는 놈은 비록 분명히 겁을 먹고는 있지만, 공격자에게 다가가 두려워서 내는 비명이나 킹킹거리는 소리를 내며 바닥에 몸을 낮추거나, 마치 안심해도 된다고 상대가 확인시켜주기를 애원하는 듯이 손을 내미는 등의 복종의 자세를 취한다. 그러면 공격자는 보통 이에 호응해서 이 간청자를 만지고 쓰다듬고 심지어는 키스를 하거나 껴안기까지 한다. 희생자는 눈에 띄게 안정되고, 사회적인 조화는 회복된다. 침팬지의 행동은 우리 할머니가 가장 좋아하는 글귀를 떠오르게 한다. 그들은 "분노 위에 태양이 지도록" 내버려두질 않는다.

네덜란드 한 동물원의 암컷 침팬지 한 마리는 평화로운 관계를 회복하는 데 놀라울 정도로 뛰어난 능력을 가지고 있다. 두 마리의 수컷 어른 침팬지가 다투고 난 후 서로의 시선을 피하면서 긴장 속에 앉아 있을 때면, 무리 전체에도 눈에 띄게 호전적인 분위기가 흐르게 된다. 나이 든 암컷은 이럴 때 둘 중 한 놈과 털 고르기를 시작한다. 그러면서 점점 상대 수컷에게 가까이 가면 암컷의 털 고르기 파트너가 따라온다. 이때 암컷은 한쪽과 털 고르기를 그만두고 다른 쪽으로 옮겨 간다. 결국 두 수컷은 매우 가까워져서 둘이 동시에 그 암컷의 털을 골라줄 수 있게 된다. 두 수컷들 사이에 이 암컷의 자리만큼만 남아 있을 때 암컷은 조용히 자리를 빠져나온다. 털 고르기에 의해 마음이 가라앉고, 둘중 누군가가 먼저 이 대치 상황을 깨야 할 필요가 없게 된 수컷들은 서로의 털을 고르게 된다.

나는 만약 침팬지들이 자신들의 공격적인 성향을 조절할 수 있고 통제 불가능한 상황을 해소할 수 있다면, 인간도 그렇게 할 수 있다고 확신한다. 아마도 여기에서 우리의 미래에 대한 희망을 발견할 수 있을 것이다. 우리는 정말로 유전적으로 타고난 기질을 극복할 수 있는 능력을 가지고 있다. 엄한 부모나 학교 선생님처럼 우리는 자신의 공격적인 성향을 꾸짖고, 표현을 차단하고, 이기적인 유전자들을 좌절시킬 수 있다(신체적 또는 심리적 질환으로 인해 어려움을 겪는 경우가 아니라면 말이다. 그리고 이러한 상태에 대한 치료약들도 이미 상당히 발전해 있다). 우리의 두뇌는 충분히 복잡하게 진화되어 있다. 문제는 우리가 진정으로 본능을 통제하기를 원하는가 하는 것이다.

사실 우리는 매일매일 반역적인 유전자들을 규율하고 있다. 열두 살 먹은 미국의 흑인 소년 위트슨이 그랬듯이 폭력으로 발전할 수 있는 사소한 상황을 아름답게 마무리지을 수도 있다. 어린 위트슨은 어린이 대표 회의에 참가하려고 콜로라도에 모인 아이들 중 하나였다. 마침 눈이 내렸는데, 샌프란시스코에서 온 위트슨은 태어나 눈이라는 것을 거의 본 적이 없었다. 그는 눈덩이를 땅에 굴리면서 점점 더 크게 만들었다. 도움을 받아서 그는 이 커다랗고 무거운 눈뭉치를 겨우 자기 머리 위에 올려놓았다. 위트슨은 자신이 얼마나 멀리까지 눈덩이를 나를 수 있는지 시험해 보고 싶었다. 그때 바로 내 옆에 있던 버지니아에서 온 한 중산층 백인 소녀가 그의 뒤로 다가가 눈덩이를 밀어버렸다(소녀는 아마도 장난으로 그랬던 것 같다). 눈덩이는 땅에 떨어져 산산조각 나버렸다. 그 일이 일어났을 때 나는 바로 옆에 있었기 때문에 위트슨의 얼굴에서 충격과 당황, 그리고 분노를 읽을 수 있었다. 그는 소녀보다 훨씬 작았지만, 그래도 소녀를 한 대 치려는 것처럼 한 손을 들어 올렸다. 그때 소녀는 자기가 아무 생각 없이 저지른 일에 놀라서 소리쳤다. "정말 미안해, 내가 왜 그랬는지 모르겠어. 진심으로 미안해." 그리고 산산조각 난 눈뭉치를 다시 붙여보려고 바닥에 꿇어앉았다. 잠시 동안 위트슨은 가만히 서 있었다. 소년은 서서히 손을 내렸고, 분노도 점차 사라졌다. 곧 소년도 바닥에 무릎을 꿇고 앉았다. 둘은 함께 눈덩이를 다시 붙였다. 소년은 자신의 공격적인 충동을 이겨냈다. 나는 이 소년과 소녀 둘 모두를 자랑스럽게 생각했다.

우리가 공격적인 충동을 따르지 않을 수 있다는 것은 매우 다행한 일이다. 만약 공격성을 지속적으로 억누르지 않는다면, 반란이나 전쟁 시에 사회적 규범이 무너지는 것처럼 사회는 극도로 혼란스러워질 것이다(혼란 속에서 무질서의 추한 얼굴이 미소 짓게 될 것이다).

그렇게 1970년대가 저물어가는 동안 나는 용기를 얻기 시작했다. 침팬지의 행동에 대한 지식은 인간의 공격적인 성향이 유인원적 혈통 속에 깊숙이 내재되어 있다는 것을 알려주었다. 하지만 우리의 이타적인 성향 또한 그러하다. 인간의 사악한 행동이 침팬지의 공격적인 행동보다 훨씬 더 악할 수 있듯이, 이타적이고 자기희생적인 행동 또한 유인원들의 이타적 행동보다 훨씬 더 영웅적일 수 있다. 이미 보았듯이 침팬지는 자신의 위험을 무릅쓰면서도 어려움에 처한 동료의 즉각적인 필요에 응답할 수 있다. 하지만 나는 정교한 지성으로써 자신이 감당해야 할 당시의 대가뿐만 아니라 장래의 대가들을 다 알면서도 희생적인 행동을 할 수 있는 것은 우리 인간뿐이라고 확신한다.

침팬지가 자신의 동료를 구하기 위해서 일부러 목숨을 버릴 수 있는지 나는 알지 못한다. 또한 유인원들이 죽음의 개념이나 자신의 죽을 운명에 대해 이해하고 있다고 생각하지는 않는다. 그렇다면 그들은 친구를 돕다가 죽을 수는 있을지언정 친구를 위해서 자신의 목숨을 버릴 것을 의식적으로 결정할 수는 없다. 하지만 우리 인간은 분명히 이러한 종류의 의식적인 결정을 내릴 수 있다. 신문이나 텔레비전에서 우리는 늘 영웅적인 자기희생의 사례들을 접할 수 있다. 영국에서 있었던 최근의 한 사례를 살펴보자. 세계 일주 요트 경주에서 앞서 나가고 있던 영국의 피트 고스는 엄청난 폭풍 속에서 다른 경쟁자의 구원 신호를 듣고 다시 되돌아갔다. 그는 거대한 폭풍으로 요트가 부서진 프랑스 경쟁자를 구하기 위해 주저하지 않고 자신의 목숨을 걸었으며, 명예로운 상을 거머쥘 기회마저 포기했다. 영웅적인 행동에 대한 가장 감동적인 이야기들 중 일부는 부상당하거나 위험에 처한 동료들을 도우려고 위험을 무릅쓰고 때로는 목숨까지 잃는 전장에서 발견할 수 있다. 용감한 행동에 주어지는 최고의 상인 영국의 빅토리아 크로스 훈장은 상당수가 이미 죽은 사람들에게 수여되었다. 점령된 국가에서 활동하는 저항 운동가들은 엄연한 죽음과 고문의 위험에도 적에 맞서 비밀 임무를 수행한다. 자신들의 신념과 국가를 위해서 자신을, 그리고 나아가서는 자신의 가족을 희생하는 것이다.

지옥과 같은 죽음의 수용소에서도 자신을 희생하는 행동을 자주 볼 수 있었다. 아우슈비츠에서 있었던 매우 감동적인 이야기가 있다. 죽음을 목전에 둔 한 폴란드인이 두 자녀와 함께 있을 수 있도록 목숨을 살려달라고 울며 애걸했다. 이때 위대한 성직자인 성 막시밀리안 콜베는 앞으로 나서서 자신의 목숨을 대신 내놓겠다고 말했다. 벙커에서 굶주리며 2주를 지낸 뒤 콜베는 나치에 의해 살해되었지만, 그의 이야기는 계속 전해져 살아남아 있는 수용소 사람들에게 감화를 주었다. 수용소의 암흑 같은 감금 생활 속에 희망과 사랑의 등대가 환히 밝혀진 것이다.

죽음의 수용소에서만 이러한 일이 일어나는 것은 아니다. 수많은 폴란드 유대인들을 고용하고 구출한 오스카어 쉰들러의 뛰어난 자기희생적인 행동은 스티븐 스필버그의 〈쉰들러 리스트〉를 통해서 잊히지 않게 되었다. 나치 점령하에 있던 리투아니아에서의 두 영사의 영웅적인 노력은 많이 알려져 있진 않다. 네덜란드 영사였던 얀 즈바르텐데이크는 곧 있을 나치의 점령을 피해 그곳을 빠져나가려는 리투아니아의 유대인들에게 약 2000장의 이주 허가서를 불법적으로 써주었다. 그들은 이 허가서를 가지고 네덜란드 영토를 빠져나가 네덜란드 식민지인 퀴라소로 옮겨갔다. 즈바르텐데이크 자신도 겨우 탈출할 수 있었다. 일본

영사인 스기하라 치우네는 도쿄에 있는 자신의 상관에 정면으로 대항해서 수천 명의 유대인들에게 러시아를 거쳐 쿠라사우까지 갈 수 있는 비자를 발급해주었다. 그는 이 일로 인해서 개인적인 위험을 겪거나 징계를 받고 심지어 파면당할 수도 있다는 것을 잘 알고 있었다. 하지만 그는 어려움에 처한 사람을 도우라고 배운 사무라이였다. 그는 이렇게 말했다. "나는 내 조국의 정부를 거역했을지 모른다. 그러나 그러지 않았다면 신을 거역하게 되었을 것이다." 실제로 그는 도쿄에서 징계를 받았고, 명예도 없고 경제적으로도 빈털터리가 된 상태에서 생을 마감했다. 하지만 수용소에서 죽음을 맞이했을지도 모를 약 8000명의 유대인들이 이를 피할 수 있었다. 그것은 홀로코스트 역사상 세 번째로 큰 구조 작업이었다. 1940년에 구출된 유대인 난민들의 약 4만 명이나 되는 후손들이 오늘날 살아 있는 것은 두 사람의 이러한 용기 있는 행동 때문이었다.

부활과 더불어 기독교인들에게 가장 중요한 사건은, 예수가 자신이 견뎌내야 할 고통이 얼마나 심한 것인지를 너무나도 잘 알면서도 자신의 목숨을 박해자의 손에 내맡겼다는 것이다. "내 아버지여⋯ 이 잔을 내게서 지나가게 하옵소서." 예수는 겟세마네 동산에서 기도했다. "그러나 나의 원대로 마시옵고 아버지의 원대로 하옵소서(마태복음 26:39)." 그는 자신의 행동이 인류를 구원할 것이라 믿었기 때문에 자신을 희생했다.

나에게 미래에 대한 희망을 안겨주는 것은 바로 이러한

인간의 사랑과 연민과 자기희생의 자질을 부정할 수 없다는 사실이다. 우리는 종종 정말 잔인하고 악해질 수 있다. 누구도 이것을 부정할 수는 없을 것이다. 우리는 행동뿐만 아니라 말을 통해서도 서로를 고문하고 싸우고 죽인다. 하지만 또한 가장 고결하고 관대하며 영웅적인 행동들을 할 수 있는 능력도 가지고 있다.

플로.

피피, 페르디난드, 그렘린, 가이아.

패니. 팩스.

프로이드.

플로와 그녀의 새끼들과 함께(1964).

곰베에서 프로이드와 함께.

곰베의 바나나 배급소에서 찍은 데릭의 모습.

Reason for Hope
Jane Goodall

11장

죽음

인간이 느끼는 연민, 이타심, 그리고 사랑의 뿌리는
우리의 과거 속에 깊이 박혀 있다. 사랑은 수많은 형태로 나타나는데,
우리는 종종 이 단어를 너무 쉽게 사용한다.
우리는 친구, 가족, 반려동물, 우리가 속해 있는 나라를 사랑한다.
우리는 자연을 사랑하고, 폭풍우와 바다를 사랑한다.
또한 신을 사랑한다. 그 무엇을 사랑하건, 그 사랑의 깊이가(사랑의 대상이 아니라)
사랑하는 사람이나 대상을 잃었을 때의 슬픔의 깊이를 결정한다.

앞에서 보았듯이 인간이 느끼는 연민, 이타심, 그리고 사랑의 뿌리는 우리의 과거 속에 깊이 박혀 있다. 사랑은 수많은 형태로 나타나는데, 우리는 종종 이 단어를 너무 쉽게 사용한다. 우리는 친구, 가족, 반려동물, 우리가 속해 있는 나라를 사랑한다. 우리는 자연을 사랑하고, 폭풍우와 바다를 사랑한다. 또한 신을 사랑한다. 그 무엇을 사랑하건, 그 사랑의 깊이가(사랑의 대상이 아니라) 사랑하는 사람이나 대상을 잃었을 때의 슬픔의 깊이를 결정한다. 애지중지하는 고양이나 개와 함께 살아가는 고독한 사람은 진정으로 사랑하는 관계를 형성하지 못한 친척들, 심지어는 부모의 죽음보다도 이 반려동물의 죽음을 더 슬퍼할 것이다. 이것은 자연스러운 일이다.

인간은 죽음에 대한 개념을 알고 있기 때문에 머리로는

삶에 이어 죽음이 다가온다는 것을 안다. 자신도 이 지상에서의 마지막 순간을 맞이하게 될 것이라는 사실을 안다. 아마도 인간은 죽음에 대해 알고 있는 유일한 생명체일 것이다. 침팬지도 삶과 죽음의 차이를 이해한다. 올리의 한 달 된 새끼는 소아마비 전염병으로 인해 거의 죽을 지경에 처해 겨우 숨을 쉬고 신음소리만 낼 수 있었다. 어미가 움직일 때마다 비명을 지르는 것으로 보아 새끼는 심한 고통을 느끼고 있는 것으로 보였다. 어미인 올리가 새끼의 몸이 눌리지 않도록 그 작은 팔다리를 가지런히 쓰다듬어주고 부드럽게 얼러주는 모습은 무척 감동적이었다. 올리와 그 딸인 길카가 오래도록 서로 털 고르기를 해주고 있는 동안 새끼는 죽고 말았다. 올리가 죽은 새끼를 다루는 방식에서 나타난 차이는 매우 극적이었다. 올리는 이후 사흘 동안 계속 새끼를 가지고 다녔다. 그러나 올리가 가지고 다니는 것은 더 이상 새끼가 아니라 단지 물체일 뿐이었다. 올리는 죽은 새끼의 다리 한쪽을 잡고 질질 끌고 다니거나, 등 뒤로 던지거나, 바닥에 머리부터 떨어뜨리곤 했다. 올리는 이전에도 새끼를 잃은 적이 있어서 알고 있었던 것이다. 하지만 젊은 어미인 맨디는 자신의 첫 번째 새끼를 잃었을 때 사흘 동안 시신을 마치 살아 있는 것처럼 다루었다. 죽은 새끼의 몸에서 냄새가 나고 파리가 몰려들게 되고 나서야 맨디는 이를 그만두었다. 침팬지가 죽음은 되돌릴 수 없다는 것을 알게 되려면 경험이 필요한 것이다. 맨디의 다음 새끼가 병이 들게 되면 맨디는 죽음이 닥치는 것을 두려워하게 될까? 그녀는 병이 자기 새끼의 몸을 점점 쇠약하게 하여 죽음으로 몰고 가는 과정을 기억할까? 아마 그럴지도 모른다. 침팬지들은 인간만이 가지고 있는 특성이라고 생각했던 것들을 보여줌으로써 우리를 계속해서 놀라게 한다. 하지만 나는 그들이 죽음에 대한 개념을 알고 있다고 생각하지는 않는다. 그리고 너무도 분명히, 죽음 뒤에 오는 삶에 대한 개념 또한 알고 있지 않다.

나는 우리의 일부분인 정신 또는 영혼이 지속될 것이라는 점을 한 번도 의심해본 적이 없기 때문에 개인적으로 죽음 자체를 두려워한 적은 없다. 내가 두려워하는 것은 죽어가는 과정이다. 다른 사람들도 아마 마찬가지일 것이다. 죽음은 너무도 자주 질병이나 고통과 관련되며, 오늘날에는 온갖 튜브들과 약물로 생명을 유지시키는, 죽음에 대해 존엄하지 못한 현대적인 병원 치료와 연결된다. 그것도 삶 속에서 죽음을 맞이하는 한 방식이다. 나는 우리 모두가 아마도 돌연사를 바라고 있을 것이라고 확신한다. 자기 자신을 위해서뿐만 아니라 사랑하는 사람들을 위해서라도 때가 오면 이 세상을 빨리 떠나고 싶은 것이다. (그리고 물론 그것은 상당한 돈을 절약하는 방법이다. 죽는다는 것은 엄청나게 돈이 드는 일이 될 수도 있다!)

서구사회에서는 죽음에 대한 논의가 별로 이루어지지 않는다. 65세 이상의 인구가 차지하는 비중이 점차 증가하고 있지만, 한편에서는 젊음과 젊음을 유지하는 것을 끊임없이 강조하고 있다. 병든 사람들은 그들 자신을 위해서가 아니라 친지들이 그들의 병에 연관되기를 꺼려하기 때문에 낯선 사람들의 보살핌을 받아야 하는 곳으로 재빨리 보내진다. 우리는 다른 사람의 고통과 힘겨워하는 모습에 감정적으로 어떻게 대처해야 할지도 모르고, 또 한편으로는 아마도 자신에게 닥칠지 모르는 고통을 떠올리고 싶지 않기 때문에 심한 병에 걸린 사람들을 불편해한다. 요즈음에는 사랑하는 사람의 시신을 거실에 두고 친구들과 친척들이 마지막 작별을 하는 일은 거의 없다. 그것은 매우 거슬리고 병적인 행동으로 여겨진다. 살아 있는 동안 죽음은 우리의 시야 바깥에만 있어야 한다. 그래서 우리는 호스피스, 의사, 간호사, 간호조무사, 장의사 같은 사람들만이 죽음에 익숙해진 기묘한 가공의 세계를 만들어냈다.

예전에는 많은 사람들이 가족이 한자리에 모인 가운데 집에서 죽음을 맞이했다. 대니 할머니는 자신의 어머니가 죽는 것을 지켜보았다. 대니 할머니와 간호사 한 명이 증조할머니의 침대 곁을 지키면서 마지막 숨을 거두는 것을 바라보았다. 나는 할머니가 나에게 한 말을 잊지 못한다. "우리 둘은 어머니의 입에서 은빛의 무엇인가가 나와 잠시 머물다 사라지는 것을 보았지. 우리는 그것이 어머니의 몸에서 영혼이 떠나가는 것임을 알 수 있었단다."

나는 데릭이 죽을 때 곁에 있었지만, 그의 영혼이 떠나가는 것은 보지 못했다. 단지 그가 마지막으로 내쉬는 힘에 겨운 숨소리만을 들었을 뿐이다. 나는 마지막 3개월을 내내 그와 함께 보냈다. 매일매일을. 이 시기는 내 생애에 있어서 가장 힘들고도 잔인한 시간이었다. 사랑하는 사람이 암으로 인해 서서히 고통 속에서 죽어가는 모습을 바라보는 것이란…. 나는 늘 나 자신이 이러한 것들을 감당할 수 없을 거라고 믿어왔다. 그러나 그때가 다가왔을 때 선택의 여지가 없었다. 그가 점점 쇠약해지고 힘들어하고 죽어가는 것을 지켜보아야만 했다. 이 책을 읽는 많은 사람들도 이러한 가슴 찢어지는 경험에 대해 잘 알고 있을 것이다. 그렇지 못한 사람이라면 이러한 일이 앞으로 닥쳐올 수도 있을 것이다.

여러 차례의 심한 복통이 있은 후에 데릭이 다르에스살람에 있는 의사를 찾아가보기로 한 것은 1979년 9월이었다. 그가 자신의 병이 암일지도 모른다는 의심을 하고 있었는지는 모르겠다. 그리고 왜 그때 내가 암이라는 진단이 나올 것이라고 확신했는지도 모르겠다. 데릭이 병원에 가려고 집을 나가는 순간 나는 울기 시작했다. 마치 내가 소설 속에 푹 빠져 있는 것 같았다. 침대에 얼굴을 파묻고 끊임없이 울었다. "하나님, 제발 암이 아니기를. 하나님, 제발 암이 아니기를." 이 말을 수없이 되뇌었다. 나는 탈진할 때까지 울었다. 그가 돌아와서 복부 종양이라고 말했을 때는 이미 너무 울어서 거의 모든 눈물이 말라버린 후였다.

그 후로 모든 일들이 순식간에 지나갔다. 그 주에 우리는 영국으로 갔고, 가장 저명한 의사 중 한 명과 약속을 잡았다. 그 의사는 우리에게 힘을 주었다. 그는 검사를 하고, 엑스레이와 수많은 검사 결과들을 검토한 후에 진단을 내렸다.

"네, 결장에 덩어리가 하나 생겼군요. 하지만 간단한 수술이면 됩니다. 수술 후에 완전히 회복한 환자의 비율이 굉장히 높으니, 별로 걱정 안 하셔도 되겠습니다."

나는 아무것도 아닌 일에 내내 울었다는 생각이 들었다. 우리는 본머스에 있는 버치스에서 멋진 날들을 보냈다. 기분이 한껏 부풀어 있었다. 모든 일들이 잘 풀릴 것 같았다.

하지만 일은 잘 풀리지 않았다. 전혀 그렇지 않았다. 우리는 런던으로 돌아갔고, 데릭은 수술실로 실려 들어갔다. "여기 있지 말고 세 시간 후에 와." 그가 나에게 말했다.

나는 불안한 나머지 세 시간 동안 거리를 서성거리다가, 다시 돌아가서 대기실에서 기다렸다. 기다리고 또 기다렸다. 친절한 간호사가 문을 열고 얼굴을 내밀고는 "생각했던 것보다 시간이 오래 걸리네요"라고 말했다. 계속해서 기다렸다. 언젠가 시간이 있다면 병원 대기실을 개조하고 싶다. 얼마나 많은 사람들이 나와 같은 상황에서 이 황량하고 비인간적인 방에서 기다려야 했을까. 그것도 자신의 삶을 산산조각 낼지도 모르는 소식을 기다리면서.

드디어 힘든 수술을 끝낸 사람들이 흔히 그렇듯 데릭은 창백한 얼굴에 온갖 튜브를 몸에 달고 침대에 실려 나왔다. 사랑하는 남편이 그런 모습으로 있는 것을 보다니, 정말 끔찍한 일이었다. 사람들은 곧 마취제를 더 놓은 후에 침대를 밀고 가버렸다.

거의 밤 9시가 다 된 시각이었는데, 드디어 의사가 다가왔다. 그때의 대화를 평생 잊을 수 없을 것이다. 그는 둘이

서만 말할 것이 있다고 하고는 나를 비어 있는 2인용 병실로 데리고 갔다. 그 방은 어두웠고, 불도 켜져 있지 않았던 것으로 기억한다. 무슨 이유에서였는지 의사는 불을 켜지 않았다. 반쯤 열린 문 사이로 들어오는 희미한 빛 속에서 그는 내 쪽으로 몸을 돌리며 말했다. "저, 제가 잘못 판단했던 것 같습니다. 희망이 없군요. 암세포가 몸 전체에 퍼졌습니다. 이런 상태라면 3개월밖에 사시지 못할 것 같습니다. 하지만 아직 본인에게는 말씀드릴 수 없군요. 안 좋은 상태에서 환자에게 충격을 주는 것은 피하고 싶습니다."

이 말을 듣고 나는 충격을 받았다. 아마 그때 의사만 멍하니 바라보고 있었던 것 같다. "같은 방향이었다면 제가 태워다드릴 텐데요. 당신은 강인한 사람이니까 상황을 잘 대처해나갈 수 있을 거라 생각해요." 의사가 말했다. "택시를 타는 게 좋지 않겠어요?" 그는 내 어깨를 토닥이고는 어두운 방을 나가 시야에서 사라졌다.

그것은 너무 잔인한 경험이었다. 난 아마도 몇 시간을 거기 그냥 앉아 있었던 것 같다. 한 간호사가 차 한 잔을 가져다주었지만, 마실 수가 없었다. 난 방금 데릭이 곧 죽을 것이며 아무런 희망도 없다는 이야기를 들은 것이다. 일주일 전만 해도 똑같은 의사가 활짝 웃으면서, 아무 일도 없을 거라고, 주말을 즐겁게 보내라고 말했는데. 평생에 그런 외로움은 처음 느껴보았다. 아무 느낌도 없었고, 불안으로 속이 울렁거렸다. 그냥 아무것도 생각하기 싫었다.

나는 데릭의 형수인 팸 브라이슨의 집에 머물고 있었다.

그녀의 집은 지하철로 30분 거리에 있었다. 밖으로 나왔을 때는 이미 10시가 넘었고, 비도 내리고 있었다. 택시를 잡을 기력도 없었고, 아무에게도 말을 하고 싶지 않았다. 이 사실을 누구 앞에서도 인정하기 싫었다. 그저 이 비현실적인 깜깜한 밤의 세계에 그대로 머물러 있고 싶었다. 마치 몽유병자처럼 서서히 지하철역 쪽으로 발걸음을 옮겨, 아침에는 희망에 넘쳐 올라왔던 그 계단을 다시 내려갔다. 나는 거의 텅 비어 있는 대합실에 서서, 이 모든 일들이 다른 사람에게 일어난 것이라고 믿으려 애썼다. 마침내 열차가 들어왔고, 나는 열차에 올라타 그저 앉아 있었다. 이 여행이 끝나지 않았으면 하고 바랐다. 그냥 가만히 있다 보면 이게 꿈이었구나 하게 될 것 같았다. 내가 들은 말에 대해서 생각해볼 엄두를 내지 못했다. 마치 좀비처럼 지하철에 실려 노선의 끝에 있는 어느 먼 역을 향하고 있었다. 그러다 다시 반대쪽으로 건너가서 런던 시내로 들어가는 지하철을 탔다. 아마 막차였던 것 같다. 모든 것이 너무나 비현실적이었다. 열차에서 내려서도 한참을 걸어야만 했다. 강도를 만날 수도 있었다. 차라리 강도를 당했으면 좋겠다는 생각이 들었다. 데릭을 마주 대할 수가 없었다. 비는 더 세차게 내리고 있었다. 폐렴에 걸릴 것만 같았다. '하나님, 차라리 폐렴에 걸리게 해주세요.'

물론 난 강도를 만나지도 아프지도 않았다. 내 생애 최악의 한 주였던 그다음 주를 피해 갈 수는 없었다. 수많은 사람들이 이 끔찍한 고통을 겪어왔을 것이다. 나는 이제야 그 고통이 얼마나 큰 것인지를 깨닫게 되었다. 수술이 어떻게 되었는지 궁금해하고 있던 팸은 그날 밤 문을 열어주면서, 비에 젖어 창백하고 유령 같은 얼굴을 하고 있는 나를 보고는 감싸 안아주고 젖은 옷을 벗게 했다. 바로 얼마 전에 남편을 잃은 가엾은 팸은 아직도 슬픔이 가시지 않은 상태였다. 그런 상태에서 그녀는 새로운 비보를 전해 들은 것이었다. 그녀는 내게 위스키를 한 잔 가득 따라주고, 불 앞에 앉혀 억지로 음식을 먹게 하고는 한 번도 먹어본 적 없는 수면제를 가져다주었다. "내일 기운 차리려면 자둬야지." 그녀가 내게 말했다.

정말 팸의 보살핌과 수면제가 없었다면 나는 다음 며칠 동안의 공포를 견딜 수 없었을 것이다. 나는 매일 밤 잠들기 전에 대니 할머니가 가장 좋아했던 글을 속으로 되뇌어보곤 했다. "네가 사는 날을 따라서 능력이 있으리로다." 나는 매일매일을 데릭과 함께 보냈고, 밤이면 팸의 따뜻한 집으로 돌아가 잠을 잤다. 아무에게도 말하지 않았다. 그래야만 데릭에게 이 사실을 숨길 수 있었기 때문이다. 아마 그날 밤 되돌아갔을 때 팸이 없었더라면 나는 그녀에게도 이야기하지 않았을 것이다. 얼마가 지나 기력을 차리고 나서야 식구들에게 전화를 걸어 이 끔찍한 소식을 알렸다.

언제나 그랬던 것처럼 어머니는 든든한 성과도 같았다. 어머니는 런던으로 건너와서 나와 함께 계획을 세웠다. 우리는 다른 치료 방법을 시도해보기로 했다. 데릭은 수술 후에 차츰 기력을 회복했고, 우리는 모두 그가 금방 나을 것

11장

처럼 행동했다. 그리고 나는 런던 전역에 있는 대체요법가와 치료사들과 약속을 잡았다. 하지만 어느 누구도 희망을 안겨주지는 못했다. 결국 아는 사람을 통해 유명한 바이올리니스트인 예후디 메뉴인의 여동생이자 피아니스트인 헵지바 메뉴인이 독일 하노버 근처의 한 병원에서 암 치료를 받고 있다는 소식을 들었다. 그녀는 약 2주간 런던에 돌아와 있었고, 우리는 그녀를 만나러 갔다. 우리는 그녀의 담당 의사에게 전화를 걸어 데릭의 입원 수속을 밟았다. 그리고 모든 준비가 되었을 때, 데릭에게 사실을 이야기했다. 이제 새로운 희망이 생겼기 때문에 그에게 이야기하는 것이 훨씬 쉬웠고, 그가 받아들이는 것도 쉬웠다. 우리는 병원에서 나와 다음 날 독일로 날아갔다.

돌이켜보면 지금은 알고 있는 사실(암의 확산을 막을 수 있는 방법이 없다는 의사의 말이 옳았다는 것)에도 불구하고, 그때 그렇게 결정하기를 잘했다고 생각한다. 가장 견디기 힘들었던 것은 우리가 세상으로부터 격리되었다는 생각이었다. 헵지바와 그녀의 남편 리처드, 그리고 의사를 제외하고는 영어를 할 수 있는 사람이 거의 없었다. 데릭과 나는 이 낯설고 새로운 세계에서 매일 매시간을 함께하면서 매우 가까워졌다. 그리고 그 뒤로 그가 살아 있던 석 달 중 처음 두 달 동안은 정말로 그가 나을 수 있을 거라고 믿었다. 절대적으로 그렇게 믿었다. 사람들은 "그런 헛된 희망을 갖다니"라고 이야기하지만, 나는 거기에 동의하지 않는다. 그 두 달 동안 데릭은 정신적인 에너지로 충만해 있었다. 그는 자서전 작업을 시작했고, 나는 그를 위해 타자를 쳐주었다. 우리는 함께 여러 클래식 음악을 들었다. 영국과 탄자니아에서 그의 친구들이 전화를 해주었고, 여러 명이 영국에서 직접 찾아와주었다. 당시 독일 주재 탄자니아 대사도 자주 찾아왔다. 우리는 리처드, 헵지바와 많은 이야기를 나누었다. 매일 여러 시간 동안 이야기를 하곤 했다.

그들과의 대화는 정말로 중요한 것들이었다. 리처드와 헵지바는 죽음 이후의 삶과 윤회에 대해 믿고 있었다. 우리는 이러한 것들에 대해 마치 사실인 것처럼 이야기했고, 데릭도 그것이 진실이라고 믿게 되었다. 하지만 데릭의 건강이 악화되기 시작했을 때, 즉 그의 통증이 심해져서 모르핀 없이는 견딜 수 없게 되었을 때, 그리고 내가 결국 영국 의사가 옳았다는 것을 깨닫게 되었을 때는 이러한 이야기도 별 도움이 되지 못했다. 하루하루가 악몽과도 같았다. 물론 데릭도 알고 있었음이 분명했다. 하지만 그대로 받아들이기를 결코 원치 않았으며, 그에 대해 이야기하고 싶어 하지도 않았다. 리처드와 헵지바도 마찬가지의 상황이었다.

데릭의 건강이 나빠지면서 새로운 하루하루를 맞이하는 것이 더욱 힘들어졌고, 밤에도 거의 잠을 잘 수가 없었다. 나는 "네가 사는 날을 따라서 능력이 있으리로다"라는 말을 되뇌고 또 되뇌면서 마음을 진정시켜야만 했다. 내가 밤에도 자리를 뜰 수 없는 시기가 왔다. 내가 의자에서 머무는 것을 보고 한 간호사가 작은 침대를 가져다주었다. 하지만 데릭이 진정제에 취해서 몽롱한 혼수상태로 밤을 지낼 때도 나는 잠을 잘 수 없었다. 그가 마지막으로 한 말이 귓가에 계속 맴돌았다. "이렇게 고통스러울 수 있으리라고는 생각도 못했어." 결국 나는 그의 담당 의사에게 가서 부탁했다. "제발, 그를 이런 식으로 살려두지 말아주세요. 더 이상 그가 고통받지 않게 해주세요." 그가 의식을 회복하지 못한 마지막 날 밤, 나는 깨어서 가만히 누운 채 그의 거친 숨소리와 죽음이 다가오는 소리를 들었고, 그가 마침내 고통에서 벗어나 평안을 찾았다는 것을 알게 되었다. 나는 그의 침대로 들어가 그를 마지막으로 꼭 끌어안았다. 간호사가 들어왔을 때도 우리는 여전히 그렇게 있었다.

데릭이 엄청난 고통을 겪고 있는 동안 하나님에 대한 나의 믿음은 약해졌다. 사실 한동안 믿음이 완전히 사라져버렸다고 생각했다. 독일에 발을 들여놓았을 때부터, 데릭과 나는 전심을 다해서 암세포가 제발 사라지게 해달라고 어떤 때는 한 시간씩이나 함께 기도했다. 그러고 나선 빌린 작은 방으로 돌아가 매우 다정다감하고 이해심 많고 친절한 집주인과 차를 마시면서 이야기를 하곤 했는데, 가끔은 그녀의 딸과 손자가 함께하기도 했다. 나는 내 방으로 올라가 다시 기도했다. 하지만 아무도 기도를 듣지 않는 것 같았다. "나의 하나님, 나의 하나님, 어찌하여 나를 버리셨나이까?" 감정적으로 완전히 탈진한 상태였다. 나는 데릭의 일로 상처받았고, 슬퍼하고 있었다. 그가 죽은 후 나는 고통스러운 기억을 몰아내기 위해 이를 모두 글로 적었다. "고통은 점점 심해지고, 이제는 밤에 약 대신 진통제 주사를 맞아야 한다. 너무도 끔찍하다. 살아 있는 지옥이다. 하루하루를 내가 가장 깊이 사랑하는 사람이 고통받는 것을 보며 힘겨워한다. 이 슬픔. 이 고통. 바라고 기도하고 대처할 수 있는 방법을 찾아보려고 처절히 애쓰지만, 되지 않는 것을 알면서 스스로를 책망하고는 또다시 기도한다.'

나는 스스로를 책망하고 있었다. 비논리적인 일이었지만, 그런 상황에서는 논리적일 수 없었다. 물론 나도 다른 사람을 탓하고 싶었다. 그러나 나는 스스로에게 화가 나 있었다. 할 수 있는 모든 것들을 시도해보았지만, 실패하고 말았다. 붙잡을 수만 있다면 이집트의 심령치료사나 병을 고칠 수 있는 가루를 지닌 인디언 심령술사도 좋았다. 그런 것들에 매달렸다. 실제로 그 가루를 구했고, 그것으로 차가운 찻물을 만들어 데릭의 몸을 씻기기도 했다. 의사는 약과 화학요법, 그리고 가능한 다양한 기술들을 사용했다. 하지만 그 어느 것도 도움이 되지 않았다. 상황은 더 나빠지기만 했다. 나는 괴로워하고 슬퍼했다. 그리고 하나님에 대해, 운명에 대해, 이 모든 부당함에 대해 화가 났다. 데릭이 죽고 난 뒤 얼마 동안 나는 하나님을 저버렸다. 세상은 황량해 보였다. 죽음에 대해 이야기하는 것이 금기시되어 있다는 것으로 해서 세상은 황량해졌다. 사람들은 슬퍼하는 사람에게 죽은 사람에 대해 이야기하면 혹시 아직도 생생한 슬픔을 괜히 건드리는 것은 아닌가 하고 염려한다. 가까운 사람을 떠나보낸 이가 울기라도 하면 어떻게 할 것인가? 이를 어떻게 견딜 수 있을 것인가? 이런 기분을 잘 알

11장

게 된 지금, 나는 이런 태도가 잘못되었으며, 단지 외로움을 더해줄 뿐이라는 것을 이해하게 되었다. 나는 친구들에게 도움을 청해야 한다는 것을 알게 되었다. 그래서 역할이 이상하게 전도되어 오히려 내가 그들을 위로하고, 데릭에 대해 이야기하는 것이 해가 아니라 오히려 정신적 치유에 도움이 된다는 것을 그들에게 확신시켰다.

데릭이 죽은 뒤 나는 버치스라는 나의 안식처에 잠시 들렀다가 탄자니아로 돌아갔다. 데릭은 시신을 화장하여 그 재를 그가 생전에 너무도 사랑했던 바다, 우리가 자주 함께 잠수를 하면서 산호초의 신비로운 세계에 놀라워했던, 인도양에서 가장 좋아하는 그곳에 뿌려주길 원했다. 처참한 시간이었다. 특히 히스로 공항에서 그의 재가 담긴 상자를 건네받았을 때는 더욱더 그러했다. 그의 죽은 몸에서 남은 모든 것들이 그 작은 상자 안에 담겨 있었다. 데릭이 죽은 후 거의 20년이 지난 지금도 그것을 손에 건네받았을 때의 두려움을 생생히 기억할 수 있다. 나는 가루가 된 회색 재를 바람에 날려 보냈다. 그렇게도 사랑했던 내 남편이 남긴 뼈와 살이 밝게 타오르는 불 속에서 정화된 재를. 그날은 춥고 비가 내렸다. 한 줌의 재가 바다에 떨어져 곧 아래에 있는 비옥한 산호초들 속으로 사라져갈 때, 나는 견딜 수가 없었다.

일주일 후에 나는 곰베로 갔다. 지난번 그곳에 갔던 것이 벌써 몇 개월 전이었다. 현장에 있던 사람들은 데릭의 소식에 매우 놀랐고, 자신들의 미래에 대해서 당연히 걱정했다.

나는 원시림 속에서 치유되고 힘을 얻기를 바랐다. 다가오는 삶을 그대로 받아들이는 침팬지들과 만나면서 나의 슬픔도 가라앉기를 바랐다.

처음 이틀간, 특히 데릭과 그럽과 내가 함께 행복한 시간을 보냈던 집에 혼자 남게 되는 밤이면 너무나도 슬펐다. 한때 사람들이 있었던 이 집에는 이제 유령들만 가득했다. 그러나 세 번째 날 아침, 뭔가가 일어났다. 나는 슬픔 속에 혼자 앉아 호수의 변화하는 색을 바라보면서 외롭게 커피를 마신 후 침팬지들을 찾아 나섰다. 먹이 주는 곳을 향하여 가파른 언덕을 오르다가, 문득 내가 웃고 있다는 것을 알아차렸다. 나는 데릭이 마비된 다리로 오르느라 그렇게도 힘겨워하고 지쳐했던 그 길 위에 서 있었다. 하지만 지금 이 더위 속에서 고생하고 있는 사람은 이 지상에 묶여 있는 나였다. 그는 이제 가볍고 자유로웠다. 그는 나를 놀리고 있었고, 나는 크게 웃을 수 있었다.

그날 밤에는 더 신기한 일이 일어났다. 나는 호숫가에 밀려오는 파도 소리와 풀벌레 소리 같은 익숙해진 밤의 소리를 들으며 그와 함께 썼던 침대에 누워 있었다. 일부러 자려고 하지 않았는데도 금방 잠이 들어버렸다. 그리고 한밤에 잠을 깼다. 정말 내가 깨어 있었던 것일까? 어쨌든 데릭이 거기에 있었다. 그는 웃고 있었고, 정말로 살아 있는 것 같았다. 그가 나에게 말했다. 매우 오랜 시간 이야기를 했던 것 같다. 그는 내가 알아야만 하는 것들, 해야만 하는 것들에 관한 중요한 이야기를 해주었다. 그가 말하는 동안 몸

11장

이 갑자기 굳어지는 것 같았고, 피가 빨리 흐르고 심장박동이 두 귀에 느껴졌다. 피는 굳어진 몸 전체를 웅웅거리며 돌고 있었다. 서서히 나는 편안해졌다. 드디어 말할 수 있게 되었을 때 아마도 큰 소리로 말했던 것 같다. "어쨌거나, 난 당신이 지금 여기 있는 것을 알아요." 하지만 그 순간 모든 것이 원래대로 돌아갔다. 몸은 다시 굳어졌고, 웅웅거리며 피가 도는 것이 느껴졌다. 나는 그때 '내가 죽고 있는 거야'라고 생각했지만, 전혀 놀라지 않았다. 그리고 모든 것이 끝났을 때 나는 아무것도 기억할 수 없었다. 단지 데릭이 거기에 있었고, 나에게 무슨 말인가를 했고, 아주 즐거웠다는 것 외에는. 그것뿐이었다. 데릭이 전해준 말도 기억나지 않았다. 그리고 곧 다시 깊은 잠에 빠져들었다.

나중에 다시 본머스로 돌아와 나는 예전에 대니 할머니에게 많은 도움을 주었던 점쟁이에게 편지를 썼다. 그녀는 이제 일을 그만두었고, 자신의 남편의 죽음을 애도하고 있었다. 하지만 그녀는 전화로 나와 상담해주기로 동의했다. 내게 일어났던 일들을 이야기하고 나서 잠시 침묵이 흘렀다. 그녀가 말했다. "내 남편이 죽었을 때 일어났던 일과 똑같군요. 만약 그런 일이 다시 일어나면 자리에서 일어나려고 애쓰지 말아요."

나는 그러고 싶었어도 그럴 수 없었으리라고 이야기했다. 그녀는 자기가 들은 것을 꼭 적어놓고 싶어서 억지로 연필과 종이를 집어 들려 했었다고 이야기해주었다. 그러나 침대에서 일어나자마자 기절했고, 바닥에 누워 꼼짝할 수 없었다는 것이다. 나는 알고 싶었다. 그녀는 도대체 무슨 일이 일어난 거라고 생각하는 것일까? 그녀는 이것이 정신이 몸에서 빠져나가는 경험이라고 말했다. 내가 의식의 다른 차원(데릭이 있는 차원)에 있었다는 것이다. 웅웅거리는 소리는 인간의 의식이 일상적으로 머무는 곳으로 혼이 돌아오면서 나는 소리라고 했다. 그녀는 자신이 몸을 움직임으로써 생명 또는 온전한 정신을 위태롭게 했다고 믿고 있었다.

어쨌든 그건 그녀의 생각이었다. 내게 일어났던 일이 무엇이건 간에, 나는 그다음 날 아침에 그것이 예사로운 꿈이 아니라는 것을 알았다. 잠을 깼을 때는 완전히 탈진해 있었다. 하지만 행복했고 살아갈 힘을 느꼈다. 나는 육체적 죽음과 더불어 끝나지 않는 어떤 존재의 상태가 있다고 항상 믿었다. 그리고 데릭의 죽음 이후에 일어난 일들로 해서, 마음과 마음이 시간을 거슬러 서로 대화할 수 있다고 생각하게 되었다. 이것을 누구에게 증명해 보이고 싶지는 않다. 많은 사람들이 이와 비슷한 것들을 느끼지만, 서구식 교육을 받은 사람들은 믿지 않는 사람들에게 영혼의 실체를 이해시키는 데 그다지 능숙하지 못하다. 과학은 객관적인 사실적 증거, 즉 증명을 필요로 한다. 영적인 경험은 주관적인 것이며, 믿음과 관련된 것이다. 나에게는 나의 믿음이 내적인 평화를 가져다주었으며 내 삶에 의미를 주었다는 것으로 충분하다. 하지만 내 이야기를 듣고자 하는 사람들과는 내 경험을 함께하고 싶다. 그래서 데릭이 죽은 날 밤에 일어났던, 이와 관련된 두 가지 일을 이야기하려고 한다. 두 가지는 모두 아이들과 연관되어 있는데, 하나는 당시 영국에 있었던 내 아들 그럽이고, 다른 하나는 다르에스살람에 사는 어린 소녀 룰루다.

데릭이 아파 누워 있는 동안 열세 살인 그럽은 (자신의 뜻에 따라) 본머스에 있는 작은 예비학교 기숙사에 들어가 있었다. 그는 데릭에게 죽음이 가까이 왔다는 것을 모르고 있었다. 그런데 데릭이 죽던 날 밤에 그럽은 생생한 꿈 때문에 잠을 깼다. 꿈속에서 올리 이모가 학교로 찾아와 그에게 이야기했다. "그럽, 너에게 매우 슬픈 소식을 전해야겠구나. 데릭이 간밤에 세상을 떠났단다." 그럽은 다시 잠이 들었지만 똑같은 꿈 때문에 깼고, 올리 이모는 같은 말을 반복했다. 이런 일이 세 번이나 일어나자 걱정이 되어 잠을 잘 수 없었다. 학교 사감에게로 가서 끔찍한 악몽을 꿨다고 말했지만, 그 내용이 무엇이었는지는 말하지 않았다.

다음 날 아침, 올리 이모가 학교에 도착했다. 어머니는 데릭을 보아야 할 것만 같다는 생각에 바로 그 전날 독일로 와서 나와 함께 있었다. 올리 이모는 그럽을 정원으로 데리고 가서 슬픈 소식을 전해야겠다고 이야기했다. "저도 알아요." 그럽이 말했다. "데릭이 죽었죠. 그렇죠?" 올리는 놀라서 그의 꿈 이야기를 들을 때까지 거의 아무 말도 하지 못했다.

당시 그럽과 동갑내기였던 룰루는 다운증후군을 앓고 있었다. 데릭과 나는 그녀의 부모와 절친한 친구 사이였으며, 자주 그 집을 찾아가곤 했다. 데릭이 죽고 나서 처음으로 다르에스살람으로 돌아갔을 때 나는 텅 빈 집에서 도저히 견딜 수가 없어 그들과 함께 지냈다. 데릭은 아이들과 잘 지냈고, 룰루는 그를 아주 좋아했다. 그가 죽던 날 이른 새벽 즈음에 룰루는 잠에서 깨어 엄마인 메리가 자고 있는 방으로 뛰어 들어갔다.

"엄마!" 그녀는 다급하게 말했다. "제발 일어나세요. 그 아저씨가 왔어요. 그는 나를 좋아해요. 아저씨가 웃고 있어요." 메리는 반쯤 깨어 그건 꿈일 뿐이라고 다시 돌아가 자라고 말했다. 하지만 룰루는 계속했다. "제발 좀 와보세요, 엄마. 엄마한테도 보여주고 싶단 말이에요. 아저씨가 웃고 있어요." 결국 메리는 포기하고 일어났다.

"룰루야, 무슨 소리니? 너를 보고 웃고 있는 아저씨가 누구야?"

"이름은 기억이 안 나는데, 제인 아줌마랑 같이 왔었어. 아저씨는 지팡이를 짚고 걸어요. 그리고 날 좋아해. 아저씨는 나를 정말 좋아해." 룰루가 말했다.

서로 다른 곳에 있던 두 아이들이었다. 데릭이 사랑한 아이들이었다. 회의적이고 환원론적인 과학의 세계에서는 이것을 단지 우연한 꿈이며, 환상 또는 고통과 절망, 상실에서 오는 심리적인 반응이라고 쉽게 설명해버리고 말 것이다. 하지만 나는 이런 경험들을 그렇게 쉽게 치부해버릴 수는 없었다. 내 일생에 일어난 일들, 그리고 내 친구들의 삶 속에서도 과학적으로 설명할 수 없는 것은 너무나도 많았다. 과학은 영혼의 탐구에 적합한 도구들을 가지고 있지 못하다.

누군가로부터 사랑받고 있는 사람들이 매일매일 죽어가는 수년간의 전쟁 기간에는 강력한 영적 경험들이 가득하다. 그리고 항상 영적인 능력이 있었던 (자신은 그렇게 말하지는 않지만) 어머니도 그러한 경험을 가지고 있다. 독일 비행기가 우리의 휴양지에 폭탄을 떨어뜨렸을 때 어머니가 위험을 미리 감지하고 생명을 구해준 일을 앞에서도 이야기한 바 있다. 전쟁 초기에 또 다른 일도 있었다. 어머니는 목욕을 하고 있었다. 갑자기 그녀가 큰 소리로 다급하게 소리쳤다. "렉스!" 렉스는 나의 작은아버지였다. 그녀는 몹시 흐느껴 울기 시작했고, 눈물이 얼굴에 마구 흘러내렸다. 막 집을 나서려고 하던 아버지는 도대체 무슨 일이 일어났는지 보려고 달려 들어왔다. "대체 무슨 일이야?" 아버지가 물었다. "모르겠어요. 모르겠어요." 그녀는 울면서 말했다. "그냥 렉스라는 것밖에 모르겠어요." 나중에 어머니는 렉스가 로데시아의 전투에서 총에 맞아 죽던 순간에 자신이 소리쳤다는 것을 알게 되었다. 휴고의 어머니도 남편의 배가 전쟁에서 어뢰를 맞았을 때 비슷한 경험을 했다. 그녀는 영국에 있었고, 배는 수천 마일이나 떨어진 곳에서 침몰했다. 한밤중에 그녀는 머리 위에서 독일 비행기의 엔진 소리와 둔중한 총포 소리를 듣고 놀라서 잠이 깼다. 그녀는 남편이 위험에 처해 있다는 것을 알고 울기 시작했다. 점차로 그녀는 모든 것이 조용해졌다는 것을 깨달았다. 비행기도 총소리도 없었다. 공습 경보음도 없었다. 하지만 바로 그날 밤 남편은 바다에서 목숨을 잃었다.

우리 할머니 대니는 자기 자신에게 닥칠 죽음을 예감했다. 할머니는 항상 가족들에게 짐이 되고 싶지 않다고 말했는데, 97세에 죽음이 가까워져서 기관지 폐렴을 앓았다. 한동안 할머니는 혼자서 침대를 뜰 수 없었고, 그걸 매우 싫어했다. 서서히 할머니는 나아졌지만, 가족들이 자신을 돌보느라 너무 많은 시간을 보내고 있다는 것 때문에 불행해했다. 어느 날 저녁, 어머니가 할머니에게 잘 주무시라는 인사를 하러 위층으로 올라갔는데, 할머니가 침대맡에 보관해두었던 할아버지의 편지를 모두 꺼내 읽고 있는 것을 발견했다. 할머니는 베개를 놓고 기대어 조심스럽게 복서의 소중한 편지에 다시 리본을 묶고 있었다(할머니는 할아버지를 항상 복서라고 불렀는데, 우리는 그 이유를 모른다). 할머니 얼굴에는 엷은 미소가 흘렀다.

"얘야. 오늘 밤에 내 부고를 준비하는 게 좋겠다."

할머니는 올리 이모에게도 작별 인사를 했다. 그리고 다음 날 아침, 아직도 엷은 미소가 남아 있는 자신의 육신을 떠났다. 할머니는 사랑하는 복서의 곁으로 갔다. 그리고 편지 위에는 이것들이 자신과 함께 긴 여행을 할 수 있도록 해달라는 메모가 남겨져 있었다.

데릭이 죽고 난 후 약 6개월 동안 나는 종종 그가 곁에 있다고 느꼈다. 나는 그가 영혼으로 있는 동안 볼 수도, 들을 수도, 어쩌면 그가 지상의 삶에서 사랑했던 것들(바다, 부

서지는 파도, 멋지게 나뭇가지를 잡고 몸을 흔들며 놀고 있는 어린 침팬지들)

을 느낄 수도 없을 거라고 확신했다. 그리고 내가 아주 집중해서 보고 듣고, 모든 세밀한 것들에 관심을 가지면, 나의 눈과 귀를 통해서 그가 조금이라도 더 오랫동안 자신이 사랑했던 것들을 즐길 수 있을 거라는 강한 믿음을 가지고 있었다. 어쩌면 그것은 단지 몽상이었을지도 모른다. 하지만 그가 내 곁에 있고 내가 그를 위해 무언가를 해줄 수 있다는 생각은 위안이 되었다. 그리고 얼마 후에 내가 이제 괜찮아졌고, 하루하루를 살아갈 힘을 얻었다는 것을 데릭이 알게 되었는지, 그가 곁에 있다는 것을 느끼는 일이 점점 드물어졌다. 나는 이제 그가 떠날 때가 되었음을 알았고, 그를 다시 부르려고 애쓰지 않았다.

내가 이해를 넘어선 평화를 찾은 것은 숲속에서였다.

12장

치유

다시 곰베로 돌아와 침팬지들과 그들의 숲에
혼자 있을 수 있다는 것은 얼마나 위안이 되는 일인가.
나는 탐욕과 이기심으로 가득 찬
번잡하고 물질적인 세상으로부터 잠시 벗어나,
이 이른 시간에 자연의 일부가 된 것을 느낄 수 있었다.
침팬지들과 하나가 된 것을 느꼈다.

데릭이 죽은 후 내가 치유되었던 곳은 바로 곰베의 숲속이었다. 곰베에 있는 동안 나의 상처받고 부서진 영혼은 서서히 위안을 찾았다. 침팬지들을 쫓아다니고, 지켜보고, 때로는 가만히 곁에 있으면서 숲에서 보낸 시간들은 내 존재의 중심을 지탱해주었으며, 나를 쓰러지지 않도록 해주었다. 숲속에서는 죽음이 감춰지지 않는다. 우연히 낙엽 속에라도 묻히지 않는다면 죽음은 우리 곁에 끝없는 삶의 순환으로서 언제나 존재한다. 침팬지들은 태어나고, 성장하고, 병들고, 죽어간다. 그리고 종의 존속을 지켜가는 어린 침팬지들이 언제나 있다. 이러한 사실들이 내 삶을 평화롭게 되돌아볼 수 있는 시각을 가져다주었다. 점차로 쓰라린 상실감은 정화되었고, 운명에 대한 쓸모없는 분노도 가라앉았다.

수많은 나날 중에서도 나는 그 하루를 가장 생생하게 기억하고 있다. 1981년 5월, 나는 6주간의 미국 여행(끊임없는 강연, 기금 모금 만찬, 학회, 회의, 침팬지와 관련된 다양한 문제에 대한 로비 등)을 마친 후 마침내 곰베에 왔다. 6주 동안 계속해서 호텔을 드나들고 여행 가방에 짐을 싸고 풀기를 반복하면서 완전히 지쳐버려, 나는 숲이 주는 평화로움을 고대하고 있었다. 침팬지들과 함께 지내고, 오랜 친구들과 다시 만나고, 등산지팡이를 짚고 숲의 경치와 소리와 냄새를 느끼는 것 외에는 아무것도 바라는 것이 없었다. 슬픈 기억을 불러일으키는 모든 것들(데릭과 살던 집, 같이 사다가 심었던 야자나무, 함께 지냈던 방들, 땅에서는 장애인이었던 데릭이 자신이 사랑했던 산호초들 사이로 수영하면서 자유를 만끽하던 인도양)이 있는 다르에스살람을 떠나온 것이 기뻤다.

다시 곰베에 돌아온 것이다. 어느 날 이른 새벽에 나는 호숫가에 있는 내 집의 계단에 앉아 있었다. 사방은 매우 조용했다. 콩고의 산과 탕가니카 호수가 맞닿은 수평선에 걸린 그믐달이 부드럽게 움직이는 물결에 실려 반짝반짝 출렁이며 다가왔다. 바나나 한 개를 먹고 커피 한 잔을 마시고 나서, 나는 작은 쌍안경과 공책, 연필, 점심으로 먹을 건포도 한 줌을 가지고 집 뒤의 가파른 언덕을 올랐다. 숲을 돌아다닐 때는 음식을 먹고 싶지도 않았고, 물도 거의 필요하지 않았다. 오랫동안 내 영혼에 양분을 주었던 단순한 삶에 몰두하면서 혼자임을 느끼게 되는 순간은 얼마나 행복한가.

이슬이 내려앉은 풀숲에 반사되는 희미한 달빛 속에서 산길을 찾아 오르는 것은 그리 어렵지 않았다. 사방에는 나무들이 지난밤의 신비에 덮여 있었다. 조용하고 평화로웠다. 간간이 들려오는 풀벌레 소리, 파도가 호숫가의 자갈들을 부드럽게 어루만지는 소리뿐이었다. 갑자기 한 쌍의 종달새들이 우아하고 아름다운 소리로 지저귀기 시작했다. 문득 빛의 밀도가 달라졌다는 것을 깨달았다. 나도 모르는 사이에 동이 트고 있었다. 떠오르는 태양의 밝은 빛은 달에 반사된 자신의 섬세한 은색 광채를 사라지게 했다.

5분 후에 머리 위에서 나뭇잎들이 서걱대는 소리를 들었다. 나는 고개를 들어 밝아오는 하늘을 배경으로 흔들리는 나뭇가지를 올려다보았다. 침팬지들이 깨어난 것이다. 피피와 그녀의 새끼들인 프로이드와 프로도, 그리고 어린 페니였다. 페니는 엄마의 등에 작은 기수처럼 올라탄 채였고, 그들은 함께 언덕 위쪽으로 올라갔다. 나도 따라갔다. 그들은 이제 커다란 무화과나무에 올라 식사를 하기 시작했다. 무화과나무 열매의 껍질과 씨앗이 바닥에 떨어지는 소리를 들을 수 있었다.

몇 시간 동안 우리는 이 나무에서 저 나무로 천천히 옮겨 다니면서 점점 더 높은 곳으로 올라갔다. 풀로 덮인 탁트인 능선에서 침팬지들은 거대한 음불라나무로 올라갔고, 거한 아침식사로 배가 부른 피피는 나무 위쪽 높은 곳에 커다랗고 편안한 잠자리를 만들었다. 피피는 한낮의 낮잠을 즐겼고, 페니는 그녀의 팔에 안겨 잠들었다. 프로도와 프로이드는 주변에서 놀고 있었다. 다시 곰베로 돌아와 침팬지들과 그들의 숲에 혼자 있을 수 있다는 것은 얼마나 위안이 되는 일인가. 나는 탐욕과 이기심으로 가득 찬 번잡하고 물질적인 세상으로부터 잠시 벗어나, 이 이른 시간에 자연의 일부가 된 것을 느낄 수 있었다. 침팬지들과 하나가 된 것을 느꼈다. 이러한 느낌은, 그들을 관찰하는 것이 아니라 아무것도 바라지 않고 심지어는 슬픔도 없이 단지 그들과 함께 있을 필요를 느꼈기 때문에 가능했다. 내가 앉아 있는 곳에서는 카사켈라 계곡이 내려다보였다. 바로 아래 서쪽으로 그 '봉우리'가 있었다. 기억들이 밀려왔다. 바로 저곳에서 젊은 시절을 보내며 아주 많은 것들을 배웠다. 앉아서 바라보고 있는 동안 침팬지들은 서서히 자신들의 세계에 침입한 이상한 하얀 유인원에 대한 두려움을 버리게 되었다. 나는 거기에 앉아서 오래전 느낌들을 다시 떠올렸다. 오래전에 느꼈던 발견의 즐거움, 서구인의 눈에 알려져 있지 않았던 것들을 보는 즐거움, 그리고 자연세계의 일부가 되어 하루하루를 살아가는 데서 느끼는 평온함, 사람을 위축시키면서도 감정을 고양시키는 세계.

이런 것들을 떠올리고 있는 동안 나는 태풍이 다가오고 있다는 것을 거의 느끼지 못했다. 갑자기 폭풍이 멀리서 다가오고 있는 것이 아니라 바로 내 위에 있다는 것을 깨달았다. 하늘은 어두워져 거의 검은빛이 되었고, 비구름이 산꼭대기들을 가려버렸다. 주변이 어두워지면서 열대호우가 내리기 전에 종종 있는 고요함이 찾아왔다. 우르릉거리는 천둥소리만이 점점 더 가까이 다가오면서 적막을 깨뜨렸다. 천둥소리와 침팬지들이 부스럭거리는 소리만이 들렸다. 갑자기 번쩍 하고 번개가 치더니 곧 단단한 바위를 흔들어놓을 만큼 엄청나게 큰 천둥이 쳤고, 메아리가 계곡에 울렸다. 그러더니 컴컴하고 짙은 구름 속에서 비가 쏟아붓듯 내리기 시작해서 하늘과 땅이 마치 흐르는 물속에 잠긴 것 같았다. 나는 잠시 동안 잎이 드리워진 야자수 아래 앉아 있었다. 피피는 새끼를 감싸 안은 채 웅크리고 앉아 있었다. 프로도도 그 옆에 꼭 붙어 있었다. 프로이드는 등을 구부리고 근처의 나뭇가지에 앉아 있었다. 비가 끊임없이 거세게 퍼붓자 야자수 잎은 더 이상 나를 가려주지 못했고, 나는 점점 더 비에 젖었다. 처음에는 으슬으슬하더니 차가운 바람이 불어오기 시작하면서 얼어붙을 것만 같았다. 혼자 앉아 있으면서 곧 시간 감각을 잃어버리고 말았다. 나와 침팬지들은 조용하고 참을성 있게 불평도 하지 않으면서 일체가 되어 앉아 있었다.

한 시간여가 지나서야 비바람의 중심부가 남쪽으로 옮겨 가면서 빗발이 누그러들기 시작했다. 4시 반쯤 침팬지들이 나무에서 내려왔고, 우리는 젖어서 물이 뚝뚝 떨어지는 수풀 사이를 지나 다시 산 중턱으로 내려왔다. 호수를 내려다보고 있는 풀 덮인 산등성이에 이르렀다. 창백하게 물기를 머금은 태양이 나타났고, 빗방울들이 잎사귀마다 풀잎마다 그 빛을 투명하게 반사해내자 마치 온 세상이 다이아몬드로 장식된 것 같았다. 나는 오솔길에 드리워진 섬세하고 연약한 반짝이는 거미줄을 망가뜨릴세라 몸을 낮추어 지나갔다.

피피와 그녀의 가족들이 멜리사와 그 가족들을 만나 인사하는 소리가 들렸다. 그들은 모두 신선한 잎을 먹으려고 낮은 나무 위로 올라갔다. 나는 그들이 하루의 마지막 식사를 즐기는 모습을 서서 바라볼 수 있는 자리로 옮겨 갔다. 아래의 호수는 아직도 어두웠고, 물결이 부서지면서 하얀 물보라를 일으키고, 남쪽 하늘은 검은 비구름으로 덮여 있었다. 북쪽 하늘은 약간의 먹구름이 남아 있기는 했지만, 거의 맑게 갰다. 그 광경이 너무 아름다워 숨이 막힐 정도였다. 부드러운 햇살 아래에서 침팬지들의 검은 털옷은 구릿빛 갈색으로 빛났고, 그들이 앉아 있는 나뭇가지들은 흑연처럼 촉촉한 검은빛이었으며, 어린 잎사귀들은 창백하지만 화사한 푸른빛을 띠고 있었다. 그리고 그 뒤편에는 아직도 번개가 어른거리고 멀리 천둥소리가 들려오는 가운데 쪽빛 하늘이 화려하게 펼쳐져 있었다.

주위를 둘러싼 아름다움에 넋을 잃고, 나는 아마도 어떤 고양된 의식 상태로 빠져들었던 것 같다. 그때 갑자기 다가왔던 진실의 순간들을 말로 옮기는 것은 매우 어려운, 아니 불가능한 일이다. 신비주의자조차도 순식간에 스쳐 지나간 정신적인 환희를 묘사할 수 없을 것이다. 나중에 그때의 경험을 떠올려보려고 애썼지만, 그땐 자아가 완전히 사라졌던 것 같다. 나와 침팬지들과 땅과 나무와 공기가 뒤섞여 삶의 영적인 힘 자체와 하나가 된 것 같았다. 대기는 날

개 단 교향곡인 새들의 지저귐 소리로 가득 차 있었다. 새들의 음악과 노래하는 풀벌레들의 소리에서 새로운 음조를 들을 수 있었다. 너무나 높고도 달콤한 음조에 경탄을 금치 못했다. 나는 한 번도, 나뭇잎 하나하나의 모양과 빛깔, 그리고 각각이 가지고 있는 독특한 잎맥의 무늬를 그렇게 강렬하게 인식해본 적이 없었다. 향기 또한 매우 분명해서 쉽게 구분할 수 있었다. 너무 익어버린 과일 냄새, 물에 젖은 땅 냄새, 차갑고 축축한 나무껍질 냄새, 침팬지의 털에서 나는 눅눅한 냄새, 그리고 내 몸에서 나는 냄새도. 으깨진 어린잎에서 나는 향기로운 냄새는 무엇보다도 압도적이었다. 나는 새로운 존재가 있음을 느꼈다. 그때 반짝이는 뿔과 비에 젖어 짙은 밤색을 띤 털을 가진 영양 한 마리가 바람을 거슬러 조용히 풀을 뜯고 있는 모습이 보였다.

갑자기 멀리서 우우 하는 소리가 들려왔고, 피피는 이에 대답했다. 마치 생생한 꿈에서 깨어난 것처럼, 나는 차갑지만 생기로 가득 찬 일상 세계로 돌아와 있었다. 침팬지들이 떠나고 나서도 나는 그곳에 머물러(그곳은 마치 성스러운 장소 같았다) 노트를 끄적이면서 순간적으로 경험한 것들을 묘사해보려고 했다. 위대한 신비주의자나 성인들의 시야에 나타나는 천사나 다른 천상의 존재의 방문을 받은 것은 아니었지만, 내가 믿는 한 그것은 매우 신비로운 경험이었다.

시간은 흘러갔다. 결국 나는 숲길을 따라 다시 내려와서 물가에 있는 내 집 뒤편에 다다랐다. 태양은 거대한 붉은 덩어리로 콩고의 언덕들 너머로 저물고 있었고, 나는 호숫가에 앉아 태양빛이 끊임없이 변화하면서 하늘을 붉은빛으로, 금빛으로, 어두운 자줏빛으로 물들이는 것을 바라보고 있었다. 폭풍우가 지나간 후의 고요한 호수 표면은 타오르는 하늘 아래에서 금색, 보라색, 붉은색 물결을 일으키고 있었다.

나중에 콩과 토마토와 달걀로 저녁식사를 준비하며 난로가에 앉아 있을 때도, 그 놀라운 경험에서 깨어나지 못하고 있었다. 나는 생각했다. '그래, 의미를 찾는 인간이 우리 주변의 세계를 바라볼 수 있는 창은 여러 가지가 있는 거야.' 그중에는 일련의 영리한 두뇌가 세대를 걸쳐 잘 닦아 놓은 서구의 과학이라는 창도 있다. 이러한 창들을 통해 우리는 인간이 지금까지 알지 못했던 세계를 더 멀리, 그리고 더 분명하게 내다볼 수 있는 것이다. 이러한 과학적인 창문을 통해서 나는 침팬지들을 관찰하는 법을 배웠다. 25년이 넘는 기간 동안 조심스럽게 기록하고 비판적으로 분석하면서, 그들의 복잡한 사회적 행동을 파악하여 마음이 움직이는 방식을 이해하기 위해 노력했다. 이러한 작업은 자연 속의 그들의 위치에 대해 더 잘 이해하도록 해주었을 뿐만 아니라, 인간 자신의 행동과 자연 속에서 인간이 차지하는 위치에 대해서도 더 잘 이해할 수 있게 도와주었다.

하지만 인간이 자신을 둘러싼 세계를 바라볼 수 있는 다른 창들도 있다. 그 창문은 동방의 신비주의자들과 성인들, 그리고 위대한 세계 종교의 창시자들이, 놀랍고도 아름다운 것들뿐만 아니라 어둡고 추한 것들로 가득 찬 지상에서 인간 삶의 목적과 의미를 찾고 있을 때 바라보았던 창문이다. 그러한 성인들은 머리뿐만 아니라 마음과 영혼을 다해서 그들이 본 진리들에 대해 명상했다. 이러한 깨달음으로부터 위대한 경전들, 성스러운 책들, 최고로 아름다운 신비주의적인 시와 글들에 담긴 정신적 결정체들이 생겨난 것이다. 그날 오후, 보이지 않는 손이 내 앞의 커튼을 치워 아주 잠깐 '밖을 바라보는' 동안 나는 영원하고 고요한 환희를 알게 되었고, 주류 과학은 단지 그 작은 일부분밖에 설명하지 못한다는 진실을 깨달았다. 비록 그 깨달음이 완전히 기억나지는 않지만, 남은 평생 동안 내 안에 머무르게 될 것임을 알았다. 그것은 삶이 가혹하고 잔인하고 황량해 보일 때 나를 지탱해주는 힘의 원천이 되었다.

너무나도 많은 사람들이 과학과 종교가 상호 배타적이라고 생각하는 것은 매우 슬픈 일이다. 과학은 이 지구상의 모든 생명체와 우리의 작은 세상이 아주 작은 부분으로 속해 있는 태양계가 형성되고 발전해온 과정을 밝히기 위해 현대적인 기술과 기교들을 사용해왔다. 최근에는 천문학자들이 행성들의 대기와 새로 밝혀진 태양계들을 기록해왔다. 신경학자들은 두뇌 활동에 관한 놀라운 사실들을 밝혀냈다. 물리학자들은 원자를 점점 더 작은 입자들로 나누었다. 양을 복제했고, 화성의 표면을 탐사하기 위해 작은 로봇을 보냈다. 놀라운 사이버 스페이스의 세계가 열렸다. 인간의 지적 능력은 참으로 놀랍다. 하지만 슬픈 것은 이런 놀라운 발견들을 통해 인간이 자연계와 우주의 모든 신비로운 것들, 그리고 무한과 시간을 자신의 제한된 두뇌에 의한 논리와 추론으로 전부 이해할 수 있다고 믿게 되었다는 점이다. 따라서 많은 사람들에게 과학은 종교를 대신하게 되었다. 그들은 이 세계를 창조한 것은 보이지 않는 신이 아니라 빅뱅이라고 주장한다. 물리학, 화학, 진화생물학은 우주의 시작과 지구상에서 생명체의 등장과 발전을 설명할 수 있다고 말한다. 그들은 신과 인간의 영혼, 죽음 뒤의 삶을 믿는 것이 우리의 삶에 의미를 부여하기 위한 필사적이면서도 어리석은 시도에 불과하다고 본다.

하지만 모든 과학자들이 그렇게 생각하는 것은 아니다. 신의 개념이 단지 희망을 담은 생각에 불과한 것이 아니라고 결론 내린 양자물리학자들이 있다. 물리학자인 존 에클스는 비록 인간의 영혼에 관한 질문들이 과학의 범위를 넘어서는 것이라 생각하기는 했지만, 죽은 후에도 의식적인 자아가 계속될 수 있는가라는 질문을 받았을 때 단호하게 부정적인 대답을 해서는 안 된다고 과학자들에게 경고했다. 또 두뇌를 연구하는 몇몇 학자들은 이 신기한 구조물에 대해 아무리 많은 것을 밝혀내더라도 인간의 마음을 완전하게 이해할 수는 없을 것이라고 생각한다. 결국 전체는 개별적인 것들의 합보다 더 크지 않은가. 빅뱅 이론은 태초의 알 수 없어 보이는 현상에 대해 알고자 하는, 믿을 수 없을 정도로 놀라운 인간사고 능력의 한 예에 불과하다. 그것은 우리가 아는 혹은 우리가 안다고 생각하는 시간에 관한 것이다. 하지만 시간이 존재하기 전에는 어떠했는가? 그리고 공간을 넘으면 어떠한가? 나는 어렸을 때 이러한 질문들로 인해 얼마나 고민했는지를 지금도 기억하고 있다.

등을 대고 똑바로 누워서 나는 어두워지는 하늘을 올려다보고 있었다. 만약 인간이 모든 신비감과 경외감을 잃게 된다면 그건 정말 슬픈 일이라는 생각이 들었다. 만약 좌뇌가 우뇌를 완전히 장악해서 논리와 이성이 직관을 지배하고, 가장 내면적인 부분들이 마음이나 영혼으로부터 우리를 영원히 분리시킨다면. 햇빛이 사라지면서 별들이 밝은 것들부터 하나씩 하나씩 떠오르기 시작했다. 하늘이 점차로 밝고 반짝이는 빛의 점들로 가득 찼다. 분명히 우리 시대 최고의 과학자 중 하나이자 사색가인 아인슈타인은 별들을 바라볼 때마다 마음 가득히 느끼는 놀라움과 겸허함으로 항상 새로워진다는, 삶에 대한 신비론적인 입장을 견지했다.

적어도 네안데르탈인이 살기 시작했던 때부터, 아니면 그보다 먼저, 이 지구상에 있는 사람들은 모두 자신들의 신을 경배했다. 인간의 신념 가운데서 종교적이고 영적인 믿음은 때로는 반세기가 넘는 심한 박해 속에서도 유지될 만큼 가장 강력하게 오래 지속되어왔다. 어렸을 적에 나는 기독교 순교자들이 감내했던 고난들을 가끔씩 상상하곤 했다. 지구상의 많은 원주민들은 창조주와 위대한 영혼들에 대한 자신의 믿음을 유지했으며, 발각될 경우 받게 될 혹독한 처벌을 무릅쓰고 비밀리에 종교적 실천들을 행했다. 동유럽에서도 신에 대한 믿음은 45년에 걸친 공산주의 정권하에서도 여전히 살아남았다.

집으로 들어가기가 싫어 별들이 박혀 있는 하늘을 계속 바라보다가 이제 막 끝낸 6주 동안의 여행에서 만난 한 젊은 청년을 떠올렸다. 그는 내가 텍사스와 댈러스에서 머물렀던 큰 호텔에서 주말에만 벨보이로 일하고 있었다. 그날 밤에는 무도회가 있었고, 나는 아름다운 이브닝드레스를 입은 젊은 아가씨들과 이들을 에스코트하고 온 턱시도 입은 멋진 남자들을 지켜보면서 서성거리고 있었다. 그들은 행복하고 아무 걱정도 없으며 앞에 온전한 삶만이 펼쳐진 것처럼 보였다. 내가 거기 서서 그들과 나, 그리고 이 세계의 미래에 대해 생각하고 있을 때 목소리가 들려왔다.

"저 실례지만, 제인 구달 선생님이 아니신가요?" 그 벨보이는 매우 젊어 보였다. 하지만 걱정이 있는 것처럼 보였다. 한편으로는 나를 방해해서는 안 된다고 생각해서인 듯했고, 또 한편으로는 정말로 그에게 걱정이 있기 때문인 듯했다. 그는 나에게 물어볼 것이 있었다. 그래서 우리는 화려한 사람들과 손을 잡고 있는 남녀들로부터 벗어나 뒤편에 있는 계단에 가서 앉았고, 신과 창조에 대해 이야기했다.

그는 나에 대한 기록 영화를 모두 보았고, 나의 책들도 모두 읽었다. 그는 완전히 매료되어 있었고, 내가 대단한 일을 했다고 생각하고 있었다. 하지만 나는 진화에 대해 이야기했다. 내가 종교적인가? 내가 신을 믿는가? 그렇다면 어떻게 진화와 종교를 조화시킬 수 있는가? 우리가 정말로 침팬지에서 진화해왔는가? 이런 질문들이 솔직한 진심과 진정한 관심 속에서 나왔다.

나는 나 자신의 믿음을 설명하기 위해 최대한 진실하게 대답하려고 노력했다. 나는 어느 누구도 인간이 침팬지에서 진화해왔다고 생각하지는 않는다고 그에게 말해주었다. 또한 다윈의 진화에 대해서 믿고 있다고 말하고, 멸종된 생물들의 잔해를 직접 만져보았던 올두바이에서의 경험에 대해 이야기했다. 박물관에서 연구한 것은 말의 다양한 진화 단계였다. 토끼만 한 크기에서부터 오랜 세월에 걸쳐 서서히 변화해 점점 환경에 적응해가면서 오늘날의 말로 변화해온 것이다. 나는 수백만 년 전에 원시적인 유인원 같기도 하고 인간 같기도 한 생명체가 있었는데, 그 일종은 변화해서 침팬지가 되고 다른 일종은 변화해서 결국 인간이 되었다고 믿는다고 말했다.

"하지만 그렇다고 해서 신을 믿지 않는다는 것은 아니에요." 나는 또한 나의 믿음과 가족에 대해 이야기했다. 할아버지가 교회 목사였다는 것도. 나는 항상 하나님이 7일 동안 세상을 만들었다는 서술이 진화의 과정을 우화로 설명하려는 한 시도일지도 모른다고 생각해왔다. 그렇게 본다면 하루하루는 실제로 수백만 년이었을 것이다.

"아마 하나님은 한 생명체가 하나님의 목적에 적합하게 진화하는 것을 지켜보았을지도 모르죠. 호모 사피엔스가 그런 두뇌와 정신과 잠재력을 갖게 되었을 거예요. 그때 하나님께서 인간 최초의 남성과 여성에게 영혼을 불어넣고, 그들을 성령으로 가득 채웠을지도 모르죠."

벨보이는 그제야 걱정이 상당히 줄어든 것 같았다. 그가 말했다. "네, 알겠어요. 그것이 맞을 것도 같네요. 그건 이치가 닿는 것 같군요."

나는 솔직히 진화건 특별한 창조이건 간에 인간이 어떻게 지금과 같은 모습을 가지게 되었는지는 별로 중요하지 않다고 말하는 것으로 이야기를 마쳤다. 중요한 것, 진정으로 문제가 되는 것은 우리가 앞으로 어떻게 될 것인가였다. 신이 만들어놓은 이 땅에서 서로 싸우고 상처 주면서 신의 창조물들을 계속 파괴해갈 것인가? 아니면 다른 사람들과 자연 세계와 더욱더 조화를 이루며 살아갈 방법을 찾게 될 것인가? 중요한 것은 그것이라고 말했다. 인류 전체의 미래를 위해서뿐만 아니라 그 청년 자신에게도 그러하다고. 그는 스스로 결정을 해야 할 것이다. 헤어질 때 그 청년의 눈은 맑고, 고민이 없어 보였으며, 얼굴은 미소를 띠고 있었다.

그 짧았던 만남을 떠올리면서, 텍사스에서 수천 리 떨어져 있는 이곳 곰베의 호숫가에 있는 나 또한 웃고 있었다. 매우 가치 있는 30분이었다는 생각이 들었다.

바람이 불기 시작하면서 날이 쌀쌀해졌다. 밝은 별들을 뒤로하고 침대가 있는 집 안으로 들어갔다. 하지만 자러 들어간 것은 아니었다. 내 마음은 아직도 그날 경험한 일들로 가득 차 있었고, 누워서 잠이 올 듯 말 듯 하면서도 그 생각이 계속 머릿속을 떠돌았다. 스스로 진정시키기 위해 숲속에 있는 나 자신을 상상해보았다. 장면들이 저절로 떠올랐다. 그럽이 어렸을 적에 대니 할머니가 버치스 정원의 의자에 앉아 차를 마시는 모습이 생생하게 보였다. 그다음에는 나이 들고 주름진 에릭 삼촌이 마지막 심장 발작을 일으켜 우리 집에서 얼마 떨어지지 않은 요양소 침대에 누워 있는 모습이 떠올랐다. 어머니와 올리 이모에게는 삼촌을 들어 올릴 만한 힘이 없었기 때문에 삼촌은 요양소로 가게 되었다. 그리고 삼촌이 돌아가시던 날 밤에 죽은 사람의 영혼을 부른다는 올빼미 소리를 들었던 것을 기억해냈다. 본머스에서는 15년 이상 올빼미 소리를 들어본 적이 없었기 때문에, 난 그때 그 이야기를 아무에게도 하지 않았다. 몇 달이 지나서 어머니에게 그 이야기를 했는데, 어머니는 매우 놀라면서 자기도 그 소리를 들었다고 했다. 또한 우리 집 개 시다와 같이 산책을 나갔다가 넘어져서 두개골에 금이 간 오드리 이모를 떠올렸다. 그녀는 상태가 좋아져서 1년도 넘게 살았다. 어느 날 밤에 어머니가 차 한 잔을 가지고 들어갔을 때, 오드리 이모는 한 번도 그녀의 방에 들어와본 적 없는 시다가 자기 침대 곁에 앉아서 오래도록 그녀를 바라보고 있었다고 말했다. 나중에 어머니가 들여다보았을 때도 시다는 여전히 그곳에 있었다. 다음 날 아침에 오드리 이모는 쓰러졌고, 세상을 떴다. 나는 시다의 삶의 마지막 나날들에 대해서도 생각해냈다. 우리는 모두 시다가 낫고 있다고 생각했다. 그러나 그것은 단지 바람일 뿐이었다. 그리고 어린 시절 친구인 러스티의 죽음을 떠올렸다. 진저, 베긴스, 리펄, 스파이더, 다르에스살람에서 내 친구가 되어주었던 개들. 그들이 죽을 때마다 얼마나 슬퍼했는지, 그리고 플로가 죽었을 때 그녀가 했던 모든 일들과 그녀로부터 배운 모든 것들을 생각하며 개울가에 있는 시신 곁에 앉아 있던 것을 떠올렸다. 그리고 너무도 생생하게 데릭의 모습과 그가 침팬지를 보기 위해 먹이를 나눠주는 곳까지 기를 쓰고 올라가던 모습이 보였다. 난 내가 울고 있다는 것을 알았다. 오랫동안 울었다. 울면서 지난날의 분노와 슬픔과 자기 연민을 떨쳐버렸다. 울다가 잠이 들었다. 하지만 눈물은 약이 될 수도 있다. 나는 여전히 데릭의 죽음과 그가 죽어간 과정에 대해 슬퍼하겠지만, 이제 내 슬픔을 감당할 수 있다. 숲과 그 속에 생생하게 살아 있는 영적인 힘은 '이해를 넘어서는 평안'을 가져다주었다.

무함마드 유누스는 그라민 은행을 설립하여 극빈자들
에게 희망을 주었다.

13장

도덕적 진화

모든 인간들, 모든 독특한 존재들은 진보를 이루어나가는 데
어떤 역할을 하고 있는 것이 분명하다. 매일 매초마다 이 지구상에는
마음과 마음, 즉 선생님과 학생, 부모와 자식, 지도자와 시민, 작가 또는
배우와 일반 대중들이 만나서 변화를 이루어내고 있다.
그렇다. 우리 모두는 변화의 씨앗을 가지고 있다.
이 씨앗들이 자신의 잠재력을 실현시킬 수 있도록 잘 가꾸어야 한다.

곰베에서 보낸 몇 주간은 아주 의미 있는 시간이었다. 육체적으로도 정신적으로도 새로운 힘을 얻었고, 새로운 열성을 가질 수 있었다. 다시 다르에스살람으로 돌아갔을 때 비록 여전히 잃은 것에 대해 슬퍼했고, 데릭과의 짧은 결혼 생활 동안 나누었던 것들이 달콤하면서도 씁쓸하게 느껴졌지만, 전처럼 슬프지만은 않았다. 나는 대부분의 시간을 나를 찾아온 두 마리의 길 잃은 개인 세란다와 신데렐라와 함께 커다란 집에서 지냈다. 개들은 큰 위안이 되어준다. 동물들에 대한, 그리고 과학에 대한 태도를 형성하는 데 러스티가 도움을 준 이래로 개들은 내 삶에서 중요한 부분을 차지해왔다. 곰베에서 정신적으로 회복되고 있는 동안 내 마음속에서 시 한 편이 완성되어가고 있었다.

나무와 꽃의 작은 천사들

나는 기억하지 못하네 내가 처음 들었던 때를,
그들이 은빛 목소리로 부르는 소리를,
나무와 꽃의 작은 천사들.

그들은 내 마음을 열어주고
내 영혼을 데려가, 맑게 해주리라 했지.
아! 나는 그들을 반가이 맞아들이고,
향기로운 풀숲 위에 길게 누웠지,
텅 빈 나무껍질처럼 가볍게.

그러자 그들은, 애처로워하는 미소로,
내 마음의 녹슨 문에 기름을 칠하고,
거미줄을 치우고,
나의 영혼을 허공, 가장 높은 가지에 걸어두었지,
정화하는 태양과 가까운 그곳에. 그건 행운이었어.
그곳에서 펄럭일 때,
지빠귀딱새의 달콤한 노랫소리가 나무들 위로 솟아 나와
내 영혼의 모든 실타래들이 그 화음에 젖었으니.

모든 것이 깨끗하고 새로웠던 그때
그들은 내 영혼을 데려와 다시 돌려놓으며,
미소 짓고, 춤추며 떠나갔지.

도덕적 진화

그리고 나는 하루나 이틀은
세상을 바라보았네.
새로 태어난 아이처럼 순진한 놀라움에 가득 차서.

그리고 이제 난 슬플 때나,
갑자기 분노로 가득 찰 때, 조용한 장소를 찾아가네.
풀과 나뭇잎과 흙이 있는 곳, 그리고
그곳에 조용히 앉아서, 그들이 다시 오기를 바라네.
나를 부르러, 그 은빛 목소리로,
나를 다시 정결히 하도록,
나무와 꽃의 작은 천사들이.

세상사에 대해 함께 이야기할 데릭이 없었기 때문에 주
변은 매우 조용했다. 그래서 예전 같으면 아내로서의 일을
했을 여가 시간에 지난 20년간 곰베에서의 연구 결과를 분
석하고 기록하는 데 전념했다. 더불어 그즈음에 일어나고
있는 일들에 주의를 기울였다. 데릭과 나는 항상 〈뉴스위
크〉와 〈이코노미스트〉를 읽었는데, 나는 그 일을 계속했다.
그리고 상당수가 외교관이던 친구들과 탄자니아의 정치에
대해 논의했다. 탄자니아는 이웃나라 우간다에서 일어난
전쟁의 후유증으로 어려움을 겪고 있었다. 탄자니아 군대
가 축출된 대통령 밀턴 오보테의 군사들을 돕기 위해 진격
하여, 잔인했던 이디 아민의 독재정권에 종지부를 찍게 했

기 때문이었다. 탄자니아는 이에 대한 대가를 톡톡히 치렀다. 경제는 바닥으로 곤두박질쳤고, 식량 부족이 계속되었으며, 가난한 사람들은 더욱 빈곤해졌다.

전쟁이 끝나자 탄자니아는 군인들로 넘쳐났다. 총과 화약을 가지고 있거나, 쉽게 구할 수 있지만 일자리는 없는 돌아온 영웅들이었다. 나라 전체에 무장 강도가 엄청나게 늘어났다. 나는 여전히 개들을 데리고 해변을 산책했지만, 이제는 조심하게 되었다. 무시무시하게 생긴 드라이버를 내 목에 들이대는 강도에게 시계를 빼앗긴 적도 있다. 바보같이 시계를 차고 나가는 게 아니었다.

늘어나는 범죄에도 불구하고 탄자니아는 아프리카의 다른 나라들에 비하면 여전히 평온한 곳이었다. 곰베 국립공원에서 북쪽으로 겨우 몇 킬로미터 떨어져 있는 부룬디와 그 옆에 있는 르완다에서는 분쟁이 일어나고 있었는데, 이는 이후에 소수의 투치족들과 맞서 싸우는 후투족들 사이의 엄청난 유혈 사태로 번졌다. 곰베의 호수 바로 건너편에 있는 자이르 동부에서는 아직도 혼란이 지속되고 있었고, 간간이 그곳으로부터 피난민들이 도착했다. 가나에서는 쿠데타가 있었다. 차드에도 분란이 있었다. 세계적으로는 아직도 냉전의 불씨가 타고 있었다. 정치적·경제적 이해관계로 개발도상국에 광범위한 무기와 지뢰의 거래가 촉진되었고, 이들 국가들은 강대국들의 경제적 경합의 장이 되었다. 이러한 경합으로 이미 수천 명의 무고한 사람들이 집을 잃고, 불구가 되고, 죽어갔다. 사다트 대통령이 암살되던

해에 교황 요한 바오로 2세와 미국 대통령인 로널드 레이건의 목숨을 노리는 사건이 있었고, IRA는 영국에서 폭력 시위를 시작했다. 그리고 스리랑카와 엘살바도르, 인도, 아프가니스탄, 레바논에도 불안과 폭력이 지속되고 있었다. 이후 몇 년 동안 영국은 포클랜드를 공격했고, 간디 여사가 암살되었으며, 미국은 리비아를 폭격했고, 그리고 충격적이게도 우리는 이라크가 엄청난 양의 화학 무기를 이란과의 전쟁에 동원했을 뿐만 아니라 자기 국민들에게도 사용했다는 사실을 알게 되었다. 대부분 쿠르드의 민간인 생존자들로부터 이에 대한 끔찍한 증언들이 이어졌다.

전 세계에서 인간들이 고통을 겪고 있는 것처럼 보였다. 개발도상국들뿐만 아니라 서구의 가장 번영하는 국가의 도시 한가운데에도 굶주리고, 병들고, 집 없는 사람들이 있었다. 영국의 브릭스톤에서는 처음으로 흑인 젊은이들의 심각한 폭동이 있었다. 그리고 그 무엇보다도 우리 소중한 지구의 공기와 토양과 물이 오염되고 있었고, 우리의 유일한 세계인 자연 세계는 파괴되고 있었다.

나는 스스로 질문했다. 우리에게 미래에 대한 희망이 있는 것인가? 우리의 이기적인 탐욕(권력과 토지와 부에 대한 욕망)은 평화를 바라는 마음보다 훨씬 우세한 것처럼 보였다. 자유세계에 의해서 나치 독일이 패배하는 것을 보고 내가 느꼈던 행복감은 그 빛이 바래기 시작한 지 오래였다. 나는 휴고와 내가 이렇게 희망도 없고 사악한 세상에 아이를 태어나게 한 것이 잘한 짓인지 확신할 수 없었다.

그 시기에 내 오랜 친구인 휴 콜드웰이 나에게 의사에서 철학자가 된 르콩트 뒤 노위가 1937년에 쓴 《인간의 운명》이라는 책을 주었다. 그는 수많은 어려움에도 불구하고 이 지구상에 서서히 생겨나고 생존해온 우리 인류가 이제 덜 공격적이고 덜 호전적이며 점차 배려하고 공감하는 방향으로 나갈 수 있는 도덕적 자질들을 획득해가는 과정에 있다고 믿었다. 그는 이것이 우리의 최종 목표이며, 인류의 존재 이유라고 했다. 이 얼마나 고무적인 생각인가! 나는 인간의 신체적 구조의 진화에 대해서는 이미 익숙해져 있던 터였다. 나는 초기의 인류 선조의 화석화된 흔적을 연구하는 데 자신의 일생 대부분을 보냈던 루이스 리키와 함께 일했다. 그리고 곰베에서 내가 보낸 몇 해는 문화적 진화에 대해 조심스럽게 생각할 수 있게 해주었다. 문화적 진화는 많은 사람이 주장하듯이 인간에게만 고유한 것은 아니다. 침팬지들도 그러한 경로로 나아가고 있다. 나는 도덕적 진화에 대한 뒤 노위의 책을 접했고, 그 책에 매료되었다. 그의 논의를 접하면서 상당 부분이 나와 일치한다고 생각했다. 나는 우리가 처한 이 암담해 보이는 상황에 대해 새로운 방식으로 생각하기 시작했다.

인류가 진화해온 이 열대 지방에는 어디나 따뜻한 기후와 먹을거리가 있다. 초기의 세상이 낙원이었던 것은 물론 아니다. 처음부터 인간은 주기적인 배고픔과 질병과 상해로 고통받아왔다. 침팬지가 그러했던 것과 마찬가지로 최초의 유인원 같기도 하고 인간 같기도 한 호미니드는 그들보다 날카로운 발톱과 이빨을 가졌을 뿐 아니라 그중 상당수는 더 빠르고 나무도 더 잘 타는 온갖 종류의 맹수들에 둘러싸여 있었을 것이다. 하지만 인류는 일찍이 크게 발달한 두뇌를 가지고 자신을 지켰다. 그리고 그 수가 늘어나면서 일부는 최적의 거주지에서 벗어나 더 살기 힘든 곳으로 옮겨 가야만 했다. 크고 뛰어난 두뇌를 가진 인류가 지능이 덜 발달한 인류보다 이점이 있었다. 그리하여 더 똑똑한 인간들은 자신들의 유전자를 다음 세대에 물려주었다. 점차로 인류는 유례없이 복잡한 도구들을 발전시키게 되었고, 자연을 자신의 뜻대로 변형시킬 수 있게 되었다. 그리고 어느 지점에선가 인간 고유성의 척도가 되는 언어를 획득하게 되었다.

우리 조상들이 처음으로 자녀들을 포함해서 서로에게 실제로 존재하지 않는 사물이나 사건에 대해 이야기할 수 있게 된 것은 바로 이 언어의 덕택이었다. 현존하는 동물들 중에도 복잡한 두뇌와 정교한 의사소통 체계를 가진 영리한 동물들이 있지만, 그들은 우리가 아는 한 언어를 가지고 있지 않다. 침팬지와 여타 유인원들은 미국의 수화인 ASL의 기호들을 많이 배울 수 있다. 300개 이상의 단어를 익힐 수 있으며, 조련사뿐만 아니라 서로 간에도 새로운 맥락에서 이를 사용할 수 있다. 하지만 진화 과정에서 그들은 인간의 고유한 능력인, 존재하지 않는 것에 대해 이야기하고, 오래전의 사건을 공유하며, 먼 미래를 계획하고, 무엇보다도 생각을 교환함으로써 전체 집단의 축적된 지혜를 공유할 수 있는 능력을 발달시키지 못했다. 이러한 언어는 우리 조상들이 이후에 종교적인 믿음과 정교한 숭배로 발전하게 된 경외의 감정을 표현할 수 있게 해주었다.

나는 침팬지들도 경외와 비슷한 감정을 알고 있다고 믿는다. 카콤베 계곡에는 장엄한 폭포가 하나 있다. 24미터 높이의 이 폭포에서 희미하게 푸른 허공을 뚫고 물이 떨어지면서 거대한 소리가 울려 나온다. 수많은 영겁의 세월 동안 물은 단단한 바위에 흠을 만들었다. 양치류들은 떨어지는 폭포수에서 이는 바람에 끊임없이 흔들린다. 양쪽 가에는 넝쿨들이 걸려 있다. 그곳은 마법에 걸린 장소이자 영적인 장소로 느껴졌다. 때때로 침팬지들은 강둑을 따라 느리고도 리듬 있는 동작으로 그곳에 다가오곤 했다. 큰 돌과 나뭇가지들을 집어서 던지기도 했다. 그들은 뛰어올라 넝쿨을 붙잡고는 그들을 매달고 있는 약한 가지가 그들의 무게에 부러지거나 꺾어질 때까지, 물안개가 바람과 함께 피어오르는 개울 위에서 흔들거리곤 했다.

약 10분 동안 이들은 이런 멋진 '춤'을 보여주었다. 왜였을까? 침팬지들이 어떤 경외와 같은 감정에 반응한 것이라고 볼 수도 있지 않을까? 살아 있는 듯하고, 항상 흘러가지만 결코 사라지지 않으며, 늘 같은 듯하지만 또 다른 물이 뿜어내는 신비로움에서 무언가를 느꼈을지도 모른다. 인간이 통제할 수 없는 자연의 신비와 그 요소들에 대한 숭배인 정령 신앙을 처음 발생시켰던 것도 이와 비슷한 경외감에서가 아니었을까. 우리의 선사시대 선조들은 언어를 발달시키고 나서야 비로소 이러한 내적인 느낌들에 대해 이야기하고 공유된 종교를 만들어내는 일이 가능했을 것이다.

언어는 또한 석기시대 조상들이 행위의 도덕적 규칙들을 발전시킬 수 있게 해주었다. 침팬지들도 높은 지위에 있는 놈이 싸움에 끼어들어 약자를 구해준다. 이런 행동들은 인간이 가진 도덕성의 전조처럼 보인다. 하지만 그들 사회에서는 대부분의 경우 '힘'이 '정의'이며, 약한 놈들은 부당한 대우를 받더라도 힘 있는 놈들에게 순종해야 한다. 그러나 인간은 행위에 관한 복잡한 도덕적·윤리적 규칙들을 만들어냈다. 비록 선하고 악한 것이 사람들에게 항상 같은 방식으로 해석되지는 않지만, 이 세상의 모든 문화가 이러한 규칙들을 가지고 있다.

르콩트 뒤 노위는 인간이 진화해오는 동안 도덕도 발전해왔다고 본다. 우리의 신체적 형태는 오랜 세월에 거쳐 서서히 진화해왔다. 작은 원형질의 생명체가 생겨난 이래 처음으로 포유류가 나타날 때까지는 수십억 년이 걸렸다. 인류가 이 지구상에 두 발로 서서 살아온 것은 겨우 몇백만 년밖에 되지 않았다. 비록 모든 인간들의 행동이 너무도 비윤리적이고 사악한 일들이 수없이 많이 일어나고 있지만, 점점 더 많은 사람들이 이전 어느 때보다도 무엇이 잘못되었는지, 그리고 무엇이 바뀌어야 하는지에 대해 인식하게 되었다.

뒤 노위의 논의에 대해 생각해보면서 우리의 도덕적 행동(또는 도덕의 결여)을 새로운 시각에서 바라볼 수 있었다. 우

리의 이기적인 본성이 너무나도 자주 사랑과 이타적인 본
성들을 눌러버리고 만다는 것은 정말 비극적인 일이다. 하
지만 그럼에도 불구하고 우리는 진화적인 기준에서 본다
면 짧은 시간에 먼 길을 걸어왔다. 예를 들어 불과 100년
전만 해도, 바로 내가 살고 있는 영국에서도(그리고 다른 서구
국가에서도 마찬가지로) 가난한 사람들이 살아가는 환경이라는
것은 말할 수 없이 참혹했다. 여자와 아이들, 그리고 조랑
말들도 거의 암흑에 가까운 지하 갱도의 끔찍한 환경에서
믿을 수 없을 정도로 오랫동안, 휴식 시간도 먹을 것도 거
의 없는 상태에서 일해야 했다. 참혹한 빈민가에서는 어른
들뿐만 아니라 아이들도 추운 겨울을 맨발로 별 옷가지도
없이 지내야만 했다. 결핵이나 구루병 같은 질병이 흔했다.
노예라는 것도 허용되는 노동의 한 형태였다. 가톨릭 국가
였던 아일랜드의 슬럼에서 성장하는 것에 대해 쓴 최근의
몇몇 책들은 너무나도 충격적인 모습들을 그리고 있다. 그
런 곳에서 아이들이 어떻게 살아남을 수 있었는지 신기할
정도다.

1980년대에 와서 영국이 얼마나 달라졌는지 생각해본다.
이론적으로는 모든 사람들이 복지를 누리고 있다. 일부 도
심 지역의 환경은 아직도 열악하지만, 지방 정부와 사회 활
동가들은 최소한 그것들을 개선하려고 노력하고 있다. 복
지 국가는 그 모든 결점에도 불구하고 자신과 가족을 돌볼
수 없는 사람들에 대한 윤리적인 염려에서 출발한 것이다.
많은 자선 단체들이 소수 집단의 생활 조건을 개선하기 위

해 일하고 있다. 노예제는 폐지되었다. 산업체들이 개발도
상국에서 값싼 노동력을 노예와 같이 부리고 있다는 소식
이 알려지자, 수많은 공개적인 비난들이 잇따랐다. 때때로
이는 노동자들의 환경을 개선시키기도 했다.

비슷한 종류의 개혁이 이 지구상의 많은 민주 국가들에
서도 이루어지고 있다. 특히 미하일 고르바초프의 지도력
하에, 구소련의 억압적인 공산 독재정권은 물론 세계 다른
지역의 공산 정권을 붕괴시킨 사고의 변화가 있었다. 인간
의 존엄성과 권리는 점차로 관심의 대상이 되어가고 있으
며, 심지어는 전 세계에서 동물 권리 운동이 인정받고 있고
지지를 얻어가고 있다. 아직도 만연해 있는 폭력, 잔인함,
억압, 착취에 대처하기 위해 UN과 같은 국제적인 조직들
이 만들어졌다. 비록 세계 평화를 유지하고 대량 학살을 방
지한다는 설립 시의 기대에는 못 미치더라도, 그러한 단체
가 만들어졌다는 것 자체가 올바른 방향으로 중요한 한 발
짝을 떼어놓은 것이라 할 수 있다. 인간은 점차 자신이 속
해 있는 국가의 경계를 넘어 뻗어나가고 서로 도울 것으로
여겨진다. 아직도 가야 할 길은 멀지만, 우리는 서서히 바
람직한 방향으로 나아가고 있다.

내가 이런 것들을 생각하고 있는 동안, 방글라데시의 경
제학 교수 무함마드 유누스는 자기 주변에 있는 거리의 거
지들이 처한 부당한 운명에 대해 생각만 한 것이 아니라,
그들의 어려움을 덜어줄 적극적인 방안을 시도하고 있었
다. 이런 생각은 방글라데시가 극심한 기아를 겪고 있던

1974년에 시작되었다. 다카의 거리는 먹을 것을 찾아 마지막 남은 힘을 다해 수도로 걸어온 사람들로 점점 더 넘쳐나고 있었다. 그들은 '피골이 상접한 채'로 거리에 앉거나 누워 있었다. 그리고 수십 명씩 죽어나갔다. 당시 그곳 대학에서 경제학 이론을 가르치고 있던 무함마드 유누스에게 그것은 일생을 바꾸어놓는 경험이었다. 그는 학문적인 삶과 경제학 이론들에서 떠나 주변 거리에서 일어나는 일들과 사람들이 서서히 끔찍하게 굶주려 죽어가는 원인을 알아보고 싶었다. 그는 가까운 마을을 찾아가 대나무 의자를 만드는 스물한 살의 여성 수피아 데굼과 이야기를 나누었다. 그녀가 들려준 이야기는 결국 처지가 같은 수천 명의 여성들 이야기였다. 그녀는 파이키브라 불리는 중개인에게서 빌린 미화 22센트 상당의 돈으로 대나무를 구입했다. 빚을 갚기 위해서 매일 일과가 끝나면 만든 물건을 모두 그에게 팔아야만 했다. 그녀의 수입은 잘해야 하루 2센트 정도에 불과했다. 이자가 너무 높았기 때문에 사채업자에게서는 돈을 빌릴 수 없었다. 그녀가 자신과 아이들을 위해 이 부당한 배고픔과 가난의 고리를 끊을 수 있는 방법은 어디에도 없었다. 그녀가 자립해서 삶을 꾸려나가기 시작하는 데 필요한 22센트는 결코 손에 쥘 수 없었다.

수피아와 같은 처지에 있는 사람들이 그 마을에만 해도 마흔두 명이나 되었다. 그들이 자신의 일을 시작하기 위해서 빌려야 하는 돈의 총합은 27달러도 안 되었다. 27달러를 주머니에 가지고 있던 무함마드 유누스가 그 돈을 빌려주었다. 그는 방글라데시의 은행들을 찾아가 가난하게 살아가고 있는 사람들에게 대출을 해주는 프로그램을 시작하라고 설득했다. 그러나 대답은 한결같았다. "가난한 사람들을 어떻게 믿습니까." 심지어 그들이 빌렸던 몇 푼 안 되는 돈을 갚는다는 것을 보여준 경우에도 마찬가지였다.

그래서 무함마드 유누스는 수백만 명의 극빈자들에게 새로운 삶과 희망을 가져다줄 은행을 직접 만들었다. 1983년에 공식적으로 창립된 그라민 은행은 이후 15년 동안 다른 나라까지 확장해서 모두 20억 달러가 넘는 돈을 소액으로 대출해주었다. 몇 년 후 나는 무함마드 유누스를 만났고, 세계 지도자들의 회의에서 그가 연설하는 것을 들었다. 조용하고 눈에 잘 띄지도 않는 이 사람은 빛나는 광채 같은 위대함과 칼날 같은 예리한 정신을 가지고 있었다. 정말 그는 우리들 중 천재였고, 나에게는 성인이었다.

이러한 일화들은 인간이 선을 행할 잠재력을 가지고 있음을 보여준다. 그리고 뒤 노위의 책은 왜 아직 우리가 도덕적인 미래를 향한 힘든 길에서 더 빨리 앞으로 나아가지 못하는지를 설명하는 데 도움을 주었다. 하지만 과연 우리가 이 여정을 완성할 날이 올까? 그럴 것 같지 않다. 이성적인 사람이라면 인간이 자연을 파괴하고 있는 이 놀라운 속도에 좌절하게 될 것이다. 인간은 수백만 년 동안이나 자신을 탄생시키고 발전시켜온 자연을 파괴하고 있는 것이다. 최근 들어 현대적인 믿음과 기술들이 오래된 믿음과 전통을 쓸어버림에 따라, 그리고 인구가 늘어나 점점 더 많은 땅이 필요해지면서, 수많은 사람들 특히 서구인들은 전체적인 틀 안에서 인간이 있어야 할 위치를 잃었거나 점차 잃어가고 있다. 나의 영혼은 자연에서 양분과 힘을 얻었다. 나는 이 땅에 있는 놀랍도록 다양한 생명체들과 그들의 상호 의존에 대해 생생하게 이해하고 존중하게 되었다. 그런데 지금 숲과 산림과 초원과 평원과 습지 같은 모든 야생의 거주지들이 놀라운 속도로 사라지고 있다. 또한 수백만 년에 걸쳐 서서히 진화해온 각기 독특한 동물과 식물 종들도 사라져가고 있다. 심지어 마지막 남은 자연의 보루인 북극과 남극에서도 인간의 해악과 잔해의 흔적이 나타나고 있다.

이러한 파괴의 대부분은 터무니없이 물질적이며 호화로운 삶의 수준을 유지하기 위해, 모든 수단과 방법을 동원해서 개발도상국의 가난한 사람들의 입에서 음식을 훔쳐가는 풍요한 세계의 탐욕스럽고 낭비적인 사회들 때문이다. 가난한 사람들은 더 가난해지고 영아 사망률과 출생률도 치솟고 있다. 후진국들은 점차 확대되어가는 사막의 척박한 땅에서 농사를 짓고, 그 어느 때보다도 깊이 파 내려간 지하수층에서 물을 얻으려고 애쓴다. 그러나 서구사회는 수천 제곱마일의 비옥한 농경지를 콘크리트로 덮고, 비만한 자기 국민들에게 고기를 먹이기 위해 가축에게 줄 목초와 사료를 생산하려고 수천 제곱마일의 열대우림을 밀어내고 있다. 그리고 제3세계의 농민들에게 (말도 안 되게 적은) 임금을 주고 커피와 차 같은 환금 작물을 키우도록 하면서 생계를 위한 농사 지을 땅은 점점 더 줄여가고 있다.

하지만 이제 상황이 바뀔 기미가 조금씩 보이고 있다. 각국 정부들은 너무 늦기 전에 자연의 파괴와 오염을 막아야만 한다고 강조하는 환경론자들의 주장에 귀를 기울이기 시작했다. 실제로 1980년대에는 환경론자들의 논의가 여러 가지 이유에서 많은 국가들의 중심적인 정치적 구호로 등장하게 되었다. 체르노빌의 충격적인 핵 재해, 이미 전 세계의 생태계에 침투한 DDT의 끔찍하고도 지속적이며 예상치 못한 효과에 대한 소식들, 그리고 소위 온실 효과라고 부르는 축적된 효과들의 조기 경고인 오존층의 파괴 등이 알려졌기 때문이다.

그러나 이러한 정보들이 일반 대중들에게 널리 알려지게 되기까지는 아주 오랜 시간이 걸렸다. 서구의 민주 정부들이 개인의 자유라는 영역에서 인간의 권리를 주장하는 동안에도, 이들 국가의 국민들은 알지도 못하는 사이에 점차로 증가하는 강한 독성 물질(살충제와 농업 폐기물, 쓰레기 더미에서 나오는 유독성 물질, 제약품의 합성 화학 물질, 무책임한 항생제의 사용)에 노출되었다(유전적으로 조작된 식품이 가지는 심각한 위협, 동물 종의 사이를 넘나드는 바이러스와 레트로 바이러스의 위험, 특히 원숭이와 유인원을 먹거나, 실험실에서 의학 연구에 사용하는 과정에서 인간으로 옮겨지는 바이러스들의 위험은 아직 대중들에게는 알려지지도 않았다). 이러한 과학과 기술의 해로운 부산물 중 어느 것도 의도적으로 만들어진 것은 아니며, 우리가 모르는 사이에 찾아온 것들이다. 정부와 기업, 그리고 일반 대중들이 이런 것들의 위험성에 대한 정보를 공유하게 되기까지는 상당한 시간이 걸린다. 변화는 비용을 수반하기 때문이다. 하지만 결국 진실은 새어 나왔으며, 많은 사람들이 자신들을 둘러싸고 있는 위험에 대해 우려하고 있다.《침묵의 봄》을 쓴 레이철 카슨의 외침은 그녀의 발견을 지지하는 공포와 분노에 찬 목소리들이 점점 합세하면서 커져갔다.

하지만 1980년 당시에 가장 중요했던 문제인 엄청난 인구 증가율은 거의 언급되지 않았다. 파울 에를리히의 책 《인구 폭탄》은 거의 무시되었다. 가족의 규모에 대한 비판은 개인의 자기 결정권을 침해하는 것으로 여겨질 수 있기 때문에 이 문제는 '정치적으로 민감한' 것으로 분류되었다. 주변 환경에 일어나고 있는 끔찍한 일들에 대해 논의하기 위한 종교 지도자들 간의 중요한 모임이 있었고, 모든 참석자들은 자신의 종교를 믿는 사람들에게 경고의 메시지를 전하기로 합의했다. 하지만 참석자들의 일부를 화나게 할까 봐 인구 문제에 관해서는 언급하지 않았다. 서구의 과소비와 더불어 가장 심각한 것으로 보였던 이 문제는 의도적으로 무시된 것이다. 얼마나 어리석은가! 세계의 자연 자원은 무한한 것이 아니다. 세계의 인구는 한없이 증가하고 있다. 이 지구가 먹여 살리고 수용할 수 있는 것보다 더 많은 사람들이 생겨나고, 야생의 지역과 대다수의 생명체 종들이 사라지고, 생명의 복잡한 거미줄, 즉 지구 생태계의 생물학적 다양성이 파괴되는 순간이 다가오고 있다. 인간의 멸종이 그 필연적인 결과가 될 것이다.

단 하나의 희망의 빛은 점점 더 많은 문제가 공적인 영역으로 나오고 있으며, 점점 더 많은 사람이 우리가 저지른, 그리고 지금도 저지르고 있는 엄청난 실수들을 알게 되었다는 것이다. 이러한 인식은 근원적 변화를 향한 첫 발걸음이라 할 수 있다. 내가 생각할 때 문제가 되는 것은 선진국의 국민들이 높은 삶의 수준을 자신들의 권리라고 당연시하는 것이다. 나는 내 어린 시절에 대해 매우 다행스럽게 생각한다. 이런 생각은 평생 계속되었다. 나는 제2차 세계대전 기간 동안 성장했는데, 그 당시에는 오늘날의 중산층 서구인들이 당연하게 여기는 사치들이 암시장에서 터무니없는 가격을 지불하지 않는 이상 전혀 불가능했다. 나는 음식과 옷가지와 집, 그리고 삶의 진정한 가치를 배웠다. 나는 동시대 사람들과 함께 자립이 가장 필요한 덕목이었던 전후 시기로 넘어오게 되었다. 우리는 자전거와 텔레비전과 식기세척기 같은 것들이 권리라고 생각하지 않았다. 이러한 것들을 사기 위해서는 돈을 아껴서 모아야만 했고, 그렇기 때문에 그만큼 땀 흘려 노력했다는 것을 보여주는 자랑스러운 것들이었다.

물론 나는 전쟁과 경제적 고난의 시기를 거치면서 스스로 애써 좋은 삶과 높은 생활수준을 만들어온 사람들이 왜 아이들에게 자신들이 가지지 못했던 것들을 주면서 자랑스러워하는지 이해한다. 그리고 필연적으로 이 아이들이 왜 그것을 당연하게 여기게 되었는지도 이해한다. 이러한 사실은 새로운 가치와 기대가 새로운 삶의 기준과 함께 우리의 삶 속에 스며들었다는 것을 의미한다. 그렇기 때문에 서구, 특히 미국의 많은 젊은이가 가지고 있는 물질적이며 때로는 탐욕스럽고 이기적인 삶의 방식이 생겨나게 된 것이다.

하지만 과연 그들은 그러한 생활방식에 만족하는가? 그들의 행동을 보면, 그들 역시 자신들의 세계에 무언가가 빠져 있다고 느끼는 것 같다. 1960년대 말과 1970년대 초에 히피족이 등장한 것은 삶의 의미를 찾고자 하는 열망 때문이 아니었을까? 왜 부유한 부모 밑에서 자라난 수많은 젊은이들이 가족을 떠나 새로운 경험을 추구했던가? 그들은 공동체 생활을 시도했으며, 새롭게 출현한 컬트에 매료되었으며, 약물의 효과를 실험해봤으며, 스승을 찾아 인도로 여행했다. 적어도 내가 보기에 그들은 영혼을 마비시키는 시대적·물질적 향락주의로부터 탈출하려고 필사적이었다. 물론 그들은 모든 '기성의' 것들과 그들이 보기에 구식의 것들, 보수적인 중산층 부모의 뒤떨어진 가치관들을 전면적으로 거부했듯이 기존의 종교들도 거부했다.

나는 세계 각 곳의 원주민들, 특히 북아메리카 원주민들의 삶의 방식과 영적인 가치에 관심이 급증한 것에 대해 생각해보았다. 우리가 만약 수백 년에 걸쳐 필요한 것만을 취하면서 그것에 감사하고 보답하며 자연과 더불어 살았던 아메리카 원주민의 방식으로만 돌아갈 수 있다면, 지금과 같은 환경의 위기에 대한 완벽한 해답이 될 수 있을 것이다. 나는 아직도 예전의 가치, 즉 위대한 정령이자 창조주에 대한 오래된 숭배에 따라 살아가는 부족의 연장자들이 있다는 것을 알고 있다. 그러나 아무리 그럴듯하게 들릴지라도 대부분의 서구인들은 이러한 삶의 방식을 견디지 못할 것이다. 왜냐하면 이것은 이제 우리가 필수품으로 여기게 된 사치품들 없이 살아가야만 한다는 것을 의미하기 때문이다. 태어날 때부터 우리 주위를 둘러싸는 부드러운 방어 고치가 없다면(특히 경제적인 특권층에 속하는 사람들은) 어머니 자연의 변덕을 감내하는 것은 매우 힘든 일일 것이다. 나는 반쯤은 슬퍼하고 반쯤은 재미있어하면서, 나중에 이러한 방어 고치들의 물리적 구성을 분석하게 될 미래의 고고학자들에 대해 생각해본다. 이제 몇 년마다 한 번씩 바꾸는 것이 하나의 유행이 되어버린 무수한 자동차들, 식구가 늘어나고 다른 지역으로 이주하면서 살게 되는 아파트와 주택들, 식기세척기, 집안일을 돕는 편리한 도구들, 세탁기, 하이파이 오디오와 CD 플레이어, 수많은 텔레비전과 컴퓨터, 그리고 휴대폰들, 방어 고치에 사는 사람의 관심과 직업에 따른 다양하고 무수한 도구들, 아프리카의 한 마을 사람들이 몇 년 동안 입을 수 있을 충분한 옷과 신발들, 수많은 인스턴트 음식 꾸러미들. 이 목록에 무한히 더 많은 것들을 계속해서 나열할 수 있을 것이다. 게다가 이 많은 것들을 사기 위해 사용하는 신용카드도 빼놓을 수 없다. 일생 동안 사용하고 버리고 모으는 산더미 같은 물건들, 이것들이 외형적 성공의 척도이다. 만약 어떤 성직자나 승려가 이런 사람들의 내적인 삶을 체로 가려내서 영적으로 습득한

13장

것과 영적인 성공의 정도를 가려낸다면, 과연 물질적으로 얻은 것과 정신적으로 얻은 것의 비율은 어떻게 될까?

나의 삶을 약간은 후회스러운 마음으로 되새겨본다. 나는 그중 많은 것들이 마음에 들지 않는다. 나는 항상 "네 이웃을 너 자신과 같이 사랑하라"라는 말씀에 대해 의아해했다. 너무나도 자주 자신이 세운 기준대로 살아가는 데 실패하는데, 어떻게 나 자신을 사랑할 수 있다는 말인가? 그러나 갑자기 모든 것이 분명해지면서 그 말을 이해하게 되었다. 우리가 사랑해야만 하는 '자신'은 우리의 자아도 아니고, 아무 생각 없이 이기적으로, 그리고 때로는 불친절하게 행동하고 돌아다니는 일상인도 아니다. 우리 각각의 내면에 있는 창조주의 일부인 순수한 영혼의 불꽃, 즉 불교도들이 '핵심'이라고 부르는 것이다. 나는 사랑받는 것들은 성장할 수 있다는 것을 깨달았다. 우리가 내면의 평화를 얻고자 한다면, 내면에 있는 이러한 영혼을 이해하고 사랑하는 법을 배워야 한다. 그리고 그럴 때만이 개인의 삶이라는 좁은 감옥에서 벗어나 각자의 믿음에 따라 하나님, 알라, 도, 브라마, 창조주 등으로 불리는 영적인 힘과 합쳐질 수 있는 것이다. 일단 이러한 목적을 달성하고 나면, 함께 더 나은 세상을 만들기 위해 다른 사람들과 연대할 우리의 힘은 무한히 증대될 것이다.

자신이 자라온 배경과 문화와 직접적인 환경을 넘어서는 능력은 위대한 영적 지도자들과 성인들의 변함없는 특징이었다. 우리가 도덕적 진화를 가속화하고 인간의 운명에 조금이라도 빨리 도달하기 위해서 해야 할 일은 분명하다. 그것은 어마어마한 일이지만 결코 불가능한 것은 아니다. 우리 모두는 평범하고 일상적인 인간 존재로부터 성인으로 진화해야만 한다. 당신과 나같이 범상한 사람들은 성인, 적어도 미니 성인이라도 되어야만 한다. 가장 위대한 성인과 스승들도 초자연적인 존재가 아니었다. 우리처럼 살과 피로 이루어졌으며, 죽을 수밖에 없는 존재였다. 그들도 우리처럼 숨 쉴 수 있는 공기와, 비록 많은 양은 아닐지라도 마실 것과 먹을 것을 필요로 했다. 그리고 그들은 모두 영적인 힘, 신을 믿었다. 바로 이 믿음이 '그 안에서 우리가 살아가고 움직이고 존재할 수 있는' 위대한 영적인 힘에 닿을 수 있게 했다. 그들은 그러한 에너지로 살아갔고, 이것을 깊이 호흡하여 피 속에 흐르게 하고, 그로부터 힘을 얻었다. 우리 모두는 그들의 삶에 동참할 수 있도록 노력해야만 한다. 나는 그들이 신과 이 지상 가운데 놓인 다리 위에 서 있는 모습을 그려본다. 그러한 장면을 바탕으로 하여 이 시를 짓게 되었다.

그들만이 희망의 노래를 속삭일 수 있다네

세상은 그들을 필요로 한다네, 다리 위의 그들을,
그들은 새의 노래에 담긴 고통을 알고
시들어가는 꽃 너머의 아름다움을 알지:

그들은 눈 덮인 산봉우리의 고요 속에서
수정과 같은 화음을 들었네
그들이 아니면 누가 삶에 의미를 가져다줄 수 있으리
산송장과도 같은 우리들에게?

아, 세상은 다리 위의 그들을 필요로 하네,
그들은 영원함이 지상에 다다르는 길을 알고 있지
숲속의 나뭇잎에 음악을 가져오는 바람 속에서:
사막의 잠든 생명체들을 어루만지는 빗방울 속에서:
알프스의 목초지에 처음으로 찾아온 봄날의 햇살 속에서.
그들만이 우리의 눈에서 먼지를 날려 보낼 수 있다네
우리를 눈멀게 하는 먼지들을.

하지만 가엾은 그들! 다리 위의 그들.
완전한 평화를 알고 있는 그들은,
오래된 연민에 마음이 움직여
울부짖고 있는 사람들에게로 돌아가네
의미를 잃어버린 이 지상 위의 사람들에게:
이제 그 원자들—창조주의 진흙이
과학이라는 이름 아래 부서지고,
사랑도 스러져버렸네.

그래서 그들은 다리 위에 서 있지
자유의지의 고통으로 찢긴 채:

호르지 않는 눈물로 소망하면서
돌아가기를, 그들이 시작했던 그 별빛으로
완전한 평화로
육신이 없는 영혼의 세계로.
하지만 그들만이 희망의 노래를 속삭일 수 있다네
빛을 향해 절망적으로 나아가는 이들에게.

아, 그들이 우리를 저버리지 않기를, 다리 위의 그들이,
어두운 밤하늘의 자유 속에서 사랑을 알았던
인간이 우주로 내디딘 어설픈 발자국 너머
달의 존재의 의미를 알았던 그들.
그들은 영원한 힘을 알고 있기에
마치 요셉의 겉옷처럼,
생명의 시작을 감싸 안고
그 마지막을 아우르며,
우주 저편까지 뻗어 있고
작은 개구리의 눈 속에도 담겨 있는
영원히 변하지 않으며, 또 항상 움직이는 화폭 위에
그들을 내려놓는 그 힘을.

하지만 신을 믿지 않는 수많은 사람들, 즉 무신론자들은
어떠한가? 내 생각에는 다를 것은 아무것도 없다. 인간성
에 봉사하고, 모든 살아 있는 것들을 사랑과 존경으로 대하

는 삶이야말로 성자와 같은 행동의 정수인 것이다.

나는 우리 각각에게 존재하는 선한 힘과 악한 힘에 대해 생각해보았다. 도덕적인 세계를 향해 진보해가는 데 우리 하나하나가 얼마나 기여할 수 있는가. 사실 나는 우리 모두가 담당할 각자의 역할이 있다고 생각한다. 기여할 수 있는 부분은 각기 다르다. 어떤 사람들은 삶의 물결을 가로질러 거대한 물보라를 일으키고 멀리까지 퍼져나가게 할 것이다. 또 어떤 사람들은 아무런 동요도 일으키지 못하고 조용히 가라앉는 것처럼 보일 것이다. 하지만 그렇지 않다. 그들이 가는 길이 깊어서 변화가 보이지 않을 뿐이다. 어떤 사람들은 지금은 이 진흙 속에 조용히 묻혀 있지만, 언젠가 소용돌이치는 물결과 함께 밖으로 드러나게 될 것이다. 각각 다른 층 위에서 물결과 조류는 가로지르고 얽히며, 일부는 돌이킬 수 없이 뒤섞여버린다. 또 이들이 합쳐질 때마다 원래의 두 존재만큼이나 독특한 새로운 힘이 생겨난다. 이러한 힘들이 만들어지지 않았다면, 세상은 얼마나 황량한 곳이 되었을까? 반대로, 얼마나 많은 고통들이 덜어질 수 있었을까? 이러한 힘들은 마음뿐만 아니라 몸이 만날 때도 생성된다.

수십억의 짝짓기가 베토벤과 성 프란치스코와 히틀러의 몸과 마음을 만들어냈다. 수십억의 독특한 삶의 가닥과 흔적들이 섞이고 합쳐지면서 악하거나 선하거나 그렇게도 강인한 사람들을 만들어냈다. 그리하여 이 사람들은 수십억의 다른 사람들에게 영향을 미치고, 역사의 방향을 바꾸어놓았다. 비록 역사책 속에는 그 일부만이 들어 있지만, 모든 인간들, 모든 독특한 존재들은 진보를 이루어나가는 데 어떤 역할을 하고 있는 것이 분명하다. 매일 매초마다 이 지구상에는 마음과 마음, 즉 선생님과 학생, 부모와 자식, 지도자와 시민, 작가 또는 배우와 일반 대중들이 만나서 변화를 이루어내고 있다. 그렇다. 우리 모두는 변화의 씨앗을 가지고 있다. 이 씨앗들이 자신의 잠재력을 실현시킬 수 있도록 잘 가꾸어야 한다.

나는 우리 인간들이 충분한 시간이 지나면 도덕적인 사회를 만들어낼 수 있을 것이라는 점을 전혀 의심하지 않는다. 그러나 문제는, 너무나도 잘 알고 있듯이, 시간은 기다려주지 않는다는 것이다. 나는 침팬지들을 관찰했고, 내 손으로 오래전 석기시대 조상들의 뼈를 다루어왔다. 나는 우리가 수백만 년 전 그 언젠가부터 얼마나 오랜 세월을 거쳐 여기까지 왔는지 알고 있다. 그리고 지금 향하고 있는 방향이 어디인지도 알고 있다. 하지만 우리에게는 모든 인간들이 진정한 성인이 될 날을 수백만 년이고 기다리고 있을 여유가 없다. 적어도 지금과 같은 속도로 환경을 파괴한다면 말이다. 그래서 나는 단지 한 사람 한 사람이 조금씩이라도 더 성인다워지도록 노력하는 길밖에 없다고 생각한다. 우리는 분명히 그렇게 할 수 있을 것이다.

이 사진은 장기간의 촬영 연구를 계획하러 곰베에 왔던 호시노 미
치오가 찍었다. 그러나 그는 불행히도 꿈을 실현하기도 전에 러시
아에서 곰의 공격을 받아 죽었다.

이제 곤경에 처한 침팬지들을 위해 무언가를 해야만 하는 때가 온 것이다.

14장

다마스쿠스로 가는 길에서

인간이 성품을 지닌 유일한 동물이 아니라는 것,
합리적 사고와 문제 해결을 할 줄 아는 유일한 동물이 아니라는 것,
기쁨과 슬픔과 절망을 경험할 수 있는 유일한 동물이 아니라는 것,
그리고 무엇보다도 육체적으로뿐만 아니라 심리적으로도 고통을 아는
유일한 동물이 아니라는 것을 받아들인다면,
우리는 덜 오만해질 수 있다.

1986년 10월, 나는 삶에서 커다란 변화를 맞이하게 되었다. 간접적으로는 하버드대학교 출판부에서《곰베의 침팬지들》을 출판했기 때문이다. 이 책을 쓰기 위해 나는 대부분의 생물학자들이 학부 수준에서 배우는 여러 가지 것들(호르몬과 공격성의 관계, 사회생물학 이론 등)을 익히기 위해 많은 노력을 했다. 어려운 작업이었지만 그만한 가치가 있었다. 지식 수준이 낮았을 때는 '정식으로 배운 과학자들'과 이야기할 때 마음이 불편했다. 1960년대와 1970년대에 '〈지오그래픽〉 잡지의 표지 모델 소녀'에 대해 들려오던 가벼운 평가들이 내가 인정했던 것보다 더 많이 나를 괴롭혔던 것 같다. 그러나 결국 출판된 책은 호평을 받았고, 이를 계기로 자신감을 얻을 수 있었다.

시카고 과학 아카데미 원장인 폴 헬트니 박사는 출판을 기념하기 위해, '침팬지의 이해'라는 제목으로 학술대회를 열자고 제안했다. 아프리카에서 야생 침팬지를 연구하는 학자들이 일부 초청되었다. 이름 있는 침팬지 연구 학자들이 모두 한자리에 모인 굉장한 학회가 되었다. 학회는 나흘간 계속되었지만, 그 영향은 훨씬 오래갔다. 그리고 무엇보다도 내 안에서 크나큰 변화를 일으켰는데, 그것은 타르수스의 바울이 묘사했던, 이교도였던 바울이 다마스쿠스로 가는 길에서 가장 열성적이고 충실한 예수의 사도로 변하게 된 경험에 비길 수 있을 것이다. 시카고에 도착했을 때만 해도 나는 《곰베의 침팬지들》 2권을 계획하고 있던 연구자에 불과했다. 그러나 시카고를 떠날 때는 이미 침팬지 보호와 교육 활동에 전념하리라 결심하게 되었다. 책 2권을 쓰는 것은 영원히 불가능할지도 모른다는 생각도 들었다.

학회의 내용은 주로 학술적인 것이었지만, 침팬지 보호에 대해 논의한 분과가 있었다. 그 자리에 있던 모든 사람들은 아프리카에서 침팬지가 급속도로 사라져간다는 사실에 충격을 받았을 것이다. 20세기가 시작될 무렵에만 해도 아프리카 25개국에 약 200만 마리의 침팬지가 있었지만, 지난 50년 동안 그 수는 15만으로 줄어들었고, 5000마리 이상의 큰 개체군이 남아 있는 나라는 5개국에 불과했다. 그나마 남아 있는 침팬지들도 늘어나는 인구 때문에 점차적으로 살 자리를 빼앗기고 있었다. 주거, 연료, 경작을 위해 숲이 베어졌고, 임업과 광산업은 처녀림에 점점 깊숙이 침투하고 있었으며, 침팬지들에게 쉽게 감염되는 인간의 질병이 그 뒤를 따랐다. 사람들은 길을 따라 정착하면서 점점 더 많은 나무를 베고, 땅을 경작하고, 덫을 놓고, 사냥을 했다. 줄어드는 침팬지 개체군들은 파편화되고 규모가 작아져서 근친 교배가 불가피한 집단이 많았고, 그런 상황에서 장기적인 생존은 기대할 수 없었다. 서부와 중앙아프리카의 몇몇 나라에서는 침팬지를 사냥하여 식용으로 공급하기도 했다. 물론 그러한 사냥은 전부터 계속되어온 관행이었지만, 전에는 마을 사람들이 자신들이 먹기에 필요한 만큼만 잡았던 것에 반해, 지금의 사냥은 상업적인 성격을 띠게 되었다. 도시의 사냥꾼들은 목재 운반용 트럭을 타고 남아 있는 수풀의 가장 깊숙한 곳까지 들어가서 잡을 수 있는 것은 무엇이든 잡았다. 고기를 말리거나 훈제하여 다시 트럭에 싣고 도시로 가져왔다. 이러한 상업적인 야생육류 교역이 야생동물 고기에 대한 많은 사람들의 문화적 선호와 수요를 충족시켜주고 있었다(몇 년 후 침팬지들이 인간 HIV 바이러스의 변종을 가지고 있다는 사실이 밝혀졌다. 어쩌면 사냥꾼들이 침팬지를 도살하는 과정에서 바이러스가 인간들에게 옮았을지도 모른다).

게다가 산 채로 사고파는 일도 벌어졌다. 침팬지를 먹지 않는 지역에서도 침팬지 암컷들을 죽이고 새끼들을 잡아서, 가까운 지역에는 애완동물로, 해외에는 오락용으로, 또 의학 실험용으로 팔아넘기는 경우가 많았다.

또 다른 분과에서는 미국이나 다른 나라들의 의학 실험

실에서 침팬지가 관리되는 방식과 환경에 대한 논의가 있었다. 나는 거기에서 알게 된 것들로 인해 커다란 충격을 받았고, 무엇인가를 해야겠다는 결심을 하게 되었다.

25년 동안 나는 꿈을 이루며 살고 있었다. 나는 숲의 한적함과 고독을 사랑했고, 우리 시대의 가장 매력적인 피조물들로부터 많은 것을 배웠다. 이제 나의 일에 대한 새로운 자신감을 가지고, 곤경에 처한 침팬지들을 위해 내가 얻은 지식으로 무언가를 해야만 하는 때가 온 것이다. 그 당시까지만 해도 무엇인가를 변화시키는 일에 내가 도울 수 있는 것은 없다고 믿고 있었다. 나의 학식이 의학 연구를 하는 과학자들을 상대할 수 있을 정도로 충분하지 못하다고 생각하고 있었다. 도대체 정치가들이 내가 하고 싶은 말에 귀를 기울이기나 할까? 그러나 《곰베의 침팬지들》을 쓰고 나서는, 연구실과 실험실을 방문하여 과학자, 관리자들과 토론하고, 아프리카 각국의 정부를 공식적으로 방문하고, 실험실이나 서커스, 또는 다른 여러 가지 열악한 상황의 침팬지들을 위한 캠페인이나 로비 활동, 강연들을 할 수 있다는 자신감을 가지게 되었다.

그러나 일을 하느라 계속 여기저기를 돌아다니는 인생을 살게 될 것이라는 사실을 그 당시에 알았더라면 어떻게 되었을까? 한곳에 3주 이상 머무르지 않게 되고, 보금자리로 돌아와 본격적으로 글을 쓸 기회가 1년에 두세 번밖에 없을 거라는 사실을 알았다면? 그리고 곰베에서 보낼 귀중한 시간들을 빼앗겨 정작 그곳에는 1년에 몇 번만 갈 수 있고, 그것도 한 번에 1~2주 동안만 머물 수 있다는 사실을 알았다면? 그렇게 어렵고 힘든 길을 갈 수 있을 정도로 체력이 강하고, 그 일에 전념할 수 있을 정도로 결심이 강했던가? 위의 물음들에 대한 나의 대답은 '그렇다'였으리라. 학술대회 때 알게 된 것들로 인해 마음이 움직였고, 그 충격이 너무도 심했기 때문이다. 선택의 여지가 없었다. 그것은 마치 나의 삶이 저항하기에는 너무 강력한 힘에 맡겨진 듯한 느낌으로 다가왔다. 사도 바울처럼 옴짝달싹할 수 없었던 것이다.

나는 아프리카의 침팬지들을 돕기 위해 '침팬지들을 이해하기' 전시회가 중심이 되는 '야생동식물 제대로 알기 주간' 행사를 진행하면서, 침팬지 서식지가 있는 여러 나라들을 돌아다녔다. 국가 원수들(가능한 경우에는), 환경·야생동식물 담당 장관들이나 정부의 담당자들을 만나기도 했고, 환경 단체들 또는 침팬지 연구나 보호에 관심이 있는 사람들과도 이야기했다. '야생동식물 제대로 알기 주간'을 개최하도록 각 나라의 사람들을 열성적으로 설득했다. 가는 곳마다 학교 방문, 공공 강연회, 모금 행사를 했고, 가능한 한 방송에 많이 출연했다. 우간다, 부룬디, 콩고-브라자빌, 앙골라, 시에라리온, 잠비아에서는 상당한 성공을 거두었다. 그리고 다르에스살람뿐만 아니라 탄자니아, 키고마에서도 행사를 성공적으로 끝냈고, 자이레, 남아프리카공화국, 케냐에서는 보호 사업을 시작할 수 있었다.

수백 마리 고아 침팬지들의 비참한 처지를 직접 보게 된 것은 이러한 방문을 통해서였다. 고아 침팬지들은 곰베와 같은 세계에서 태어났지만, 고기를 얻으려는 또는 새끼들을 훔치려는 수렵으로 어미를 잃었다. 나는 시장이나 길가에서 정부 관리들이 몰수하거나 입수한 침팬지들을 위한 보호 구역 설치를 생각했다. 애완동물로 키워지다가 우리에게 맡겨진 침팬지들에게도 그러한 피난처가 필요했다. 침팬지는 여섯 살이 되면 성인 남자와 같은 힘을 가지게 되는데, 같은 식탁에서 식사를 하고 아이들과 놀던 어린 침팬지들도 나중에는 집 안에만 가두어놓기가 어렵게 된다. 그들은 침팬지이려고 하고, 그러한 행동을 한다. 규율과 통제에 분개하고, 사람을 물어 심각한 상처를 입힐 수 있으며, 잠재적으로 상당히 위험한 존재들이 되는 것이다.

고아 침팬지들에게 관심을 가지는 것에 대해 반대하는 사람들도 있었다. 비용이 많이 드는 데다가 야생으로 돌아갈 수 없는 그들을 평생(약 60년) 보살펴야 한다는 문제 때문이었다. 그렇게 하는 것보다는 귀한 돈을 야생 침팬지, 그리고 그들의 서식지 보호에 사용하는 것이 더 낫다는 의견이 있었다. 다른 한편으로 '동물에 불과한' 침팬지들을 돕는 것보다 아프리카 사람들을 돕는 것이 더 시급하다고 말하는 사람들도 있었다. 그러나 나에게는 그런 것들이 고민거리가 되지 않았다. 고아 침팬지들이 애원하듯이 내미는 손, 눈빛, 영양 부족에 걸린 불쌍한 몸뚱어리들을 외면할 수가 없었다. 그리하여 보호 구역의 설치 계획이 시작되었다. 각자가 보존 교육 프로그램을 하나씩 담당했는데, 특히 아이들을 염두에 두고 진행했다. 그리고 곰베에서처럼 주민들의 호응을 얻기 위해 될 수 있는 한 많은 지역 주민들을 고용하고, 그들로부터 과일과 채소를 구매하여 지역 경제를 활성화시켰다. 마을 주민들은 거의 처음으로 침팬지들의 놀라운 사회적 상호작용을 관찰하는 기회를 가질 수 있었다. 관광객들 역시 흥미를 가지게 되면서 케냐와 우간다의 보호 구역들은 자립 운영이 가능하게 되었다.

나는 침팬지가 있는 지역 동물원들을 방문하여 관리 방식과 사육 환경을 살펴보았다. 그러한 방문은 매우 괴로운 일이었다. 침팬지들은 굶주리고 있었는데, 그것은 보살피는 사람과 그 가족들조차 먹을 것이 거의 없었기 때문에 당연한 일이었다. 콩고-브라자빌, 우간다, 앙골라의 동물원들에서는 우리가 모은 약간의 돈과 그 지역 출신 교포 공동체의 도움으로 좀 더 나은 환경을 만들 수 있었다.

미국과 유럽의 의학 연구소와 실험실의 사육 환경은 상황이 더 나빴다. 먹을 것이 충분하기는 했지만, 환경 자체가 적막하고 쓸쓸하여 침팬지들은 지루하고 메마른 나날들을 보내고 있었다. 더군다나 동물 연구에 정부와 산업이 수십억 달러를 투자하는 상황에서, 담당자들이 더 좋은 환경을 제공할 수 있음에도 그러지 않았다는 것은 용서받을 수 없는 일이었다. 동물 보호 운동 활동가들이 연방 정부에서 재정을 지원하는 SEMA 법인 연구소 안에서 몰래 촬영했다는 비디오를 나는 잊지 못할 것이다. 그 비디오는 시카고의 학술대회 직후에 배포되었는데, 그때 나는 크리스마스를 본머스에서 가족과 함께 보내고 있었다. 그 비디오를 본 모두가 눈물을 흘렸고, 너무나도 충격을 받아 말을 잇지 못했다. 어린 침팬지들이 아주 작은 우리 안에 갇혀 있었는데, 우울증과 절망에 지친 모습이었다. 물론 의학 연구에 침팬지들이 사용된다는 것을 알고는 있었지만, 그들이 지내는 환경이 SEMA의 경우처럼 도저히 용납될 수 없을 만큼, 그리고 심리적으로 피해를 줄 정도로 열악할 것이라고는 상상도 하지 못했다. 나는 그러한 잔인함을 비난하고 싶었지만, 비디오를 근거로 삼는 것은 무리였다. 내 눈으로 그 상황을 보아야 한다고 생각했다. 정말로 상황이 그렇게 나쁘단 말인가? 나는 실험실을 방문할 수 있도록 허가해달라고 요청했고, 놀랍게도 그것이 받아들여져 1987년 3월로 날짜가 정해졌다.

사실 그곳을 방문하기가 두려웠고, 날짜가 다가올수록 너무도 신경이 쓰여 몸이 아플 지경이 되었다. 그날은 내가 나름대로 적으로 규정한 흰 가운을 입은 과학자들과 처음으로 대면하는 날이었다. 그날 힘이 되었던 것은 어머니가 준 작은 카드였다. 어머니는 내가 많이 긴장하고 있다는 것을 눈치채고, 윈스턴 처칠이 전시에 영국 국민들의 사기를 북돋우기 위해 했던 말을 작은 카드에 적어주었다. 나는 그것을 호주머니에 넣었다. "지금은 의심이나 약한 모습을 보일 때가 아닙니다. 지금은 우리가 부름 받은 위대한 때입니다", "스스로 무장하고 용기를 가지십시오. 그리고 전투에 뛰어들 준비를 하십시오"라는 문구가 적혀 있었다. SEMA

법인은 메릴랜드의 락빌에 있었는데, 워싱턴 시내에서 출발한 나는 마침 영국 대사관 앞길을 지나게 되었다. 놀랍게도 그 바깥에서 처칠의 멋진 동상이 전형적인 그의 모습, 승리의 V자를 높이 치켜 올린 모습으로 격려했다. 얼마나 좋은 징조인가!

방문을 무사히 마치기 위해서는 모든 용기를 짜내야만 했다. 비디오를 여러 번 보는 것만으로는 있는 그대로의 냉혹한 현실을 받아들일 마음의 준비가 되지 않았던 것이다. 나는 햇볕이 밝은 바깥 세계로부터 지하의 복도를 지나 실험용 동물들이 살고 있는 어두운 세계로 안내되었다. 어린 침팬지들이 둘씩 욱여넣어진, 가로 56센티미터, 세로 51센티미터, 높이 61센티미터 크기(정확한 수치는 나중에 알게 되었다)의 좁은 우리가 있는 방에 들어갔다. 모든 우리는 마치 전자레인지처럼 생긴 격리실 안에 들어 있어서 서로 분리되어 있었다. 침팬지들의 감방 안으로는 필터를 통해 살균된 공기만을 들여보내고 있었다. 그 어린 것들은 각 격리실의 조그마한 창문으로 우리를 뚫어지게 바라보았다. 아직 실험에 사용되지 않은 이들은 벌써 4개월째 그 조그마한 곳에서 검역 기간을 보내고 있었다. 관계자의 설명에 의하면, 검역 기간이 끝난 후 침팬지들을 한 마리씩 지내는 격리실로 옮겨 간염이나 HIV와 같은 바이러스성 질병에 감염되게 한다는 것이었다.

외부 세계로부터 격리된 어린 암컷 하나는 철망의 이쪽저쪽을 흔들어댔다. 그 새끼를 정확하게 보기 위해서 손전

등을 사용해야 했다. 기술자 하나가 우리를 열어 그 새끼를 꺼내보았다. 새끼는 마치 봉제인형처럼 귀찮다는 듯이 무관심하게 그의 팔 위에 앉아 있었다. 기술자는 새끼에게 말을 걸지 않았다. 새끼 역시 그를 보지 않았고, 그에게 어떤 식으로든 장난을 치거나 다른 행동을 할 생각도 하지 않았다. 아마도 약을 먹었거나, 절망에 지쳤거나, 둘 중 하나였을 것이다. 새끼의 이름은 바비라고 했다.

나는 아직도 바비의 눈, 그리고 그날 본 다른 침팬지들의 눈을 잊을 수 없다. 그 눈들은 마치 모든 희망을 잃은 사람들의 눈처럼, 아프리카에서 보았던 부모와 집을 잃은 아이들의 눈처럼 초점을 잃어 흐릿했다. 어린 침팬지들은 인간의 어린아이와 비슷한 점이 많다. 두 종류의 어린것들 모두 자신의 감정을 표현하는 데 비슷한 몸짓과 움직임을 쓴다. 그들이 정서적으로 필요로 하는 것도 같다. 호의적인 접촉과 안정감, 재미, 그리고 한바탕 놀 수 있는 기회를 필요로 하는 것이다. 무엇보다도 그들에게 필요한 것은 사랑이다.

충격적이고 슬픈 광경이 펼쳐진 지하 실험실을 벗어나서 나는 SEMA 측 관계자들, 그리고 국립보건원 관계자들과 함께하는 자리로 안내되었다. 모든 사람들이 궁금한 눈으로 쳐다보고 있었다. 도대체 내가 무슨 말을 할 수 있었겠는가? 자주 그렇듯이 마음이 텅 비고 나자 말이 나왔다. "제가 조금 전에 그곳에서 느낀 감정을 여러분들은 이미 알고 계실 것이라고 생각합니다." 나는 말을 꺼냈다. "그리고 여러분들 모두 이해심 있고 인정이 많은 분들이기 때문

에 저와 같은 것을 느끼셨을 거라고 생각합니다." 그들은
나의 말을 부정하거나 반박할 수 없었을 것이다. 나는 야생
침팬지들의 삶에 대하여, 그들 가족 사이의 친밀함과 유대,
근심 걱정이 없는 기나긴 어린 시절에 대하여 이야기했다.
침팬지들이 도구를 사용하는 모습, 편안함을 좋아한다는
것, 먹을거리의 다양성, 그리고 침팬지의 정신과 사고에 대
한 우리의 최근 연구에 대해서도 이야기했다. 그 후 실험용
침팬지들의 사육 환경 개선에 대한 논의를 위한 연구 모임
을 제안했다. 생의학자들과 수의사들, 실험 기술자들이 현
장 과학자들, 동물행동학자들, 동물 보호 활동가들과 함께
논의할 수 있으면 좋겠다는 취지에서였다.

연구 모임이 이루어지기는 했지만 국립보건원은 참여하
지 않았고, 실험용 침팬지들을 위한 최소한의 기본 조건들
(우리의 크기, 공동생활, 정신적 배려 등)의 개요를 담은 문서는 담당
기관인 미국 농무부에 의해 거의 무시되었다. 그럼에도 불
구하고 몇 년 동안 세 번의 연구 모임(한 번은 네덜란드에서 열렸
다)을 통해 다듬어진 그 문서는 실험용 동물들의 삶을 개선
하려는 우리의 투쟁에 매우 유용하게 사용될 수 있었다. 왜
냐하면 그 문서에는 동물 보호 운동가들뿐만 아니라 과학
자들, 실험실에서 일하는 사람들의 시각까지도 포함되어
있었기 때문이다.

나는 어떤 동물이든지 살아 있는 동물을 가지고 실험하
는 과학자들은 반드시 그 동물들의 습성과 행동을 파악해
두어야 하고, 자신들의 연구가 그 개체에게 어떤 영향을 주

는지 알아야 한다는 확신을 갖게 되었다. 그래야만 과학자들이 인간에게 도움이 되는 것(도움이 된다고 기대되는 것)과 동물들이 겪게 되는 고통 사이에서 균형을 유지할 수 있을 것이다.

DNA 구조상으로 우리와 1퍼센트 정도밖에 차이가 나지 않는 침팬지는 혈액 구성이나 면역 체계의 측면에서도 매우 비슷하다. 그들은 인간의 모든 전염성 질병에 감염될 수 있다. 바로 이러한 이유 때문에 침팬지들은 간염이나 AIDS 같은 질병의 연구, 그리고 백신과 치료제 개발에 '모르모트'로 사용되어왔다. 그러나 대형 유인원들은 뇌와 중추 신경계의 측면에서도 다른 어떤 동물들보다 우리와 유사하다는 사실을 기억하는 것이 중요하다. 침팬지와 인간의 생리학적인 유사성이라는 것이, 질병의 유형이 서로 비슷한 양상을 보이고 유사한 예방제와 치료제에 의해 영향을 받는다는 것을 의미한다면, 침팬지와 우리의 중추 신경계가 가지는 유사성이 인지 능력의 유사성으로 연결된다는 것은 논리적으로 당연한 것이 아닐까? 그리고 침팬지들이 자신들과 그렇게도 가까운 인간과 유사한 정서를 경험하는 것도 당연하지 않은가? 고통을 감당하고 견디는 능력도 비슷하지 않겠는가?

침팬지들이 우리가 느끼는 것과 비슷한 기쁨, 슬픔, 공포, 절망 등을 경험한다고 단언할 수는 없으나 그럴 가능성은 충분하다. 어린 침팬지가 인간의 어린아이처럼 편안함과 안도감을 필요로 하는 것은 당연하다. 침팬지들은 눈물

을 흘리지 않지만, 어린아이의 행동을 이해할 수 있는 사람
이 침팬지의 정서 상태를 파악하는 것은 그다지 어렵지 않
다. 어쩌면 나는 침팬지들도 우리와 똑같이 육체적으로뿐
만 아니라 정신적으로도 고통을 느낄 수 있고, 슬픔이나 절
망감, 지루함을 느낄 수 있다고 확신했기 때문에 실험실이
나 연구소 방문이 더욱 오싹하게 느껴진 것 같다.

조조를 처음 만난 것은 1988년이었고 그는 다 자란 수컷
이었다. 당시에 조조는 최소한 10년을 표준적인 실험용 우
리(가로 152센티미터, 세로 152센티미터, 높이 213센티미터) 안에서 지내
고 있었다. 그가 지내는 곳은 뉴욕대학교에 소속된 영장
류 실험 의학 연구소였다. 그는 다른 300마리 이상의 침팬
지들과 함께, 제약회사에 백신 또는 치료제 실험용으로 대
여되어 자신의 사육비를 벌고 있었다. 특히나 당시에 침팬
지들은 AIDS를 연구하기에 좋은 대상으로 알려져 있었다.
AIDS의 완연한 증상들을 나타내지 않으면서도 레트로바
이러스가 혈액 속에 살아 있기 때문이었다. 조조는 새로운
HIV 백신을 맞은 후에 레트로바이러스에 인위적으로 감
염될 운명이었다.

실험실에서 성숙한 침팬지들을 만난 것은 그때가 처음
이었다. 수의사인 짐 마호니 박사가 안내했다. 빛이 거의
들어오지 않는 어둡고 황폐한 지하실의 양편에 다섯 개씩
줄지어 있는 우리들 사이를 지나면서 그는 "조조는 매우
유순합니다" 하고 설명했다. 나는 조조의 우리 앞에서 무릎
을 꿇고 들여다보았고, 조조는 이쪽과 저쪽을 갈라놓은 쇠

창살 사이로 손을 최대한 뻗치려고 노력했다. 쇠창살은 그를 모든 방향에서, 위와 아래까지 둘러싸고 있었다. 조조는 이미 최소한 10년을 이 자그마한 감방에서 지냈던 것이다. 게다가 그 10년은 가끔씩 공포와 고통의 시기가 찾아오는 것을 빼고는 끔찍이도 지루한 나날들이었다. 우리 안에는 조조가 앉을 수 있는 오래된 고무 타이어 외에는 아무것도 없었다. 그리고 그에게는 자신의 동족을 만날 기회가 전혀 없었다. 나는 그의 눈을 들여다보았다. 눈빛에 증오하는 듯한 기운은 없었다. 내가 멈춰서 말을 걸자 고마워하는 듯한 느낌이 전해졌다. 그날의 지루한 단조로움을 깰 수 있도록 내가 도와준 것이다. 평온한 태도로 그는 얇은 고무장갑을 낀 나의 손톱 끝을 쓰다듬었다. 처음에는 연구소 측에서 고무장갑과 마스크, 그리고 종이 모자를 착용하라고 했다. 나는 손을 창살 안으로 넣었고, 조조는 장갑을 벗겨내고 입술로 소리를 내며 손등의 털을 쓰다듬었다.

조조의 어미는 아프리카에서 살해되었다. 그가 당시의 생활을 기억하고 있을까? 나는 궁금했다. 큰 나무들과, 그 나뭇가지를 흔들었던 바람과, 새들이 지저귀는 소리와, 편안했던 어미의 품속에 대한 꿈을 가끔이라도 꾸고 있을까? 나는 데이비드 그레이비어드를 비롯한 곰베의 침팬지들을 생각했다. 다시 나를 쓰다듬고 있는 조조를 바라보았다. 그런 그를 보자니 눈물로 시야가 흐려졌다. 그에게는 하루하루 무엇을 할지, 시간을 어디에서 누구와 보낼지 선택할 수 있는 자유가 없었다. 부드러운 수풀 바닥이나, 잎으로 만들어진 나무 위의 보금자리처럼 편안함을 느낄 수 있는 곳이 없었다. 대자연의 소리도 들을 수 없었다. 졸졸 흘러가는 냇물소리, 검푸른 수풀 사이로 전해져오는 괄괄한 폭포 소리, 나뭇가지를 흔드는 바람 소리, 미물들이 나뭇잎 사이를 스치면서 지나가는 소리, 멀리 떨어진 언덕 위에서 들려오는 침팬지들의 울음소리, 이 모든 것들이 사라지고 없었다.

조조는 먼 옛날에 자신의 세계를 잃어버렸다. 지금 그는 우리가 지정한 세계, 콘크리트와 쇠창살과 쇳소리를 내는 문들이 있는, 지하실에 갇힌 침팬지들의 울음소리만이 가득한, 딱딱하고 차갑고 으스스한 세계에 있다. 소름끼치는 소음들만이 있었다. 창문도 없고, 볼 만한 것도 없고, 가지고 놀 만한 것도 없는 그런 세계. 다정하게 쓰다듬는 손길이 주는 편안함도 없고, 아침 인사로 기쁘게 안아주고 입을 맞출 친구도 없고, 화려하게 자신의 재주를 표현할 기회도 없었다. 조조는 아무런 죄도 없이 평생을 감방에 갇혀 살아야 하는 것이다. 나는 내가 인간이라는 사실 때문에 창피하고 부끄러웠다. 조조는 쇠창살 사이로 손을 내밀어 눈물이 흘러내리고 있는 나의 뺨을 부드럽게 만졌다. 그는 킁킁거리며 자기 손가락의 냄새를 맡더니 잠시 내 눈을 바라보고는 다시 내 손목을 쓰다듬었다. 나는 성 프란치스코도 우리 곁에 서서 역시 눈물을 흘리고 있다고 생각했다.

동물들의 삶을 개선하려고 노력하는 사람은, 고통을 당하는 인간들도 넘치는 세상에 동물들에게 그러한 노력을 쏟는 것이 엉뚱한 낭비라며 비판을 받게 된다. 미국에서 순

304   **14장**

회강연을 할 때 한 여성이 그 점을 지적했다. 우연하게도 그날은 나의 생일이었고, 고맙게도 사람들은 작은 깜짝 파티를 준비해주었다. 해가 밝게 비치고 있었고, 봄볕을 받은 예쁜 꽃들이 사람들을 미소 짓게 하는 그런 날이었다. 나를 초대한 주최 측 사람이 갑자기 걱정스러운 얼굴로 다가와 막 도착한 야무진 표정의 여성을 가리키면서 넌지시 일러주었다. "저분의 딸이 심장 질환을 앓고 있는데, 그 딸이 살아 있을 수 있는 것은 개를 대상으로 하는 실험 덕분이라고 믿고 있어요. '동물 실험을 지지하는 사람들' 단체의 회원이기도 하고요." 나는 그 단체에 대해 알고 있었고, 미리 언질을 받을 수 있어서 다행이었다. 문제가 생길 수 있을 것이라고 생각했는데, 정말로 잠시 후에 그 여성이 와서 시비를 걸기 시작했다. 내 의견대로 하자면 자기 딸이 죽었을 것이라는 식이었다. 그리고 나와 같은 사람들 때문에 골치가 아프다고도 했다. 상당히 악의적인 말들을 험하게 내뱉어서 주위 사람들이 슬슬 다른 곳으로 피했다. 결국 내가 말할 수 있는 기회가 와서, 나의 어머니도 심장에 돼지 심장 판막을 달고 있다는 이야기를 했다. 그 돼지는 상업적으로 도살된 돼지이기는 했지만, 판막 이식술 연구 과정은 돼지를 이용한 실험을 통해 이루어졌다. 나는 그 여성에게 이렇게 말했다. "우연히도 저는 돼지를 좋아합니다. 돼지들은 거의 개들만큼이나, 아니 개들보다 더 똑똑하죠. 저는 어머니의 목숨을 살려준 돼지가 너무나 고맙고, 그런 이식 수술이 가능하도록 고통을 받았던 실험용 돼지들에게도 너무나 고마운 마음을 가지고 있습니다. 그래서 저는 실험실에서나 농장에서나 돼지들이 살아가는 조건이 개선될 수 있도록 노력하는 겁니다. 당신은 따님의 목숨을 살린 개들에게 고마움을 느끼지 않나요? 그런 개들 또는 돼지들이 앞으로는 그러한 용도로 사용되지 않을 수 있도록 대안을 찾는 노력을 도와주실 생각은 없나요?"

그 여성은 한동안 말을 잃고 나를 뚫어지게 바라보았다. 그러고는 말했다. "지금까지 아무도 그런 식으로 생각하지는 못했던 것 같군요." 그 여성의 얼굴에서 화난 듯한 표정이 사라졌다. 그 여성은 집에 가면서 말했다. "우리 단체에 당신의 의견을 전하도록 하지요."

동물 실험 문제는 매우 논란이 많은 이슈다. 동물들을 배려하는 사람들의 입장에서 보면 이는 놀라운 일이 아니다. 과학이라는 이름으로, 인류 건강을 향상시키고, 죽어가는 사람들을 살리고, 인간의 안전을 도모하며, 연구자들의 가설을 검증하고, 학생들을 가르치는 등의 다양한 목표 아래 동물들은 공포스럽고 고통스러운 과정들을 수없이 많이 겪고 있다. 생산품의 안전성과 효능을 검사하기 위해 쥐, 흰쥐, 기니피그, 고양이, 개, 원숭이들에게 매우 다양한 물질들을 강제로 주사로 투입하거나, 삼키도록 하거나, 눈에 집어넣는 일들이 벌어지고 있다. 의대 학생들은 동물을 사용하여 외과 기술을 연습하며, 새로운 외과 치료 방법들은 동물들에게 먼저 시도된다. 화상을 치료하는 새로운 실험적 기술을 시험하기 위해 동물들의 몸에 광범위하게 1도화상을 입히는 일도 있다. 흡연, 약물, 지방 섭취 등이 사람이라는 동물에게 어떠한 결과를 가져오는지 알기 위해 다른 종의 동물들은 엄청난 양의 담배 연기를 들이마셔야 하며, 약물을 투여받고, 과식을 해야 한다. 생물학적 체계를 이해하기 위해 과학자들은 동물들의 뇌에 전극을 꽂기도 하고, 귀가 들리지 않도록 혹은 눈이 보이지 않도록 하기도 하며, 죽이기도 해부하기도 한다. 정신적 기능들에 관한 연구를 위해 연구자들은 동물들을 대상으로 다양한 실험을 한다. 동물이 실수를 하면 전기 충격이 가해지기도 하고, 음식과 물을 주지 않거나 다른 잔인한 방법들이 동원된다. 한마디로 과학의 이름으로 동물들에게 행해지는 것들은 동물들의 입장에서 보자면 대부분이 고문과 학대일 뿐이다. 과학자가 아닌 사람이 저질렀을 경우에는 정말로 그렇게 판단될 것이다.

나는 동물을 사용하는 연구의 윤리적인 의미에 대하여 오랫동안 깊이 고민했다. 이러한 실험들이 인간의 보건에 얼마나 기여하는지는 차치하고, 이런 식으로 동물들을 착취해도 되는 걸까? 인간도 동물이다. 나치 시기에는 유럽에서 인간을 대상으로 하는 실험들이 행해졌다. 다른 시대의 다른 많은 나라에서도, 인간은 알게 모르게 자신에게 해가 될 수도 있는 실험에 이용되었다. 동의하지 않은 인간을 대상으로 한 계획적인 실험은 생각만으로도 소름 끼치는 일이다. 그런 느낌이 드는 것은 당연하다.

고통스러운 실험이 인간이 아닌 다른 종의 동물에게 행

해진다면, 아마도 우리의 불편함은, 그 동물이 겪고 있다고 생각되는 고통의 정도에 따라서 다르겠지만, 그다지 심하지는 않을 것이다. 그렇다면 다양한 종의 동물들이 어떠한 고통을 경험하는지 알게 된다면 좋을 것이다. 그러나 불행하게도 절대로 그것을 알 수 없다. 고통을 지각하는 측면에 있어서는 심지어 인간들 사이에도 많은 차이가 있다. 같은 경험도 어떤 사람에게는 끔찍한 고통으로, 다른 사람에게는 가벼운 아픔으로 느껴질 수 있다. 그러나 내장을 공격하여 고통스러운 죽음을 초래하는 독을 삼키는 것과 같이, 사람과 동물 모두에게 확실히 고통스러운 것이 있다. 장래에 인간들로 하여금 그러한 고통을 피할 수 있게 하리라는 기대 때문에 건강한 동물에게 그러한 고통을 가하는 것이 정당화될 수 있을까? 이러한 질문은 우리 각자가 스스로에게 한 번쯤은 던져야 할 것이다. 그에 대한 대답은 관련된 동물 종, 그 동물의 본성에 대한 지식, 그러한 고통에 대한 우리 자신 또는 가까운 사람들의 경험에 따라서 매우 다양하게 나타날 수 있다.

다행히도 동물 복지와 동물 권리 보호 운동이 활발하게 이루어지면서, 살아 있는 동물들을 약학 또는 의학 실험에 사용하는 것에 대한 대안을 마련하고자 노력이 모아지고 있다. 그 와중에 불행한 일은 대안이 마련되어 (미국의 경우 식품의약품국FDA에 의해) 유효성 인증을 받고 난 후에도 그러한 목적의 동물 착취를 막을 수 있는 법률이 없다는 것이다. 동물을 이용하는 새로운 방식보다는 동물을 이용하지 않는 새로운 방식이 공인 과정에서 더 많은 장애물을 극복해야 하고, 더 어려운 협상을 필요로 한다. 동물 실험이 의학 발전에 기여한 정도를 밝히려는 의학사적 연구도 많이 이루어졌다. 이러한 연구들을 살펴보면, 동물 실험 찬성론자들이 주장하는 것만큼 동물 실험이 의학 발전에 중요한 역할을 한 것은 아니라는 사실을 알 수 있다. 더군다나 동물 실험을 통한 연구가 오히려 잘못된 결과들을 가져온 경우도 많다. 인간들에게 매우 유용하고 효과 있는 것으로 밝혀진 약물들이 수년간이나 사용이 보류되기도 했고, 동물들에게는 아무런 해가 없는 약물들이 널리 사용되어 실제로는 인간들에게 고통과 죽음만을 가져다주기도 했다.

앞으로 중요한 과제 중 특히 의학과 수의학도들에게 주어진 과제는 살아 있는 동물을 사용하는 실험을 대신할 수 있는 대안을 찾는 것이며, 궁극적으로는 동물 실험을 완전히 없애는 것이다. 우리는 새로운 시각을 가져야 한다. 유감스럽지만 항상 어느 정도의 동물들을 사용할 수밖에 없다고 생각하는 것이 아니라, 그러한 관행이 비윤리적이고 하루 빨리 그러한 관행을 근절시켜야 한다고 생각해야 한다. 과학이 동원할 수 있는 경이로운 지적 능력을 동물 실험을 없애는 작업에 모아야 한다. 불가능한 것을 성취한 사람들의 이야기로 가득 찬 인류 역사를 돌이켜볼 때 우리는 희망을 가져도 될 것이다.

동물들이 필요 이상으로 겪는 고통의 상당 부분은 물론 과학이 책임져야 하기는 하지만, 동물을 학대하는 잘못은 과학자들만 범하는 것은 아니다. 수십억의 동물들이 식용으로 밀집 사육되는 과정에서 형언할 수 없는 고통, 공포, 비참함을 경험한다. 태어나서부터 죽을 때까지 축사나 나무 상자 안에서, 도살장으로 운반되는 돌아오지 못할 길을 가는 과정에서, 그리고 가장 심하게는 도살장에서조차 그들은 고통을 받는다. 야생동물들은 사냥을 당하고, 덫에 걸리고, 독에 중독된다. 살아 있는 동물을 교역하는 과정, 서커스나 쇼를 위한 훈련 과정, 또는 애완용 동물 산업에서 다양한 종의 동물들이 무시무시한 착취를 당하고 있다. 그리고 무수한 '짐을 나르는 동물'들이 야만적인 학대를 받고 있다.

지난 40년 동안 동물의 밀집 사육이 급증했다. 최대 생산을 위해 살아 있는 존재들에게 조립 라인(컨베이어 벨트) 방식을 적용하는 이러한 유형의 사육은 거대 기업들에 의해 소농들이 밀려나면서 널리 채택된 것으로 농업의 산업화를 의미한다. 나는 피터 싱어의 책《동물 해방》을 읽고 이러한 사실을 처음 알게 되었는데, 그 책에는 새로운 사육 방식이 매우 자세하게 묘사되어 있다. '배터리 사육법'의 경우, 암탉들은 가로 41센티미터, 세로 46센티미터의 우리 안에 다섯 마리씩 넣어지기 때문에 가끔 동족을 공격하는 일이 벌어지기도 한다. 그래서 부리를 자르는데, 거꾸로 한 줄로 매달아서 기계에 통과시켜 부리를 자른다. 이러한 절단은 매우 고통스러울 뿐만 아니라 부리의 잘린 부분은 평생 동안 감각이 매우 예민한 채로 남아 있게 된다. 돼지들의 경우, 움직일 수 없을 정도로 작은 우리에 넣어진다. 오물이 쉽게 씻겨 내리도록 고안된 슬레이트 바닥에 서 있기 때문에 그들의 발은 상처가 나고 변형되며, 다리는 운동 부족으로 약해져서 도살장으로 가는 길에 체중을 견디지 못하고 부러지는 일도 허다하다. 새끼를 낳는 암퇘지들은 철로 된 고리로 고정되어서 움직이지 못하며 실수로 새끼를 짓누르는 경우도 있다. 그리고 예민한 코를 가진 돼지들(프랑스의 명물인 냄새로 송로버섯을 찾는 돼지를 기억하는가?)에게 가장 끔찍한 악몽은 인간의 둔한 후각으로도 고통스러운 배설물의 악취와 암모니아 냄새로부터 벗어날 수 없다는 사실이다. 식육용 송아지들은 돌아설 수도 없을 정도로 작은 우리에서 키워진다는 사실도 알게 되었다. 고기를 하얗게 만들기 위해 그들은 계속 어두운 곳에서, 그리고 철분을 섭취하지 못하도록 관리된다. 철분을 섭취하려는 그들의 열망은 너무도 강해서 자신들의 소변을 마실 정도라고 한다.

고기 먹는 것에 대한 나의 태도가 갑작스럽게 완전히 바뀌었다. 접시에 놓인 고기 한 조각을 볼 때 그것이 나를 위해 죽임을 당한 한때 살아 있던 피조물의 한 부분으로 보였고, 공포와 고통, 죽음을 의미하는 것으로 생각되어 식욕을 떨어뜨렸다. 그래서 고기를 먹지 않게 되었다. 채식주의자가 되면서 부가적으로 좋았던 일은 건강이 좋아졌다는 사실이다. 몸이 훨씬 가볍게 느껴졌고, 깨끗한 에너지로 가득 찬 것 같았다. 한때는 살아 있었던 그 피조물이 그랬던 것처럼 나쁜 쓰레기들로부터 좋은 단백질을 걸러내야 하는 작업을 하느라 내 몸의 시간을 낭비하지 않아도 되었다.

식용 동물의 사육은 다른 문제들과도 연관된다. 수백만 평의 열대우림이 목우를 위한 목초지로 사용하기 위해, 혹은 사료 작물을 재배하기 위해 베어지고 있다. 아마존의 원주민들이 이로 인해 삶의 터전인 숲을 잃는 문제를 제외하더라도, 지구 전체로 보아서도 이는 매우 소모적인 일이다. 1200평의 기름진 땅은 227~272킬로그램의 식물성 콩 단백질을 생산할 수 있다고 한다. 이 땅에 식육용 동물을 먹이기 위한 작물을 재배하게 되면, 결과적으로 18~25킬로그램의 동물성 단백질만을 얻을 수 있다.

여기에서 확실하게 해두고 싶은 것은 내가 혐오하는 것이 고기 먹는 것 자체가 아니라 집중적인 공장식 사육이라는 사실이다. 나의 친구들 대부분은 고기를 먹는데, 고기를 먹는 사람들은 살아 있는 동안 행복했으며, 도살 과정에서 가능한 한 적은 고통을 경험한 동물들의 고기를 먹을 수 있어야 한다. 그리고 살아 있다가 우리를 위해 죽은 그 피조물의 영혼을 위해서 기도할 수도 있지 않을까? 옛날 사람들은 그렇게 했다. 부족민들은 아직도 그런 기도를 한다. 자연 세계와의 교감, 모든 생명을 관통하는 영적인 힘과의 교감을 가져오는 이러한 사소한 것들을 통해, 우리는 좀 더 도덕적으로 영적으로 발전할 수 있을 것이다.

인간이 성품을 지닌 유일한 동물이 아니라는 것, 합리적 사고와 문제 해결을 할 줄 아는 유일한 동물이 아니라는 것, 기쁨과 슬픔과 절망을 경험할 수 있는 유일한 동물이 아니라는 것, 그리고 무엇보다도 육체적으로뿐만 아니라 심리적으로도 고통을 아는 유일한 동물이 아니라는 것을 받아들인다면, 우리는 덜 오만해질 수 있다(그러하기를 기대한다). 또한 인간에게 유용할 가능성이 있다고 해서 다른 형태의 생명들을 무한정 이용할 천부의 권리가 있다고 굳게 믿는 실수를 피할 수 있을 것이다. 물론 우리는 독특하지만, 우리가 지금까지 생각해온 것처럼 동물 세계의 다른 동물들과 그렇게 많이 다르지는 않다. 이러한 깨달음을 통해 지구에 함께 살고 있는 다른 동물들을 새로운 존중의 눈으로 바라보는 겸손함을 얻을 수 있을 것이며, 특히 우리가 잘 알고 있는 개, 고양이, 돼지와 같이 복잡한 뇌 구조를 가지고 있고 사회적 행위를 하는 동물들을 새롭게 볼 수 있을 것이다. 다른 살아 있는 존재들에게도 우리의 감정과 유사한, 그렇게 많이 다르지는 않은 감정이 있지 않을까 하는 생각만 할 수 있어도 우리는 그 존재들을 단순히 인간들을 위한 '물건들' 또는 '도구들'로 취급하는 윤리를 의심해볼 수 있을 것이다. 우리의 목적을 위해 실험용으로, 식용으로, 애완용으로 특별히 사육되는 동물들이라 해서 다른 동물보다 못할 것이 무엇인가? 그렇다고 그들이 감정과 고통을 못 느끼게 되는 것은 아니지 않은가? 우리가 인간을 의학 실험용으로 기른다고 가정한다면, 그들은 인간이 아니고 다른 인간들보다 고통을 덜 느끼거나 덜 중요한 존재들일까? 노예로 살았던 인간들이 노예로 태어났다는 사실 때문에 고통, 슬픔, 절망을 덜 느끼지는 않았을 것이 아닌가?

동물들에 대해 친절함과 동정심을 가지자고 소리 높여 이야기했던 사람들 중 몇 사람만 인용해도, 얼마나 많은 위대한 사람들이 그중에 있었는지를 알 수 있다. 아인슈타인은 "모든 살아 있는 피조물들과 아름다운 자연 전체를 포괄할 수 있도록 동정심의 범위를 넓힐 것"을 당부했다. 슈바이처는 "우리는 동물까지도 포함하는 경계 없는 윤리를 필요로 한다"라고 주장했다. 마하트마 간디는 "동물들을 대하는 태도를 가지고 그 나라 사람들을 판단할 수 있다"라고 믿었다.

시대를 막론하고 많은 유명한 사람들이 고기를 먹는 것에 대하여 거리낌 없이 말했다. 피타고라스는 이러한 기록을 남겼다. "지구는 풍부하여 깨끗한 음식, 피를 흘리거나 도살을 필요로 하지 않는 진수성찬을 마련하고 있다. 야수들만이 고기로 배를 채운다." 영국의 극작가 조지 버나드 쇼는 "우리는 싸우지 않으려고 한다. 그럼에도 불구하고 죽은 것으로 배를 채우고 있다"라고 말했다. 벤저민 프랭클린은 고기를 먹는 것이 "정당한 이유가 없는 살해"라고 선언했다. 그리고 모든 시대를 통틀어 가장 위대한 사람 중 하나인 레오나르도 다빈치는 가장 열정적으로 고기를 먹는 사람들의 몸은 "묘지, 그들이 먹은 동물들을 위한 공동묘지"라고 규정했다.

내 생각에 잔인함은 인간의 죄 중에서 가장 나쁜 것이다. 살아 있는 피조물이 감정이 있고 고통을 느낄 수 있다는 것을 알면서도 일부러 피조물들에게 고통을 가한다면, 우리는 그러한 죄를 짓는 것이다. 그 피조물이 인간이건 동물이건 간에 스스로를 잔인하게 만드는 것이다.

이러한 이야기가 항상 쉽게 전달되는 것은 아니다.

내가 가장 즐겨하는 이야기 중 하나는 어느 날 아침 나를 히스로 공항까지 태워주었던 런던의 택시 기사에 관한 이야기이다. 나는 2주일의 순회강연을 앞두고 있었고, 매우 피곤하여 택시 안에서 잘 생각이었다. 그러나 어쩌다가 기사는 내가 침팬지를 연구한다는 사실을 알게 되었고, 동물들을 위해 돈을 '낭비하는' 모든 사람들을 욕하는 악의적인 장광설을 늘어놓기 시작했다. 그는 특히 자신의 여동생을 염두에 두고 계속 동생에 대한 이야기를 했다. 그녀는 지역의 동물 보호 운동 단체를 위해 일한다고 했다. 그렇게 많은 사람들이 고통받고 있고, 아이들이 학대를 받는데도 말이다. 그는 동물들에게 신경을 쓰는 동생이 매우 거슬린다고 말했다. 그럴 때마다 항상 텔레비전을 끈다고 했다.

나는 당시 그런 이야기들에 참여할 기분이 아니었다. 좌석에 편히 누워 눈을 감으려고 했지만, 바로 그 순간에 이러한 종류의 짜증나고 편협한 사람이야말로 정말로 뭔가를 깨닫게 만들어야 한다는 생각이 들었다. 그는 그렇게 생각하는 수천 명의 사람들 중 하나였던 것이다. 쟁점에 대해 무지해서 토론을 할 수 없고, 다만 자기가 들은 구식의 독단적인 말들을 수백 번 반복해서 내뱉을 뿐인 그런 사람 말이다. 아무래도 그 택시를 타게 될 운명이었던 것 같다.

나는 불편한 보조석에 기대앉아 히스로 공항으로 가는

길 내내 기사의 뒤쪽에 나 있는 자그마한 창문을 통해 이야기를 계속했다. 우선 침팬지들에 대한 이야기로 시작을 했다. 그는 듣고 있었지만, 별다른 변화나 반응을 보이지 않았다. 나는 침팬지들이 기호 언어를 어떻게 배우는지에 대한 이야기를 했다. 어떤 침팬지들은 그림 그리는 것을 좋아한다는 이야기, 그들이 감정을 느끼는 방식과 서로를 챙기는 행동, 도움을 주는 것 등에 대한 이야기를 했다. 주인의 목숨을 구해준 개, 그리고 다른 동물들의 이야기도 했다. 우리가 스스로 생활할 능력을 빼앗아버린 잡혀 있는 동물들에 대해 책임져야 한다는 이야기, 그리고 인간의 문제에 대해서는 이미 많은 사람들이 관심을 가지고 있어서 동물들을 위해 노력하는 사람들이 얼마간은 있어도 무방하다는 이야기를 했다.

그러나 아무 소용도 없었다. 그는 동물들에게 신경 쓰는 것은 시간 낭비라고 계속 고집을 부렸다. 내가 내릴 때 "어쨌든 미국에서 좋은 시간 되십시오" 하고 그가 인사했다.

그의 의견이나 입장에 관계없이 그에게 팁을 줘야 했는데, 나는 적당한 잔돈이 없었고 그는 거슬러줄 돈이 없었다. 그래서 나는 그에게 2파운드는 갖고, 나머지 액수는 동물 보호 운동을 위해 여동생에게 전달해달라고 부탁했다. 그가 그렇게 할 것이라고 생각하지는 않았지만, 나는 나의 행동이 기발하다고 생각하여 흡족했다.

여행을 마치고 영국으로 돌아오자 다른 많은 편지들 사이에 그 택시 기사의 여동생 편지가 끼여 있었다.

"오빠가 당신의 기부금을 전달해주었어요"라고 적혀 있었다. "친절에 감사드립니다. 그런데 가장 놀라운 것은 오빠가 달라졌다는 거예요. 오빠에게 무슨 말을 하셨나요? 갑자기 저에게 친절하게 대하면서 동물들에 대해 이것저것 물어보곤 한답니다. 제가 하는 일에 관심을 가지면서 말이죠. 변했어요. 제 오빠를 어떻게 하신 거죠?"

내가 보냈던 피곤한 시간이 보상받은 것이다. 그는 여동생을 행복하게 했을 뿐만 아니라 틀림없이 친구들에게 자신이 알게 된 새로운 시각과 인식을 설명하고, 한 명 또는 그 이상을 설득할 수 있었을 것이다.

오늘날 사람들의 태도가 아주 천천히 변하고 있다. 대중들이 더 많은 것을 알게 되면 앞으로도 그러한 태도 변화는 계속될 것이다. 동물에 지대한 관심을 가졌던 아내의 죽음 이후에 대신 그 일을 이어받은 폴 매카트니 경과 같은 대중적인 명사들이 그러한 메시지를 전달하려는 노력을 계속하고 있다. 주요 의과 대학의 대부분은 교과 과정에서 '개 실험'을 제외시켰다. 미국의 많은 수의과 대학들은 학생들이 멀쩡한 유기견과 길고양이들을 잡아와 수술하던 전통적인 학습 방식에 대한 새로운 대안들을 제시하고 있다. 내가 바비를 만났던 SEMA 연구소는 태도의 변화를 반영하는 새로운 명칭을 얻게 되었다. 격리실이 없어졌고, 침팬지들은 이제 상당히 큰 우리에서 살며, 모든 실험에 짝을 져서 동원되고 있다. LEMSIP의 불행한 상황에서 만났던 조조는 연구소가 폐쇄되면서 캘리포니아에 있는 보호 시설로 옮겨졌고, 그곳에 있던 다른 침팬지들도 미국의 보호 시설로 분산 수용되었다.

아직도 갈 길은 멀다. 그러나 올바른 방향으로 나아가고 있다. 우리가 인간과 동물에 대한 잔인함을 사랑과 연민으로 넘어설 수만 있다면, 인간 도덕과 영적인 발전의 새로운 시대를 열 수 있을 것이다. 그리고 궁극적으로는 우리의 가장 독특한 특성, 인간성을 실현시킬 수 있을 것이다.

김블.

그렘린.

Steve Matthews

부룬디에서 쇠사슬에 묶인 위스키를 처음 만났을 때(1986).

PETA

SEMA의 자그마한 우리에 갇힌 침팬지 두 마리.

'뿌리와 새싹' 프로그램. 젊은이들이 변화를 일으키려고 결단하면 강력한 힘이 발생한다.

15장

희망

나는 정말로 희망을 가지고 있다.
우리의 후손들과 그들의 아이들이 평화롭게 살 수 있는 세계를
기대할 수 있다고 굳게 믿는다. 나무들이 살아 있고
그 사이로 침팬지들이 노니는 세계,
푸른 하늘이 있고 새들이 지저귀는 소리가 들리는,
그리고 원주민들의 북소리가, 어머니인 지구와 위대한 신이
우리와 연결되어 있음을 힘차게 되새겨주는 그런 세계 말이다.

전 세계를 돌아다니면서 가장 자주 받는 질문들 속에는 사람들의 절실한 공포가 드러나 있다. "제인, 희망이 있다고 생각하십니까?" 아프리카 열대우림이 살아남을 희망이 있을까? 침팬지들은 어떨까? 아프리카 사람들에게는? 아름다운 지구, 우리가 망치고 있는 지구에 희망이 있을까? 우리와 우리의 아이들, 손주들에게 희망이 있을까?

때로는 낙관적이기 힘들 때도 있다. 15년이나 20년 전만 해도 상공에서 바라보면 가도 가도 울창한 숲이었던 아프리카의 땅덩어리는 오늘날 거의 사막으로 변해 있다. 땅이 뒷받침할 수 있는 능력 이상으로 많은 사람들과 가축들이 살고 있는 것이다. 게다가 사람들은 식량을 다른 곳에서 구할 수 있는 능력이 없을 정도로 가난하다. 그들에게 남아 있는 미래는 어떤 것일까? 곰베는 또 어떤가? 처음 그곳에 갔던 1960년에는 호숫가 전체가 푸른 숲이었다. 해가 가면서 점차적으로 나무는 지역 주민들에 의해 땔감으로 또는 집을 짓는 데 사용되었고, 경작지를 만들기 위해 베어지기도 했다. 오늘날에는 국립공원 경계의 바깥에 있는 숲이 사라지고 밋밋한 비탈만 남아, 비가 올 때마다 귀중한 표토가 호수로 씻겨 내려가서 물고기들이 알을 낳는 얕은 곳들을 메워버린다. 가장 가파른 비탈에서조차 숲을 찾아볼 수 없다. 그런 곳은 농민들이 개간하여 점차 황폐해져가는 땅에 카사바와 콩을 키우려고 눈물겨운 노력을 하고 있다. 이미 국립공원 밖 지역에서는 침팬지와 다른 동물들이 자취를 감추었다. 그리고 사람들도 고통받기 시작했다. 어떤 곳에서는 여자들이 취사용 땔감으로 사용하려고 오래전에 베어낸 나무의 뿌리를 캐내야 할 정도다. 이러한 변화는 인구가 급격하게 증가했기 때문인데, 주로 폭발적인 자연 인구 증가 때문이긴 하지만, 북쪽의 부룬디에서, 그리고 최근에는 동쪽의 콩고에서 피난민들이 많이 유입되기 때문이기도 하다. 이러한 장면들은 아프리카 대륙 전체, 그리고 다른 개발도상국들에서 계속하여 반복되고 있다. 증가하는 인구, 감소하는 자원, 자연의 파괴가 가난과 질병, 고통을 가져오는 것이다.

그렇다. 우리는 우리의 지구를 파괴하고 있다. 숲들이 사라지고, 토지는 침식되고, 수면은 말라가고, 사막화가 진행되고 있다. 한편으로는 굶주림, 질병, 가난, 무지가 있고, 다른 한편으로는 잔인함, 탐욕, 질시, 복수, 타락이 있다. 세계의 대도시에는 범죄, 약물, 갱 폭력이 있고, 수천의 집 없는 사람들은 살림을 유모차, 쇼핑 카트, 또는 등에 지고 다니면서 문 앞이나 쇠격자 덮개 위에서 잠을 자며 살아가기도 하고, 죽어가기도 한다. 길거리에서 구걸하는 아이들의 수는 늘어만 가고 있다. 종족 갈등과 학살이 일어나고, 평화협정들이 깨어지고 있다. 수백만 명이 총과 칼, 지뢰에 의해 죽임을 당하거나 불구가 되고 있다. 또 다른 수백만 명은 피난민 신세가 되었다. 조직범죄와 무기 거래가 이루어지고 있고, 러시아의 경제가 무너지면서 낡은 병기고에 남은 많은 핵무기들이 거래되는 국제적인 암시장이 형성되어 공포를 불러일으키고 있다.

국제적인 테러리즘은 최근 아프리카에서 있었던 반미 폭탄 테러와 함께 더욱 불길한 조짐을 보이고 있다. 탄자니아와 케냐에서는 미국 대사관이 목표물이었다. 더욱 놀라운 것은, 케이프타운에 있는 식당은 단순히 미국식으로 지어졌다고 해서 목표물이 되었다는 사실이다. 세계 전체에서 미국인들은 자신들의 그림자가 아니라 자신들의 나라가 드리운 그림자 때문에 불안해하면서 뒤를 돌아봐야 한다. 자살 공격을 감행하는 테러리즘은 순전히 증오에 의해 이루어진다. 광신적인 증오에 의해서 말이다. 최근에 읽은 바로는 팔레스타인에서는 일곱 살의 어린이들에게 여름 캠프에서 증오를 가르친다고 한다. 인기 있는 TV 프로그램인 〈어린이 클럽〉에서 여덟 살의 소녀가 나와 이렇게 말한다. "예루살렘의 입구를 통과하면 나는 자살 특공대가 될 것입니다." 다른 한 소년은 또 이렇게 말한다. "우리는 그들을 바다에 처넣어야 합니다. 돌과 총알로 원수를 갚을 날이 얼마 남지 않았습니다." 이것이 바로 최근 북아일랜드 오마하에서 평화 협정이 체결되는 와중에 폭발 테러를 일으키게 한 맹목적인 증오다. 그러한 증오로 최근 부룬디 폭동 때 투치족 수녀들이 같은 수녀원을 사용하던 후투족 수녀들을 죽였고, 피난민 캠프에서 후투족 성인 남성 네 명이 부모가 죽고 나서 친구들과 도망 온 일곱 살 난 투치족 소년을 목 졸라 죽이려 한 것이다.

무서워해야 하는 것은 인간의 폭력만이 아니다. 부주의하게 버린 수십억 톤의 합성 화학 물질들(특히 DDT와 CFC)은 생태계와 야생동식물에게 피해를 줄 뿐만 아니라, 인간의 내분비계에 영향을 주어 태아들에게 해를 끼치고 정자수를 감소시켰다. 영국에서는 매립지 3킬로미터 반경 내에 사는 여성들의 암 발생 확률이 급증했다. 앞으로도 새로운 합성 화학 물질들을 개발하고 사용한다면, 예측하지 못한 다른 사태들이 벌어질 것이다. 체르노빌 사고의 심각한 후유증에 시달리는 벨라루스는 히로시마의 90배에 달하는 방사선 피해를 입었고, 전체 토지의 1퍼센트만이 오염되지 않은 채로 남을 수 있었다. 아기들은 늙어 보이고 얼굴이 말라서 시든 것처럼 보인다. 이러한 목록은 끝도 없이 길게 만들 수도 있다.

이 모든 것들로 인해 새천년은 절망적으로 보인다. 실제로 환경 보호론자들은 지구상에서 생명이 끝났음을 증명하는 통계치들을 만들어내기도 했다. 열대우림이 파괴되는 속도, 온실 효과를 가져오는 가스의 증가, 인구 증가 속도 등의 통계를 근거로 해서 말이다. 지금 상황은 마치 우리가 아주 큰 배에 탄 것과 같다. 뱃머리에서 관측하는 사람이 정면에 암초들을 발견하고는 승무원들에게 경고 신호를 보낸다. 하지만 큰 배가 방향을 바꾸려면 시간이 걸리기 때문에, 사고를 막으려는 모든 노력은 수포로 돌아간다. 물론 배가 파도 속으로 사라지는 데에도 시간이 걸린다. 세계는 '일순간의 폭발이 아니라 한동안 흐느끼는 사이에' 종말을 맞을 것이다. 지구라는 우주선의 생명체들이 그러한 운명을 맞이하는 것을 상상하는 것은 그다지 어려운 일이 아니다. 그러나 그럼에도 불구하고 나는 우리의 미래에 희망을 가지고 있다. 물론 우리가 삶의 방식을 바꿀 때에만, 그것도 하루 빨리 바꿀 때에만 희망은 존재한다. 시간이 많지 않다. 그러한 변화들은 바로 당신과 내가 가져오는 것이다. 변화를 일으킬 책임을 남에게만 미룬다면 좌초는 피할 수 없다.

내가 희망을 가질 수 있는 이유는 네 가지이다. 인간의 두뇌, 자연의 회복력, 전 세계 젊은이들에게서 찾아볼 수 있는 또는 타오르게 할 수 있는 에너지와 열정, 그리고 마지막으로 불굴의 인간 정신이다.

우선 인간의 두뇌를 살펴보자. 이 회색의 둥근 덩어리는 너무도 기적적이어서, 나는 다시 태어난다면 뇌의 신비를 공부하고 싶다는 생각을 가끔 한다. 이 두뇌 덕분에 초기 조상들은 거칠고 원시적인 세계에서 살아남을 수 있었다. 조상들은 느린 육체의 변화에 의존하여 장기간에 걸쳐 삶의 반경을 넓힌 다른 동물들과는 달리, 점점 힘들어지는 환경에 문화적으로 적응하여 생존했다. 침팬지들이 사용하는 것과 같은 원시적인 도구들이 점진적으로 정교해져 현대적인 기술로 발전했다. 이것은 한편으로는 훌륭한 혁신들로 이어져 전 세계 사람들에게, 때로는 동물들에게 많은 도움을 주었다. 현대 의학의 덕분으로 나의 어머니가 살아 있고, 내가 아는 다른 많은 사람들도 살아 있을 수 있다. 정말 많은 측면에서 도움을 받았다. 이러한 기술들은 그것을 이해하고 만들어내고 사용하는 훌륭한 인간 두뇌와 더불어, 우리가 사는 놀라운 세계에 대하여 점점 더 많은 것을 알게 해주었다. 그러나 다른 한편으로 기술은 안타깝게도 대량 살상용 무기와, 인간에게 도움(진정한 도움이건 상상된 도움이건)을 주면서도 자연 세계를 오염시키고 파괴하는 기계들을 만들어냈다. 엄청난 규모로, 그리고 지속적으로 증가하는 인구가 지구의 제한된 자원에 의존하고, 탐욕적·이기적인 물질 중심의 서구 생활양식이 전 지구적으로 영향을 미치는 현재의 상황에서, 기술의 어두운 측면은 돌이킬 수 없는 재난을 가져왔다. 그러한 생활양식은 성공하기 위해서 더 많은 물질과 부를 획득하려는 쟁탈전 속으로 사람들을 몰아넣는다.

희망은 우리가 이러한 문제들을 드디어 이해하고 해결

하려 한다는 점에 있다. 보다 많은 사람들이 이것이 몇몇 미친 환경론자들의 꾸며낸 상상이 아니라(한때는 그렇게 여겨졌다), 우리와 우리의 아이들을 위협하는, 그리고 지구상 생명체의 생존을 위협하는 문제라는 것을 절감하고 있다. 1992년 리우데자네이루 환경 회의는 전 세계의 각국 정부가 이러한 문제들을 알고 있음을 보여주는 증거이다. 당시 회담의 결과가 조금 실망스럽기는 했지만, 그러한 회담이 열리고 그만큼 많은 정부가 참여했다는 것 자체가 의미 있는 첫걸음이었다. 맑은 대기 문제를 논의했던 1998년의 교토 회담에 대해서도 이러한 평가가 가능할 것이다.

우리는 오래전부터 많은 환경 문제들을 인식하고 있었다. 그러나 문제들은 악화되었고 피해를 입히기 시작했다. 어느 때보다도 많은 사람들이 걱정하고 있다. 심지어는 지금까지 어떠한 환경 문제도 없다고 주장했던 중국 정부마저도 1998년의 대홍수를 계기로 관심을 갖게 되었다. 오늘날에는 중국의 매체들에서 환경 문제가 자유롭게 논의되고 있다. 조금 늦기는 했지만, 나는 우리가 힘을 합치면 완전한 파멸을 막을 수 있다고 믿는다. 문제 해결 능력을 총동원하고 전 세계적으로 손과 두뇌와 마음을 모은다면, 틀림없이 자연과 조화를 이루며 사는 생활방식을 찾아낼 것이고, 우리가 냈던 상처들을 치유할 수 있을 것이다. 어쨌든 간에 인간들은 예전에도 '불가능한' 일들을 이루어내지 않았는가! 100년 전에 당신이 달에 사람이 가게 될 것이라고 예언했다면 믿을 사람이 있었겠는가? 팩스나 점보제트기가 있을 것이라고 예언했다면? 사람들은 그러한 일들을 공상과학에 불과한 불가능한 것으로 생각해 당신을 미치광이로 간주했을 것이다. 하지만 우리는 그 기술들을 발명했고, 그런 일들을 해냈다. 그 외에도 많은 일을 말이다(아직도 많은 것들이 나에게는 마술처럼 보인다).

그리고 좋은 소식들이 더 많이 있다. 많은 기업이 작업 과정을 '환경 친화적'으로 만들기 위한 노력을 시작했다. 브리티시 정유 회사는 수백만 파운드를 들여서 태양열을 이용하는 생산물들을 개발하고 있다. 콩고-브라자빌의 고아 침팬지를 위한 보호 시설을 지어준 다국적 정유 기업인 코노코는 환경에 대한 책임감을 가지고 아프리카 시추 탐사 작업을 했다. 탐사 팀은 숲 사이로 걸어서 들어갔고, 장비는 매번 헬기로 공수되었다. 자국을 남기는 길은 만들어지지 않았다. 환경 보호 단체의 감시가 없는 내륙 아프리카에서도 코노코는 직원들의 안전과 환경 보호의 측면에서, 선진국에서 적용되는 엄격한 기준을 준수했다. 모든 아프리카 국가들이 '검은 금덩어리'를 채굴하려는 상황에서 중요한 것은 탐사, 시추, 채굴 작업이 가장 책임감 있고 윤리적인 기업들에 의해 행해져야 한다는 것이다. 그리고 그들의 생산품 구입을 통해 당신이나 내가 그러한 기업들을 뒷받침하지 않으면 그 기업들은 경쟁적인 시장에서 살아남을 수 없다.

환경에 대한 기업의 책임감과 관련하여 이와 유사한 예들은 수없이 많다. 그리고 어디에서든지 변화하는 태도를 보여주는 흔적들을 찾아볼 수 있다. 1997년 봄에 나는 처음으로 전기 자동차를 타보았다. 그것은 정말 대단한 경험이었다. 시속 약 100킬로미터로 달리면서도 전혀 배기가스를 내뿜지 않는, 100퍼센트 재활용 가능하고 50년 동안 사용할 수 있는 자동차였다. 그리고 완성 단계에 있는 더욱 환경 친화적인 엔진들이 있는데, 수소가 가진 산소에 대한(관계가 거꾸로였던가?) 강한 친화력을 이용한 전지를 연료로 하는 것이 한 예이다. 어쨌든 둘이 결합하려는 힘은 차를 움직일 수 있을 정도로 강하다. 그리고 그 결합이 궁극적으로 가져오는 부산물 H_2O는 운전자가 목마를 때 마실 수 있다! 또한 최근에 일본 방문길에 콘티넨탈 항공사를 이용했을 때 기내식 메뉴판은 재생 용지였고, 다 본 신문은 재활용되도록 모아졌으며, 위생 봉투는 면으로 만들어져 있었다. 비행기를 갈아타려고 방콕 공항에 잠시 내렸는데, 그 지역의 신문에는 기준치 이상의 배기가스를 배출하는 차량에 대해 벌금을 부과하는 것을 내용으로 한, 새로운 대기 오염 방지법에 대한 기사가 실려 있었다. 일본에 갔을 때 관심을 끌었던 신문 기사는 도쿄의 한 여학교가 모든 학생들에게 플라스틱 병을 재활용하여 만든 교복을 제공한다는 기사였다. 당시에 내가 입고 있던 재킷이 바로 그러한 재질이었다. 또한 내가 묵었던 호텔의 욕실과 침대 옆에는 안내판이 있어서, 수건과 침대 시트를 하루 이상 사용하도록 권장했다. 나는 며칠 밤을 지냈기 때문에 안내된 대로 수건을 잘 접어서 걸어두었다. 집에서도 어차피 수건과 시트는 매일

빨지 않으니까 말이다. 전 세계에서 점점 많은 호텔들이 비슷한 안내 메모를 걸어두어서 환경을 보호하는 동시에 호텔의 예산을 절감하는 효과를 보고 있다.

게리 젤러는 '생태 벽돌'을 발명했다. 이 벽돌은 집을 짓는 보통의 벽돌보다 가볍고 싸다. 그것은 독성이 있는 산업 폐기물들을 특수 처리하여 만들어진다. 표면 처리는 매우 강하여 최소한 300년 이상 견딜 것으로 예상된다. 생태 벽돌은 동유럽과 여러 개발도상국에서 쓰레기 처리 문제를 해결하는 데 도움을 주고, 동시에 싼 가격으로 학교와 병원 등을 짓는 데 사용된다. 생태 벽돌 공장들이 더 많이 세워질 수 있기를 기대한다. 유럽에서는 쓰레기 매립지의 근방 3킬로미터 반경 안에 사는 여성들이 척추이분증 또는 심장에 구멍이 있는 등의 심각한 이상이 있는 아기를 출산할 위험이 있다고 한다. 확실히 쓰레기 매립지보다는 생태 벽돌 공장이나, 여타 상업성 있고 획기적인 쓰레기 처리 방법이 필요하다.

내가 희망을 가지는 두 번째 이유는 기회만 준다면 또는 필요한 경우에 도움을 준다면 충분히 회복되는 자연의 놀라운 회복력이다. 많은 성공 사례가 있다. 런던의 템스 강 하류는 한때 너무도 오염되어 거의 모든 생명체가 죽었지만, 대대적인 정화 작업을 거친 오늘날에는 물고기들이 살고 있고, 새들도 돌아오기 시작했다. 몇 년 전에 나는 제2차 세계대전을 종식시킨 두 번째 핵폭탄이 투하된 나가사키를 방문했다. 과학자들은 최소한 30년 동안 아무것도 자랄 수 없을 것이라고 예상했다. 그러나 실제로는 녹색 잎들이 (처음에는 방사선에 오염된 것들이었겠지만) 상당히 빨리 나타나기 시작했다. 그리고 어린 묘목 하나는 죽지도 않았다. 현재 그것은 옹이투성이의 두꺼운 둥치에 깊고 검은 홈이 난 큰 나무가 되었다. 매년 봄 그 나무에는 새로운 잎이 돋는다. 나는 그 나뭇잎 하나를 희망의 상징으로 가지고 다닌다.

2년 전 캐나다의 서드베리에서 강연이 있었다. 약 100년 동안 니켈 광산의 독성 배출물이 근방 수마일의 환경을 오염시켜왔다고 한다. 나는 마치 달의 표면처럼 황폐한 땅의 사진들을 보았다. 하지만 주위는 온통 밝은 푸른색이었다. 오염이 환경과 건강을 위협한다는 것을 깨달은 주민들이 대책을 마련했던 것이다. 광산은 15년 사이에 배출물을 98퍼센트 가까이 감소시켰다. 그들은 나에게 희망의 상징으로 40년이 넘도록 사라졌다가 다시 돌아와 둥지를 튼 송골매의 깃털을 주었다.

최근에 나는 뛰어난 삼림 감독관인 머브 윌콜슨과 그의 아내 앤과 같이 하루를 보냈다. 1939년부터 머브는 브리티시컬럼비아에 있는 17만 평 넓이의 숲을 아홉 번이나 벌목했었다. 그러나 지금은 그 숲에 걸어 들어가면 자연의 대성전에 들어가는 것처럼 느껴진다. 숲에는 아름답고 오래된 거목들이 고요히 버티고 서 있으며, 그가 시작했을 때보다 많은 동물 종들이 살고 있다. 어떤 살충제도 사용되지 않았다. 주변 사람들은 계속 다닐 수 있는 직장이 있어서 행복해한다. 하려고만 한다면 할 수 있는 일이다.

곰베를 처음 찾았던 1960년만 해도 탕가니카 호숫가에는 몇 개의 작은 마을과 거기에 딸린 경작지들만이 있었을 뿐 그 일대 전체가 숲으로 덮여 있었다. 하지만 이미 묘사했듯이 1995년에는 숲이 있는 곳이 곰베 국립공원으로 지정된 78제곱킬로미터 안쪽뿐이다. 주변의 주민들이 살아남기 위해 애쓰는 와중에 마치 오아시스처럼 남아 있는 이 귀중한 숲을 어떻게 보존할 것인가? 제인 구달 연구소는 유럽 연합의 지원을 받아 숲 재조성, 산림 보호 임업, 침식 방지 프로그램을 시작했고, 다른 침식 방지책과 함께 계단식 농사법을 도입하기 시작했다. 프로그램 책임자 조지 스트런든, 에마뉘엘 음티티를 비롯한 탄자니아인 팀원들의 노력과 열성에 힘입어, 지금은 27개 마을에 묘목장이 설치되었다. 과실나무들, 그늘을 제공하는 나무들, 건축에 쓰기 위해 토착종과 교배시킨 빨리 자라는 종의 나무들이 재배되고 있다. 여러 곳에 숲이 조성되어, 여자들은 땔감을 구하러 멀리까지 가지 않아도 된다며 몹시 좋아한다. 모든 마을과 학교에는 환경보존 교육 프로그램이 실시되었다. 환경을 파괴하지 않으면서 삶의 질을 향상시키는 '지속 가능한 개발' 사업을 시작하려는 여성들의 소규모 공동체 모임도 꾸려지고 있다. 지역 보건 당국의 협조를 얻어 1차 보건 관리, 가족계획, AIDS 교육 프로그램들이 마을에서 진행되고 있다. 유니세프와 국제구호위원회의 협조로 33개 마을에 깨끗한 물 공급이 이루어지고, 화장실 개량도 이루어질 예정이다. 수천 명의 사람들이 새로운 미래에 대한 희망을 가지게 되었다. 그들은 그들 가운데서 살아남은 마지막 침팬지 집단을 보호할 필요가 있다는 사실을 잘 이해하고 있다. 주민들은 스스로 프로그램에 지원하여 그 프로그램의 주인이 되었다. 우리가 손을 뗀 이후에도 프로그램은 계속되고, 침팬지들은 계속 살아남을 수 있을 것이다.

멸종될 위기에 처한 동물들을 다시 살려 야생으로 돌려보내는 일도 있다. 나는 뉴질랜드의 검은가슴울새를 살린 돈 머튼을 만났다. 그가 번식 프로그램을 시작했을 때, 그 작은 새들은 다섯 마리밖에 남지 않았고, 그나마 암컷 한 마리와 수컷 한 마리에게만 생식 능력이 남아 있었다. 그것이 지금은 250마리로 늘어났다. 그들은 물론 유전적으로 동일하지만, 질병이 발생하더라도 한꺼번에 모두 죽어서 멸종되지 않도록 서로 다른 섬들에 분산되어 방생되었다. 대만에서는 아름다운 무늬를 가진 한 무리의 타이완 꽃사슴을 볼 수 있었는데, 그들 역시 방생 프로그램의 혜택을 입은 것이었다. 지난 30년 동안 야생에서 찾아볼 수 없었던 이들은 17마리가 여러 동물원에 분산되어 번식되었고, 지금은 켄팅 국립공원에서 자유롭게 살아가고 있다. 처음으로 방생되었던 사슴이 탈각한 뿔은 나에게 또 하나의 희망의 상징이다.

사실 어느 곳에나 성공담은 있다. 문제는 우리 대부분이 거기에 참여하지 않는다는 것이다. 많은 사람들이 우리가 변화를 가져올 수 있다는 사실을 모르고 있다. 우리는 책임에서 벗어나기를 좋아하고 남들에게 손가락질하기만을 좋아한다. 우리는 이렇게 말하곤 한다. "오염, 쓰레기 문제 같은 것들이 우리의 잘못은 아니다. 그것은 기업·산업·과학계에서 잘못한 것이다. 정치가들에게 잘못이 있다." 이러한 태도는 파괴적이고 치명적인 무관심으로 이어지고 있다. 자신이 바로 소비자라는 사실을 잊지 말자. 무엇을 살 것인지, 무엇을 사지 않을 것인지를 자유롭게 선택함으로써 우리는 기업과 산업의 윤리를 바꿀 수 있는 집단적인 힘을 쥐고 있다. 선이 실현되도록 힘을 행사할 수 있는 대단한 잠재력을 가지고 있다. 우리 모두는 그것을 돈, 수표책, 신용카드 등의 형태로 지니고 다닌다. 아무도 유전자가 조작된 음식, 밀식 농장에서 대량 사육된 고기, 대규모로 벌채된 나무로 만든 가구들을 사도록 강제할 수 없을 것이다. 유기농법으로 재배된 음식, 풀어놓은 닭의 달걀 등을 찾을 수 있고, 살 수 있다. 그건 돈이 더 든다고 항변할지도 모른다. 돈이 더 드는 것은 사실이다. 하지만 더 많은 사람들이 그런 물건들을 사게 되면 가격은 떨어질 것이다. 그리고 다른 것은 접어두고라도, 당신은 아이들의 미래를 사기 위해 몇 푼을 더 들일 생각이 있는가 없는가?

정치가들, 최소한 민주적인 과정을 통해 선출된 정치가들을 욕하는 것은 소용없는 일이다. 어떤 정치가가 최소한 50퍼센트의 유권자들이 그 법안을 지지하고 있다는 확신 없이 어느 정도의 희생을 요구하는 엄격한 환경 법안을 상정할 수 있겠는가? 유권자는 바로 우리들이다. 우리의 한 표가 중요한 것이다. 당신의 표, 그리고 나의 표가 결정적인 변수이다.

문제는 모두가 '단지 나 혼자주의'를 따르고 있다는 것이다. "나는 한 사람에 불과해. 내가 어떻게 하든 하지 않든, 아무런 상관도 없지 않은가? 그런데 왜 고민을 해?" 상상해보라. 이 세상에 사는 점점 더 많은 사람들이 무엇이 환경과 사회에 좋은 것이고 나쁜 것인지를 알게 되면, 수천, 수만, 수백만, 수십억의 사람들이 똑같은 생각을 하게 될 것이다. "내가 무엇을 어떻게 하든지 무슨 상관이 있겠어? 나 혼자인데 뭐." 이런 상황을 반전시킬 수 있다고 생각해보자. 수천, 수백만, 수십억의 사람들이 모두 자신의 행동 하나가 무엇인가를 바꿀 수 있음을 알고 있다고 상상해보자. 지나가는 사람들이 모두 굴러다니는 쓰레기를 각자 하나씩만 줍는다고 생각해도 지저분한 도시 풍경은 금방 바뀔 수 있지 않겠는가? 물론 애당초 쓰레기를 버리지 않으면 더 좋을 것이다. 모든 사람들이 칫솔질을 할 때 수돗물을 잠근다면 얼마나 많은 물을 아낄 수 있을지, 어떤 방이든지 간에 방을 비울 때 전등 하나를 끄는 것이 얼마나 많은 에너지를 절약할 수 있을지 생각해보라. 그리고 적당한 거리는 걸어다니거나 자전거를 타고 다니고, 카풀을 해서 차를 몰고, 대중교통을 이용한다면, 대기오염이 급속도로 줄어들 것이다. 동물 실험을 거친 화장품이나 가정용품을 아무도 사지 않는다면? 그런 상황은 정부의 규제를 이끌어내려는 동물 보호론자들의 노력보다도 훨씬 효과적으로 변화를 가져올 수 있을 것이다. 모든 사람들이 자유롭게

15장

풀어놓은 닭의 달걀을 원한다면 양계장 산업이 얼마나 빠르게 변하겠는가! 요즈음은 그 어느 때보다도 채식주의자가 많아졌다. 사람들이 전적으로 또는 일주일에 단 이틀만이라도 고기를 먹지 않으면 어떻게 될지 상상해보자. 수요가 줄어들면 동물들이 좀 더 인도적인 조건에서 사육될 수 있을 것이다.

이러한 종류의 변화가 커다란 사회적 불공정을 야기할 거라고 주장할 수도 있다. 고기를 생산하는 목축업자들은 다른 생계의 방도를 구해야 할 것이다. 덫을 놓는 사람들, 광업에 종사하는 사람들, 동물 실험을 하는 사람들도 같은 상황에 놓이게 된다. 나는 결코 이러한 문제들이 가진 복잡성과 상호 연관성, 사회적이거나 정치적인 함의를 부정하는 것은 아니다. 그러나 많은 문제가 발생한다는 이유로 이러한 비윤리적이고 잔인한, 파괴적인 행위들이 영원히 계속되는 것을 묵과할 수는 없다. 수용소 근무자들의 일자리 때문에 수용소가 계속 유지되어야 한다고 주장할 수 있는가?

내가 희망을 가지는 세 번째 이유는 전 세계의 젊은이들에게 새로운 시각과 열정, 에너지가 있기 때문이다. 환경·사회 문제가 자신들에게 남겨진 유산의 한 부분인 것을 깨달은 젊은이들은 잘못된 것을 바로잡으려는 의지를 가지고 있다. 그들은 당연히 맞서 싸우려고 한다. 미래의 세계는 그들의 것이기에, 이것은 매우 중요한 문제이다. 그들은 지도자의 위치에 가 있을 것이고, 생산을 담당할 것이며, 부모가 될 것이다. 극심한 혼란을 정리하는 작업은 빨리 시작할수록 좋다. 젊은이들이 올바른 인식과 힘을 가지게 되면, 그리고 자신들이 하는 일이 정말로 변화를 가져올 수 있음을 절감하게 되면 세계를 변화시킬 수 있다. 그들은 이미 세계를 변화시키고 있다.

나는 이보다 더 중요한 일이 없다고 생각하여, 젊은이들을 위한 프로그램인 '뿌리와 새싹'에 많은 시간을 할애하고 있다. 프로그램의 이름은 상징적인 의미를 가진다. 뿌리는 땅 밑 어디에나 파고들어가서 튼튼한 기반을 마련한다. 그리고 새싹들은 어리고 자그맣게 보이지만, 빛에 도달하기 위해서라면 벽도 뚫을 수 있는 힘을 가지고 있다. 인구 과잉, 무분별한 벌목, 토지 침식, 사막화, 가난, 굶주림, 오염, 인간의 탐욕, 물질 중심주의, 잔인함, 범죄, 전쟁 등 인간들이 지구상에 가져온 모든 문제들이 그러한 벽이다. '뿌리와 새싹'의 메시지는 희망의 메시지이다. 수백, 수천의 뿌리와 새싹인 전 세계의 젊은이들이 그 벽을 뚫을 수 있다. 이 프로그램은 개인의 가치를 강조한다. 우리들 각자는 모두 중요하며, 맡은 역할이 있고, 변화를 가져올 수 있다. 우리는 하루도 우리를 둘러싸고 있는 세계에 영향을 주지 않고는 살아갈 수 없다. 따라서 우리는 선택해야 한다. 어떤 종류의 영향을 주기를 원하는가? 개인, 개체로서 중요한 것은 인간만이 아니며, 동물도 그만큼 중요하다.

유치원생부터 대학생까지 포괄하는 '뿌리와 새싹' 모임들은 세 종류의 실천 운동을 추진하고 있다. 환경, 동물, 지역 공동체에 대한 관심과 보호가 그 주요한 내용이다. 그러한 운동의 도구가 되는 것은 지식과 이해, 끈기와 노력, 사랑과 연민이다. 실제로 하는 일은 그 지역이 직면한 구체적인 상황에 따라 다른데, 그것은 모임의 목표가 그들의 주변 세계를 변화시키는 것이기 때문이다. 탄자니아에서는 나무를 심거나, 시장에서 거래되는 가축들의 생활 조건을 개선시키거나, 병원에 입원한 아이들을 방문하는 일을 한다. 로스앤젤레스의 사우스 센트럴에서는 쓰레기를 치우거나, 반려동물 돌보기에 대한 정보를 교환하거나, 이웃을 도우러 다닌다. 대체로 이런 식으로 활동을 한다.

회원들이 관심을 가지고 있는 경우에는(대부분 그러하다), 다른 인접 지역이나 다른 나라의 '뿌리와 새싹' 모임과 자매결연을 맺기도 한다. 자매결연을 맺은 모임들은 각 모임이 직면한 문제점과 실천 중인 해결책을 서로 나누고 상의하며, 그들 자신과 자신들이 살아가는 방식에 대한 이야기도 나눈다. 이 운동에서는 종족, 종교, 사회경제적 집단, 세대, 나라 사이의 장벽을 넘어서는 것이 매우 강조된다. 게다가 인간과 동물의 장벽까지도 말이다. 1999년 4월 현재 40개 이상의 나라에서 약 2000개의 모임이 활동하고 있다.

젊은이들에게 용기를 주고 힘을 북돋워주는 것은 그들에게 희망을 주는 것이며, 그들의 미래, 나아가서 우리 지구의 미래에 내가 기여할 수 있는 길이다. 이 젊은이들이 지금까지 수행한 과제들에 대한, 그리고 이 프로그램이 젊은이들 자신의 힘에 의해 학교에서 학교로, 도시에서 도시로 확산된 과정에 대한 이야기는 무궁무진하다. 그런 이야기들만으로도 한 권의 책을 쓸 수 있을 것이다. 여기에서는 내가 이 프로그램으로부터 많은 힘을 얻는다는 사실만 언급해두겠다. 나는 전 세계의 모임들로부터 날아오는, 변화를 일으키는 다양한 방법들이 담겨 있는 보고서에서 힘을 얻는다. 학교를 방문하면 나를 기다리는 아이들의 초롱초롱한 눈망울, 그 안에 담겨 있는 흥분과 열성에서 힘을 얻는다. 그리고 아이들이 이미 부모들에게도 영향을 주고 있음을 느낄 때 힘을 얻는다.

젊은이들이 무엇인가를 바꾸려고 결심하는 순간에는 커다란 힘이 발산되어 나온다. 자신의 행동이 변화를 가져오리라고 믿는 한 어린 소녀의 확신은 많은 사람들을 감동시켰다. 플로리다의 탬파에서 있었던 강연회가 끝날 무렵, 앰버 메리라는 다섯 살짜리 소녀가 어머니와 함께 다가왔다. 앰버 메리는 한 손에는 자그마한 스누피 인형을, 다른 손에는 동전 몇 개가 든 플라스틱 가방을 들고 있었다. 앰버의 어머니는 딸이 왜 용돈을 모아놓았는지 그날 아침에서야 알게 되었다. 그 아이는 〈내셔널 지오그래픽〉 특집 중 하나인 〈야생 침팬지들 사이에서〉를 보았다. 거기에서 새끼 플린트는 어머니 플로를 잃은 슬픔을 이기지 못하여 죽고 만다. 앰버는 바로 1년 전에 백혈병으로 죽은 오빠가 있어서 그러한 슬픔을 알고 있었다. 그 죽은 오빠는 동물원에서 침팬지들을 보는 것을 좋아했다고 한다. 앰버는 내가 고아 침팬지들을 돌보고 있다는 사실도 알고 있었다. 그래서 그 아이는 인형을 사기 위해 매주 받은 용돈을 모았고, 인형을 사서 나에게로 온 것이다. 밤에 잘 때 덜 외로울 거라면서 그 인형을 불쌍한 고아 침팬지에게 전달해달라고 말이다. 그리고 남은 잔돈 몇 푼은 그를 위해 바나나를 사달라고 부탁했다. 그 아이의 이야기가 끝나자 우리 모두는 눈시울이 붉어졌다.

앰버 메리는 내가 희망을 가지는 네 번째 이유를 보여주는 훌륭한 예다. 전 세계를 돌아다니면서 만나거나 이야기를 듣게 되는 놀랍고도 훌륭한 사람들이 내가 희망을 가지는 네 번째 이유다. 거의 불가능한 일들을 이루기 위해 노력하는, 그리고 그 과정에서 절대로 포기하지 않고 절망적인 어려움을 딛고 결국 성공한 사람들, 다른 사람들이 따를 수 있도록 길을 개척한 사람들이 있다. 위급한 상황에서 숨은 능력을 발휘하여 그 누구도 심지어는 자기 자신도 전혀 예상하지 못했던 영웅적인 활약을 하는 사람들도 있다. 심각한 육체적 장애를 딛고 감동적인 삶을 살아가는, 모두에게 교훈을 주는 사람들의 이야기도 많이 있다. 그리고 다른 이들을(사람이든 동물이든) 위하여 자신의 삶을 온전히 내주겠다는 의지에 가득 찬 전사들도 많다. 정말로 감동적이고 흥분을 일으키며 용기를 주는 것은, 이러한 위대한 사람들이 바로 우리 주위에 아주 많다는 사실이다. 우리는 이러한 모습을 세계의 지도자와 길거리의 아이들, 과학자와 식당의 종업원들, 예술가와 트럭 운전수들 사이에서 발견할 수 있다. 사람들이 나에게 "제인, 당신은 어디에서 그런 에너지를 얻나요? 그렇게 빡빡한 스케줄을 어떻게 견딜 수 있죠?" 하고 물으면, 늘 미소 지으며 이렇게 대답한다. "우리를 둘러싸고 있는 영적인 힘의 도움을 많이 받는답니다. 하지만 정말 많은 부분은 제가 만나는 위대한 사람들로부터 오지요." 끊임없이 새로운 곳을 찾아나서는 여행길에서 얻을 수 있는 유일한 것은 아마도 그러한 힘일 것이다.

미하일 고르바초프는 오랫동안 내가 존경해온 사람이었다. 그를 만나게 된다는 사실은 나를 무척이나 설레게 했다. 그는 인류 역사상 최초로 적을 막기 위한 것이 아니라 내부의 주민들을 나가지 못하게 막았던, 억압적인 동구권 공산주의 정권의 냉혹한 철의 장막에 과감히 반대했다. 넬슨 만델라를 만난 것도 행운이자 영광이었다. 나는 내가 살아 있는 동안에 아파르트헤이트Apartheid(남아프리카공화국의 극단적인 인종차별 정책과 제도 – 옮긴이)가 끝나리라고는 생각하지 못했고, 그렇게 되더라도 폭력적인 학살이 있을 것이라고 예상했다. 그러나 만델라의 카리스마적인 지도력으로 아파르트헤이트는 끝이 났고, 학살은 일어나지 않았다. 물론 구소련과 새로운 남아프리카에서도 이후에 많은 정치적·경제적·사회적인 문제들이 발생했다. 절대 권력을 행사하는 독재자의 손에 의해 심각한 종족·부족 간 갈등이 통제되던 나라에서 민주주의를 향한 변화가 일어나면, 처음에는 언제나 혼란과 소요가 발생하는 것처럼 보인다. 그러나 우리는 고르바초프와 만델라의 행동이 인간의 존엄성과 자유를 향한 큰 발걸음이었음을 부정할 수는 없다.

나는 불행하게 사는 이들을 위해 자신의 삶을 바치는 전 세계의 다른 위대한 사람들도 많이 만났다. 그중에는 물론 동물들을 돕는 사람들도 많다. 예를 들어 존 스타킹은 참치잡이 배의 주방장으로 일하다가 돌고래들이 그물에 걸려 익사하는 소름끼치는 광경을 보게 되었다. 그는 새끼 돌고래의 울음소리를 듣고 자신에게 도움을 청하는 듯한 어미 돌고래의 눈빛을 보게 되자 겁을 먹은 거대한 참치, 상어, 돌고래들이 몸부림쳐서 거품이 일고 있는 바닷물에 자신도 모르게 뛰어들었다. 존 역시도 겁을 먹었지만, 자신의 팔 안에서 새끼 돌고래가 안심하는 것을 느끼면서 그것을 그물 너머로 던질 수 있었고, 가까스로 어떻게 하여 어미도 넘길 수 있었다. 그러고는 칼로 그물을 찢어 나머지 동물들도 자유롭게 놓아주었다. 물론 그는 당장 일자리를 잃었다. 존은 집에 돌아와 돌고래들의 상황에 대해, 멸종 위기에 처한 다른 동물들에 대해 생각하게 되었다. 자신이 할 수 있는 것이 무엇일까? 그에게는 학위도 돈도 없었다. 하지만 그는 필사적으로 그러한 상황을 바꾸고 싶어 했다. 그리고 그것을 해냈다. 지금 그는 좋은 초콜릿으로 초코바를 만들어 팔고 있다. '멸종 위기 동물 초코바'의 포장에는 각각 한 가지 동물이 인쇄되어 있는데, 세금이 공제되기 전 이윤의 11.7퍼센트가 그 종의 생존을 위해 투쟁하는 운동 단체에 후원되고 있다. 이제 '초콜릿 존'이라고 불리는 그는 나의 영웅 중 한 명이다. 그리고 오늘날 점점 더 많은 기업들이 이윤의 일정 비율을 여러 가지 좋은 일에 사용하고 있다.

북아메리카 원주민들의 정신적인 지도자들 중 몇몇을

만날 수 있는 영광도 주어졌다. 집중적인 박해, 원주민 문화를 파괴하려는 끊임없는 노력에도 불구하고, 그들은 원래의 부족적인 관습, 위대한 영혼과 창조자에 대한 믿음, 지구·동식물·바위·물·태양·달·별들과 우리가 가지는 상호 의존성에 대한 믿음을 유지하고 있다. 이제 그들은 억압과 핍박으로 점철된 한 세기 동안 입고 있던 무관심의 옷을 벗어버리려고 한다. 밴쿠버의 추장 레너드 조지는 급박하고 강하면서도 한없이 인내하는 어머니 지구의 심장소리와 같은 드럼소리에 맞추어 나의 영혼을 울리는 노래를 불렀다. 그는 전 생애를 통해 극심한 고통과 상처를 경험했고, 진정으로 영적인 사람들만이 가질 수 있는 조용하고 차분한 순수함을 지닌 지도자가 되었다. 그리고 캘리포니아에는 나의 영적인 형제 치커스(테런스 브라운)도 있다. 그의 어머니는 부족의 마지막 샤먼Shaman이었는데, 치커스는 그러한 운명을 이어받아 카룩 부족의 샤먼이 될 것이다. 그는 매일 아침 내가 세계를 돌아다닐 수 있는 힘을 얻도록 인디언식으로 연기를 사용하여 축복했다. 베트남전 때 아메리카 원주민 중에서 가장 많은 훈장을 받았던 에드 라모네는 나에게 '타셰즈 웨엔 이나 마카Tasheez Ween ina Maka(어머니 지구의 여동생)라는 영광스러운 이름을 지어주었다. 그리고 아파치족 조너선 루세로는 힘과 용기를 주는 조그마한 검은 곰 조각상을 선물했는데, 나는 그것을 손에 꼭 쥐고 강연을 하고 있다.

몇 해 전 나는 나병 때문에 손가락과 발가락을 모두 잃은 탄자니아인 나환자로부터 나무로 된 수수한 머리빗을 받았다. 그는 손가락과 발가락이 없는 상태에서도 뭉툭해진 손과 치아를 사용하여 양모로 된 실로 빗 장식을 만든다. 그는 그렇게 만든 빗을 팔아서 구걸을 나가는 대신에 체면을 지키며 생계를 유지하고 있다.

대만 출신의 어떤 음악인에 대한 비슷한 이야기도 있다. 그는 열두 살 때 해변에서 반짝이는 금속 공에 손을 댔다가 그것(지뢰)이 폭발하는 바람에 한쪽 손과 시력을 잃었다. 전부터 기타를 연주하고 싶어 했던 그에게 친구들은 잘린 손끝에 강한 플라스틱 피크를 고정시킬 수 있는 금속 밴드를 만들어주었다. 내가 그를 만났을 때 그는 시각 장애인 파트너 아코디언 연주자와 함께 CD를 발매하여 타이페이에서 인기를 얻고 있었다. 베이징에 갔을 때에는 손가락이 하나도 없는데도 즐겁게 키보드를 연주하는 거리의 악사를 본 적이 있다.

가장 기억에 남는 것은 폴 클라인의 이야기인데, 그는 여섯 살 때 다이너마이트 폭발로 심각한 부상을 당했다. 사고가 있은 후 2년 동안 여러 번에 걸친 고통스러운 수술을 받아야 했다. 의사들은 우선 왼쪽 눈을 수술했다. 그다음에는 절단된 양손을 치료해야 했다. 왼손의 상태가 가장 심했는데, 엄지손가락과 손목 관절 일부가 폭발에 의해 잘려나갔던 것이다. 하지만 담당 의사는 다행히도 남아 있는 손가락들을 재건할 수 있었다. 오른손의 엄지손가락 그리고 약지와 새끼손가락도 재건했다. 이러한 시련과 고통을 겪으면서 그는 외과 의사가 되고 싶다는 생각을 했다. 사람들은 이러한 꿈이 절대로 이루어질 수 없을 것이라고 믿었다. 그러나 그가 나에게 말했던 것처럼 "긍정적인 사고방식과 많은 사람들의 도움으로" 그는 당당히 실력 있는 소아정형외과 의사가 되었다. 재건 수술을 받는 사람들의 경우 흔히 수술 이후의 변형된 모습을 남이 보는 것을 부끄러워하거나 싫어하게 된다고 한다. 그는 그러한 사람들에게 자신의 손을 보여주고 어떻게 그 어려움들을 극복했는지 설명하며 그들을 돕고 있다.

게리 혼도 있다. 그는 미 해병대에 근무하던 시절에 스물다섯 살의 나이로 시력을 잃었지만, 어메이징 혼디니라는 이름으로 알려진 뛰어난 마술사가 되었다. 그는 아이들을 위한 공연을 하는데, 아이들은 공연이 끝날 때까지도 그가 시각 장애인이라는 사실을 눈치채지 못한다. 그는 아이들에게 어려움을 극복하는 것, 힘차게 살아가는 것에 대한 이야기를 해준다. 또한 스쿠버다이빙, 크로스컨트리 스키, 스카이다이빙, 유도, 가라테도 능숙하게 한다. 최근에는 킬리만자로 산의 정상에 오르기도 했다. 그는 내가 아는 사람들 중에서 가장 많이 베푸는 사람이다. 나의 마스코트인 원숭이 인형은 1994년 4월에 바로 게리가 준 것이다. 게리는 '또 하나의 침팬지 봉제인형'을 주었다고 생각했는데, 사실 그것은 꼬리가 달려 있어서 침팬지일 수는 없었다. 나는 그에게 인형이 귀가 처져 있고 꼬리가 반쯤 잘려 있어서 기형적인 비비처럼 생겼다고 말했다. 게리는 태연하게 대답했다. "신경 쓰지 말아요. 당신이 가는 곳마다 그것을 가지고 다니면서, 제가 항상 당신과 영적으로 함께 있다는 것을 잊지 말아요." 그래서 미스터 H라고 이름을 붙인 나의 마스코트는 이후로 4년 반 동안 나와 함께 30여 개국(여러 번 갔던 나라도 많다)을 돌아다녔다. 미스터 H는 정말 훌륭한 여행 동반자다. 변함없는 행복한 미소와 먹기 직전인 것처럼 바나나를 들고 있는 모습은 우울한 얼굴에도 미소가 피어오르게 하는 묘한 힘을 가지고 있다. 미스터 H에게 손을 대는 사람은 변화를 경험하리라고 나는 사람들에게 말하곤 한다. 왜냐하면 그것에 깃든 게리 혼의 불굴의 정신이 전달될 것이라고 믿기 때문이다. 이제 거의 20만 명이 넘는 사람들이 미스터 H를 쓰다듬거나 안거나 키스를 했으니, 그 와중에 복슬복슬했던 털이 많이 헝클어지고, 밝은 흰색이었던 얼굴이 더러워지고(여러 번 빨기는 했지만), 몸이 더욱 기형처럼 되어버렸다. 하지만 그는 특징이 있고, 매력이 있다. 그리고 누군가 최근에 지적한 것처럼 이름의 H는 'Hope(희망)'의 앞 글자를 나타내기도 한다.

물론 용기를 주는 사람들은 가까운 주위에도 많이 있다. 어머니 밴은 75세에 개심 수술을 받아야 했다. 막힌 대동맥 판막 대신에 상업적으로 도살된 돼지로부터 얻은 '바이오 플라스틱' 인공 판막을 이식하는 수술이었다. 어머니의 안색이 너무도 나빠져서 나는 정밀 검사를 받도록 어머니를 설득해야 했고, 그 직후에 수술 일정을 잡았다. 수술은 물론 성공적이었다. 수술을 마친 의사와 이야기를 나누었는데, 그는 어머니가 수술 직전에 무엇을 했느냐고 물었다. 크리스마스를 앞둔 시기였기 때문에 쇼핑을 다녔고, 여느 해처럼 크리스마스 준비를 했다고 대답했다. 의사가 말했다. "글쎄요. 밴은 생리학적으로는 앉아 있거나 누워 있을 수밖에 없는 상태였다는 것이 흥미롭게 들릴지도 모르겠군요. 그 이외에 밴이 했던 일들은 전적으로 의지에 의한 것이라고 보아도 될 겁니다." 의사는 그러한 수술을 담당한 10년의 세월 동안 어머니의 경우처럼 심각하게 막힌 판막은 처음이었다고 했다. 말하자면 나는 영감을 주는 사람들이 붙박이로 있는 행운아다. 그것도 매우 가까이에 말이다.

나는 상징적인 이야기로 이 장을 맺으려고 한다. 이 이야기는 동물원을 방문했다가 울타리를 둘러싼 못에 빠져 죽을 뻔한 수컷 침팬지를 구해준 미국인 릭 스워프에 대한 것이다. 그것도 사육사가 무섭게 경고하고 침팬지 집단의 다른 수컷들이 위협하는 가운데서 말이다. 왜 목숨을 건 행동을 하게 되었는지 묻는 말에 그는 이렇게 대답했다. "저는 그의 눈을 들여다보았어요. 마치 사람의 눈을 보는 것 같았지요. 그리고 그 눈은 이렇게 말하는 듯했어요. '누구든 저를 좀 도와주지 않으시겠어요?'"

바로 그러한 눈빛을 나는 아프리카의 시장에 묶여 있는 침팬지들의 눈에서, 서커스 침팬지들의 주름 장식 아래에서, 그리고 실험실 감방의 철망 뒤에서 보았던 것이다. 그것은 고통받는 다른 동물들의 눈에서도 보이는 눈빛이다. 그리고 종족 갈등의 와중에서 부모를 잃은 부룬디 아이들의 눈에서도 보인다. 길거리에 사는 아이들의 눈에서, 도시 한가운데에서 폭력에 사로잡힌 아이들의 눈에서도 볼 수 있다. 우리 주위에는 도움을 요청하는 이들이 정말로 많다. 슈바이처는 자신의 글에서 이렇게 말하고 있다. "생명에 대한 경외감을 가지고 있는 사람은 단순히 기도만을 하지 않는다. 그는 생명을 지키기 위한 전투에 자신을 투신할 것이다. 다른 이유 때문이 아니라, 바로 자기 자신도 주변 생명들의 연장선상에 있는 똑같은 생명이기 때문이다."

점점 더 많은 사람들이 주위에 있는 그러한 눈들을 보게 되고, 그것을 마음으로 느끼게 되어 전투에 투신하고 있다고 나는 굳게 믿는다. 여기에 미래를 위한 진정한 희망이 있는 것이다. 우리는 인류가 궁극적으로 도달할 운명, 연민과 사랑이 넘치는 세상을 향해 가고 있다. 그렇다. 나는 정말로 희망을 가지고 있다. 우리의 후손들과 그들의 아이들이 평화롭게 살 수 있는 세계를 기대할 수 있다고 굳게 믿는다. 나무들이 살아 있고 그 사이로 침팬지들이 노니는 세계, 푸른 하늘이 있고 새들이 지저귀는 소리가 들리는, 그리고 원주민들의 북소리가, 어머니인 지구와 위대한 신이 우리와 연결되어 있음을 힘차게 되새겨주는 그런 세계 말이다. 하지만 계속 강조했던 것처럼 우리에게는 시간이 별로 없다. 지구의 자원들은 고갈되어가고 있다. 우리가 지구의 미래를 진정으로 걱정한다면, 모든 문제들을 저 밖에 있는 '그들'에게 떠넘기는 짓은 이제 그만두어야 한다. 내일의 세계를 구하는 것은 '우리'의 일이다. 바로 당신과 나의 일인 것이다.

헨리 란트비르트는 나치의 죽음의 수용소에서 살아남아 '아
이들에게 세계를Give Kids the World'을 설립하여 불치병에 걸
린 어린이들에게 기쁨을 가져다주었다.

16장

홀로코스트를 넘어서

50년 동안 나는 홀로코스트의 악몽을 안고 살았고,
어린 마음에 강하게 새겨진 학대와 죽음의 이미지는
항상 쉽게 의식의 표면에 떠올라 나를 괴롭히곤 했다.
아우슈비츠와 비르케나우를 방문한 것이 그러한 고통의
일부를 덜 수 있게 해주었다. 헨리와 그의 용기와 성공이 담긴 놀라운
이야기를 알게 된 것은 더더욱 도움을 주었다. 그를 통해 나는 결국 과거와
타협을 해야 한다는 것, 그리고 내가 가지고 있었던 어두운 이미지들을
극복해야 한다는 것을 이해하게 되었다.

이제 내가 나누고자 하는 마지막 여정이 남았다. 이 이야기는 악으로부터 출발하여 사랑에 도달한 마음의 여행에 대한 것이다. 우리 모두는 인간성 안에 존재하는 부정할 수 없는 악의 증거를 무서워한다. 내가 어렸을 때는 많은 고통을 초래한 독일인들을 미워하도록 배웠다. 심지어 여동생 주디는 세 살 때 이미 적국 독일의 증오스러운 사람들, 히틀러, 히믈러, 괴벨스, 괴링과 같은 사람들의 이름을 알고 있었다. 대니 할머니는 티타임에 먹는 빵 위에다가 금빛 투명한 시럽으로 그들의 얼굴이나 몸 전체 형상을 '그리기'도 했다. 그러고 나서는 그것을 입으로 베어 물어 그들의 목을 베고 팔다리를 자르는 것을 얼마나 만족스러워했는지, 나는 지금도 생생하게 기억하고 있다. 우리로서는 그 사람들에 대한 미움을 표현할 수 있는 방법이 그다지 많지 않았다. 홀로코스트의 자세한 내용이 알려진 후에는 대니 할머니조차도 내가 히틀러에 대한 극단적인 미움을 표현하도록 도와줄 수 없었다.

처음으로 죽음의 수용소를 방문한 것은 전쟁이 끝나고 30여 년이 지난 후였다. 나는 그래야만 한다고 생각했다. 그리고 그 많은 수용소 중에서도 홀로코스트의 악몽을 상징하는 이름, 아우슈비츠 수용소를 방문하고 싶었다. 방문한다고 해서 내가 이해하게 될 것이라고 생각하지도 않았고, 시체와 같은 형상을 한 사람들의 이미지가 사라질 것이라고도 생각하지 않았다. 다만 방문을 해야만 한다고 내 안의 또 다른 '나'가 재촉했다. 그래서 결국 독일인 친구와 함께 순례를 하게 되었다. 과거를 이해하고 정리할 필요는 아마도 그 친구가 더 많이 느끼고 있었을 것이다. 디트마르는 전쟁이 발발했을 때 베를린에 살고 있던 어린아이(나와 같은 나이)였다.

우리는 우선 베를린에서 홀로코스트와 관련된 사진과 자료가 전시된 박물관을 방문했다. 나는 그곳에서 보았던 편지 하나를 영원히 잊지 못할 것이다. 그것은 통신문의 일부였다. 그 통신문은 히틀러의 끔찍한 '최후의 해결책'을 실행할 기구들을 가동시키기 위해서 그의 심복들이 준비 작업을 했던 시기의 명령과 연락 사항을 담고 있었다. 편지의 요점은 수용소의 죄수들에 대하여 연민을 느끼는 간수들이 생길 것이 예상되는데, 이것은 즉각 근절되어야 한다는 내용이었다. 독일인 특유의 철저함으로 모든 가능한 일들이 미리 예상되었고, 모든 세부 사항이 감안되었던 것이다. 나치 독일에서 고통을 받은 것은 유대인과 집시들, 정신병자와 동성애자들뿐만이 아니었다. 연민이라는 인간적인 가치를 버리지 못했던 독일인들 역시도 고통을 받았던 것이다.

디트마르와 나는 크라쿠프에 가서 아우슈비츠로 향하는 기차를 탔다. 그곳에는 두 개의 수용소가 있었는데, 아우슈비츠 제1수용소와 비르케나우로 알려진 아우슈비츠 제2수용소가 그것이다. 비르케나우 수용소는 나치가 점령한 전유럽 지역에서 끌려온 유대인과 집시들을 수용하기 위해 추가로 설치된 곳이었다. 우리는 그 악명 높은 입구, "노동이 너희를 자유롭게 하리라"라는 가증스러운 구호가 적혀있는 아치 모양의 대문으로 들어갔다. 정말 그 구호대로 죽음이라는 자유가 그들을 기다리고 있었다. 현재 아우슈비츠 제1수용소는 거대한 박물관이 되어 있다. 벽돌 건물의 벽을 따라 잘 맞지도 않는 줄무늬 '파자마'를 입은 죄수들이 두개골 측정(생물학적인 종족 차이를 증명하려는 무시무시한 기획의 일부였다)을 받는 사진이 걸려 있다. 학살, 전투, 나치 기관원, 지도자(히틀러)를 담은 사진들도 있다. 가스실에 들어가기 전에 벗게 한 신발들이 산더미처럼 쌓여 있다. 죄수들이 도착할 때 압수했던 여행 가방이 가득 차 있는 허름한 창고 건물도 남아 있다. 그들의 잘린 머리칼도 쌓여 있고, 목발, 부목, 치아 교정기, 의족과 의수, 의치 등도 무수히 모아놓은 채로 남아 있다. 사람의 피부로 만든 전등갓도 있다. 사용 방법이 자세하게 묘사되어 있는 화장터, 죄수들이 공개적으로 매를 맞거나 처형당했던 장소도 그대로 있다. 받아들이기에는 너무도 큰 공포가 거기에 남아 있었다. 사람들의 소지품이었던 물건들의 더미는 수천 번 도착했던 호송 기차들 중에서 한 번이나 두 번 정도의 사람들에게서 압수된 분량에 불과했다. 그리고 아우슈비츠는 수많은 수용소들 중 하나에 불과했다.

나의 마음은 무감각해졌다. 아무것도 느끼지 못했고, 아무런 감정 이입도 되지 않는 듯한 당황스러움과 혼란에 빠졌다. 갑자기 어린아이의 신발 한 짝이 외로이 작은 상자에 놓여 있는 것이 눈에 띄었다. 바로 옆에는 인형이 누워 있었다. 틀림없이 인형의 주인이었을 작은 소녀는 기차를 타고 있던 악몽 같은 시간 내내 그 인형을 꼭 쥐고 있었을 것이고, 돌아오지 못할 여행의 끝 무렵에 냉정하고 무심한 사람들의 손에 그 인형을 빼앗겼을 것이다. 내 머리에 떠오르는 이런 모습들이 얼어붙은 마음으로 걷잡을 수 없이 뚫고 들어왔다. 분노의 파도가 일어서 내 속을 혼란스럽게 뒤집어놓았고, 심장은 마구 뛰었다. 그러고 나서는 커다란 슬픔이 밀려왔다. 발길을 돌리는 나의 눈앞은 뿌옇게 흐려지고 있었다.

내 생각으로 비르케나우는 약 3킬로미터 떨어져 있었던 것 같다. 비가 오고 있었고, 제법 추운 날이었는데, 우리는 걸어갔다. 버스를 타고 가는 것은 당치 않은 일로 보였다. 지금은 잔디로 덮인 매우 넓고 평평한 수용소 부지에는 여섯 개의 긴 나무 오두막들만 남아 있었다. 사람들이 있었던 그때, 그곳은 겨울에는 차가운 진흙밭, 여름에는 딱딱하게 구워진 땅덩어리였을 것이다. 마치 잎이 다 떨어져버린 자로 잰 듯한 인조 삼림처럼, 한때 다른 오두막들이 있던 자리를 표시하는 주춧돌들이 끝도 없이 줄지어 있었다. 구소련군이 가까이 압박해오자 게슈타포는 자신들이 저지른 범죄를 숨기려고 수용소 전체를 파괴하려고 했으나, 미처 다 파괴하지 못하고 일찍 철수하고 말았다. 수용소 위로 감시탑들이 높이 솟아 있고, 땅바닥과 같은 높이로 감시 근무를 했던 참호들이 있다. 아무도 탈출할 수 없었다. 게슈타포 요원들이 살았던 편안한 숙소는 잔인하고 가차 없었던 전기 가시철조망 바깥에 위치하고 있었다.

남아 있는 여섯 개의 오두막 중 하나는 변소로 쓰이는 곳이었다. 서로 등을 댈 수 있도록 평행하게 줄지어서 구멍이 파져 있었다. 갑자기 내가 예전에 읽었던 내용이 머리에 떠올랐다. 이질에 걸려 아픈 배를 움켜쥐고 규정된 시간 이상으로 오래 버틴 사람들이 보초에게 채찍으로 맞는 고통을 느낄 수 있었고, 신음 소리들이 들리면서 풍겨오는 악취를 맡을 수 있을 것만 같았다. 그리고 다른 오두막에는 길고 낮은 어두운 건물의 양쪽을 따라 침상이 3층으로 설치되어 있었다. 건물 사이사이는 얇은 널빤지로 구분되어 있었다. 온기라고는 하나도 없고 냄새가 진동하는 그곳에 뼈만 앙상하게 남은 사람들이 빈대와 싸우면서 지냈을 것이다. 추위. 비인간적인 매질. 그들은 어떠한 잘못도 없으면

16장

서 어떤 짓을 해도 맞았던 것이다. 그리고 항상 굶주려 있었다. 경험해보지 않은 우리가 상상할 수 없을 정도의 고통스러운 굶주림. 시베리아로부터 불어오는 살을 에는 듯한 바람, 영하의 쌀쌀한 새벽에 끝나지 않을 듯한 점호를 받는 벌거벗은 죄수들의 줄을 생각하니, 신선한 듯했던 날씨가 갑자기 매섭게 추운 것처럼 느껴졌다. 그것도 매일 아침 말이다. 얼고, 굶주리고, 병에 걸린 사람들. 그 사람들 중 한 사람이라도 살아남을 수 있었을까? 비르케나우에는 박물관이나 사진이 없었고, 디트마르와 나 이외에는 방문자가 한 쌍밖에 없어서 홀로코스트의 공포가 그대로 전달되었다. 그 고통, 무력함, 끝없는 절망, 죽음을 목전에 둔 자의 무관심, 걸어다니는 시체들. 세상에, 이런 상황에서 누가 살아남을 수 있었겠는가!

3년 후에 나는, 그곳에서 살아남았을 뿐만 아니라 그 쓰라린 기억과 증오를 극복하고 불치병에 걸린 아이들을 위해 따뜻하고 밝은 사랑이 넘치는 보호 시설을 만든 사람을 만났다. 헨리 란드비르트는 정말로 놀라운 사람이다. 그러나 이 이야기를 하기 전에, 아우슈비츠에서의 내 경험으로 잠시 돌아가자. 여섯 개의 오두막 중 가장 어두운 곳의 한가운데에, 침상 아래 콘크리트를 뚫고 작은 식물 하나가 조심스럽게 자라나고 있었다. 새싹은 지붕의 '채광창'(가로 5센티미터, 세로 10센티미터 정도의 두껍고 흐릿한 유리로 된)으로 조금씩 들어오는 약한 빛을 향하여 자라고 있었고, 눈들이 막 벌어지려 하고 있었다. 그 식물은 인류 역사상 가장 어두운, 가장 의도적인 악이 행해졌던 시기의 유산을 뚫은 것이다. 지옥에서 부화된 것이 틀림없는 음모가 영원할 수 없음을 보여주는, 이보다 더 훌륭한 상징이 어디에 있겠는가? 사람들이 가진 뒤틀리고 꼬인 마음속에 있는 지옥에서 말이다.

다음 날 나는 조용히 성찰하면서 보내려고 했다. 강하게 남은 느낌들을 정리하고 새로운 경험들을 내적으로 소화하고 싶었다. 하지만 그러지 못했다. 마침 크라쿠프에서 아이들의 봄 축제가 있는 때였다. 교회의 종소리가 울려 퍼졌고, 어린아이들은 멋진 전통 의상을 입고 있었으며, 길거리에서는 춤과 노래가 끊이지 않았다. 그리고 해가 떠올랐다. 그것은 마치 또 다른 상징적 메시지처럼 느껴졌고, 아우슈비츠 방문이 준 강력한 느낌을 더욱 강하게 했다.

그러고 나서 마치 증오와 잔인함과 말로 다하지 못할 악으로부터 사랑과 연민으로 가는 마음의 여행을 끝마치기라도 하듯이 나는 헨리 란드비르트를 만났던 것이다. 그는 전쟁 발발 당시 겨우 열세 살이었다. 가족으로부터 떨어진 그는 이후 5년 동안 아우슈비츠와 비르케나우를 포함한 강제 노동 캠프와 수용소들을 차례대로 옮겨 다녔다. 그는 자서전 《생명의 선물》에서 "인간이 인간에게 행할 수 있는 비인간적인 행위를 직접 보고 듣고 경험했던" 시기를 묘사한다. 어떻게 하다 보니 그는 살아남을 수 있었다. 그러나 "상처받은 만큼 남에게 상처를 주겠다는 유치한 증오에 눈이 멀게" 되었다. 그의 탈출은 정말 기적과 같은 것이었다. 그는 다른 두 유대인들과 함께 처형되기 위해 끌려갔다. 그런데 종전이 멀지 않았다는 것을 알고 있던 군인들은 그들을 죽이고 싶지 않았다. 헨리의 아버지가 죽임을 당했던 방식대로 그들은 일렬로 세워졌다. 하지만 도망가라는 말을 들었다. 그들은 달렸다. 개머리판으로 맞아서 함몰된 머리, 괴저에 걸려 짓무른 다리의 고통을 무릅쓰고 헨리도 필사적으로 온 힘을 다해 달렸다. 이렇게 해서 헨리는 자유를 얻게 되었다.

많은 다른 생존자들이 그랬듯이, 그도 결국은 친척의 도움으로 미국에서 살게 되었다. 그는 한 푼도 없이 도착했지만 열심히 노력했고, 카리스마 있는 성품과 빈틈없는 사업 능력 덕분에 호텔 영업에서 성공할 수 있었다. 그러고는 방향을 바꾸어 풍부한 에너지와 꺾이지 않는 의지를 새로운 기획에 쏟아부었다. 치유될 수 없거나 생명을 위협하는 질병에 걸린 아이들의 마지막 소원을 들어주는 일이었다. 이 모든 것은, 많은 아이들이 마지막으로 플로리다의 디즈니월드에 가서 미키마우스를 만나고 싶다는 소원을 가지고 있는데도 호텔들의 예약이 차버려서 꿈을 이루기도 전에 세상을 떠나는 일이 많다는 것을 알게 되면서 시작된 것이다. 그리하여 헨리는 이를 바꾸는 일을 시작했다. 1988년에 그는 여러 기업들의 후원을 받아서 아이들을 위한 아이들의 마을을 지었다. '아이들에게 세계를'은 디즈니월드 가까이에 있다. 그 가족들이 올랜도 공항에 내리는 순간부터 약 일주일간 숙박(모든 가족은 마을 안에 자신들만의 통나무집에서 지낸다), 음식, 교통 등 모든 것이 제공된다. 그리고 디즈니의 후원으로 디즈니월드와 다른 테마 파크에 있는 모든 것들은 완전히 무료이다. 마을의 관리는 약 2000명의 자원봉사자에 의해 이루어진다. 헨리는 이 놀라운 곳을 나에게 안내해주었다. 아주 짧게나마 무서운 병원 세계로부터 벗어날 기회를 가진 이 어린이 환자들의 얼굴이 기쁨과 즐거움으로 빛나는 것을 볼 수 있었다. 그들의 소원이 이루어진 것이다. 그리고 지금까지 잘못한 것이라도 있는 듯, 또는 무시되는 듯 느꼈던 그들의 형제자매들도 자신들이 특별하다는 느낌을 받게 된다. 부모들, 때로는 조부모들, 친척들은 편안함을 느낄 수 있고, 서로를 너무도 잘 이해할 만한 사람들과 고민과 어려움을 나눌 기회를 갖게 된다. 자그마한 교회와 같은 조용한 장소가 있어서, 기도를 하거나 조용히 앉아 자신에게 일어난 일들을 생각할 수 있는 공간도 있다. 그곳에는 몇몇 사람들이 자신의 생각들을 적어놓은 책이 있는데, 나는 아무 곳이나 펼치고 그 첫 대목을 읽어보았다. "사랑하는 하나님, 크리스토퍼는 정말 착한 소년이고, 지금까지 정말로 용기 있게 견뎌왔습니다. 곧 당신과 함께 지내게 되겠지요. 우리를 대신하여 그를 잘 돌봐주십시오. 우리는 그를 매우 사랑한답니다." 그것은 아이의 할머니가 적어놓은 것이었다.

헨리는 사랑의 공간을 만들어놓았다. 그것은 진정한 사랑이었다. 나는 그가 아이들과 함께 있는 모습을 눈여겨보면서, 그와 아이들의 눈에 어린 빛을 볼 수 있었다. 그리고 정말로 마술과 같은 것은 '아이들에게 세계를'이 기적을 일으킬 수 있었다는 것이다. 그곳에서 경험한 순수한 기쁨과 유쾌함, 흥분 덕분에 아이들의 병세가 호전되었다는 연락이 많은 부모들로부터 온다는 것이다. 그중 일부는 심지어 완치되는 경우도 있다고 한다.

자신의 책에서 헨리는 수용소에서 지내는 동안 영적인 부분을 잃어버렸다고, "내가 버림받았다고 느낀 것처럼 나는 신을 버렸다"라고 말한다. 어떻게 해서 그는 신에 대한 믿음을 되찾을 수 있었을까? 어떻게 그는 수용소에서의 말 못할 잔인함과 불치병에 걸린 죄 없는 아이들의 고통을 정의로운 신, 사랑의 신과 조화시킬 수 있었을까? 헨리는 이렇게 적고 있다. "심하게 상처받은 마음, 절망에 빠진 영혼이 어디에서 희망을 찾을 수 있는가? 인간이라는 존재 안에 무엇이 존재하기에 그러한 황폐함과 절망에서도 생존할 수 있게 되는 것인가? 그것은 신일 수밖에 없다. (…) 신 외에 누가 그럴 수 있겠는가?"

50년 동안 나는 홀로코스트의 악몽을 안고 살았고, 어린 마음에 강하게 새겨진 학대와 죽음의 이미지는 항상 쉽게 의식의 표면에 떠올라 나를 괴롭히곤 했다. 아우슈비츠와 비르케나우를 방문한 것이 그러한 고통의 일부를 덜 수 있게 해주었다. 헨리와 그의 용기와 성공이 담긴 놀라운 이야기를 알게 된 것은 더더욱 도움을 주었다. 그를 통해 나는 결국 과거와 타협을 해야 한다는 것, 그리고 내가 가지고 있었던 어두운 이미지들을 극복해야 한다는 것을 이해하게 되었다. 그러한 마음의 여행을 통해, 나의 좁은 마음을 가지고는 절대로 이해할 수 없는 것들이 있음을 배웠다. 그리고 사람이나 동물에 대한 계획적이고 고의적인 잔인함과 같은 악을 내가 결코 수용할 수 없고, 그래서 항상 그것과 싸우기는 하겠지만, 악이 우리들 가운데에 존재하는 이유를 굳이 설명해야 할 필요는 없다는 것도 알게 되었다. 우리는 현재로서는 "유리를 통해 어두침침하게" 볼 수밖에는 없기 때문이다.

여러 가지 이유 때문에 특별했던 이 마음의 여행은 시공간을 가로지르는 나의 영적인 순례에서 정말로 중요한 부분이었다. 그것은 나의 영혼이 성장하는 데 도움을 주었다.

버치스에서 가족 모두와 함께(1997).

케냐의 스위트워터스 금렵구역에서 고아가 된 우루하라와 함께.

Jeek

나의 여행 동반자 미스터 H와 함께.

17장

시작에서 끝맺기

나는 우리 모두가 느껴야 할 죄의식, 인간과 동물에 대한
잔인한 행동들 때문에 느껴야 할 죄의식을 조금이라도 씻으려고 노력했다.
인정 많고 사랑하는 마음을 가진 모든 사람들의 도움을 받아
나는 끝까지 그러한 노력을 계속할 것이다.
아마도 그 끝은… 또 다른 시작이 아닐까?

아직도 끝나지 않은 삶에 대한 책을 어떻게 끝낼 수 있을까? 시애틀 추장처럼 우리가 "죽음은 없다. 다만 세계의 변화가 있을 뿐이다"라고 믿는다 해도, 죽음은 매우 편리한 종착점이기는 하다. 하지만 지금 이 책을 어떤 식으로든 마무리 지어야 한다.

나는 지금 버치스에 있다. 바깥 정원에는 내가 어린아이였을 때 아프리카와 타잔을 꿈꾸면서 바라보기도 하고 타기도 했던 바로 그 나무들이 서 있다. 그리고 갑자기 나도 모르게 잠시 동안 어린 시절로 되돌아가게 하는 물건들과 소리들이 있다. 햇볕이 가득한 정원으로 내려서면 들려오는 푸른머리되새나 검은새의 울음소리, 60년 전이나 지금이나 변함없이 암모나이트 모양의 오래된 회색 돌 수반 옆에 앉아 있는 회색 돌 개구리, 나무로 된 손잡이가 썩은, 대니 할머니가 울퉁불퉁한 잔디밭을 평평하게 만들겠다고 밀 때 사용했던 무거운 돌로 된 잔디 롤러, 에릭 삼촌이 숫돌에 갈곤 했던 철로 된 날에 뼈로 된 손잡이가 달린 오래된 셰필드 부엌칼과 같은 것들 말이다. 그렇게 까마득한 옛날의 아이와 지금의 이 여자, 제인 구달을 연결시키는 것은 무엇일까? 어떤 사람들이 이야기하는 것처럼, 컴퓨터와 같은 뇌에 간직된 기억들뿐인가? 아니면 태어난 이후로 항상 가지고 있었던 이른바 '영혼'과 비슷한 것이 있는 걸까? 나의 뇌와도 마음과도 분리되어 있는 무엇인가 말이다. 내가 우리 주위에서 느끼는 영적인 힘과 나를 연결시켜주는 그 어떤 것일까? 나는 영혼을 가지고 있다고 생각한다. 매우 영적인 사람들에게서 나는 늙은 영혼을 가지고 있다는 말을 들었다. 즉, 인간으로 윤회한 경험이 많은 영혼이라는 것이다. 윤회라는 것이 있다면, 나는 그렇다고 믿는데, 그 사람들의 말이 맞을 것이다. 나는 그렇다는 것을 느낄 수 있다. 지금 이 삶에서는 결코 확신할 수 없지만 말이다. 하지만 확실한 것은 기억들이 우리의 놀라운 두뇌에 의해 잘 간직된다는 것이다. 이 책은 나의 마음의 기억 창고에서 뽑아낸 것들을 독자들과 함께 나누기 위해 썼다.

삶을 뒤돌아보았을 때 지구상에서 보낸 나의 시간은 모두 서로 겹쳐지면서도 뚜렷하게 구분되는 단계들로 나눌 수 있다. 우선 첫 번째로, 준비의 시간이 있다. 전반적으로는 삶을 위한 준비를 했고, 특별히는 아프리카로 여행하고 침팬지를 연구하기 위한 준비를 했던 기간이다. 하지만 나는 아직도 준비를 하고 있다. 앞으로 남은 것을 위해서 말이다. 두 번째로, 내가 가장 그리워하는 시기가 있다. 정보를 수집했던, 침팬지들에 대해 그리고 침팬지들에게서 배우기 위해 수풀에서 보냈던 시간이다. 우리는 아직도 그 위대한 존재들에 대하여 새로운 것들을 배우고 있다. 세 번째는 아내와 어머니로서 아이를 키우던 시간인데, 침팬지에 대한 자료를 분석하고 출판했던 때와 겹치는 시간이다. 마지막으로, 내가 얻은 지식을 나누는 것은 언제나 중요한 일이었지만, '다마스쿠스의 경험'이 있은 후에야 그것이 내 삶을 추진하는 원동력이 되었다. 무엇인가를 공유하고 나누는 작업은 나머지 삶 동안 항상 계속될 것이고, 죽은 후에도 책들을 통해 어떤 식으로든 계속될 것이다. 최소한 그렇게 되기를 바란다.

순회강연은 나누는 작업의 중요한 한 부분이다. 그렇게 하는 것은 매우 힘든 일이지만, 동시에 나는 세계의 새로운 지역을 여행하고 짧으나마 새로운 문화들을 체험함으로써, 정신적으로 영적으로 풍성해진다. 그리고 가장 중요한 것은 만나는 많은 사람들로부터 영감을 얻고 힘을 얻을 수 있다는 사실이다. 강연이 끝난 후에는 보통 탁자에 앉아 책에 사인을 하는 행사가 있다. 물론 그것은 제품과 책의 판촉을 위한 것으로, 제인 구달 연구소의 기금 마련과 정보 확산에 도움이 된다. 하지만 그것뿐만이 아니다. 나는 사람들이 20년 전에 샀던 프로그램, 티켓, 책들에도 사인을 해준다. 사인을 하는 시간은 청중이었던 사람들과 접촉할 수 있는 기회가 되기 때문에 매우 중요하다. 그리고 줄을 서 있는 사람들, 때로는 2시간 이상(4시간 10분이 기록이다) 기다리는 사람들은, 강연 동안에 힘을 다 써버려 스스로 텅 비고 차갑다는 느낌이 들 때 소진된 에너지를 다시 채워준다. 행사 때 도와주던 봉사자 한 명이 사람들을 가리키면서 나에게 말했다. "이 사람들이 당신에게 힘을 불어넣는군요?" 그렇다. 그들은 바로 그 일을 하고 있는 것이다. 나는 나의 메시지가 사람들의 마음과 영혼에 닿게 하려는 바람을 가지고, 가능한 한 많은 사람들과 접촉하려고 노력한다. 그리하여 우리들 중 점점 많은 사람들이 손을 잡고 마음을 모아, 우리의 세계가 모든 생명체들에게 더 좋은 곳이 되도록 노력할 수 있게 하는 것이다. 그래서 나중에 사람들이 다가와 나의 메시지가 자신들에게 감동과 도움을 주었다는 표현을 하면, 그들은 나에게 힘을 주는 것이다.

모든 문화의 사람들, 내가 갔던 모든 곳의 사람들이 강연 후에 나에게 가까이 올 때 때로는 눈에 눈물이 고여 있다는 것을 깨닫게 되었다. 나는 그것을 당황스럽고 불편하다고 느꼈는데, 이제는 이해할 수 있다. 내가 그들과 나누는 메시지의 정수는 외부로부터 나에게 주어진 것이라고 나는 진정으로 믿는다. 마치 보이지 않는 바람에 소리를 울리는 에올리언 하프처럼 말이다. 그것은 아마도 아주 오래전에 트레버의 설교를 통해 처음으로 나에게 왔을 것이다. 아니면, 그렇게도 나를 감동시켰던 노트르담의 음악을 통해서였을까?

20년이 지난 지금 노트르담 대성당에서 경험했던 황홀경의 순간을 정확하게 기억해내기는 어렵다. 하지만 그 경험을 잊은 적은 한 번도 없다. 그것은 나의 존재 자체의 기반에 합쳐지게 되었던 것이다. 어디에 있든지 간에 바흐의 〈토카타와 푸가〉를 듣게 되면 같은 반응이 나타난다. 빅벤의 종소리가 무의식적으로 공포의 발작을 일으키는 것처럼, 그 음악은 나의 존재 전체를 사랑, 기쁨, 찬미로 가득 채운다. 내게 그 음악이 바흐의 것이었다거나, 바로 그 〈토카타와 푸가〉였다는 사실은 그다지 중요하지 않다. 아마도 그러한 경험은 다른 대성당이나 교회, 모스크, 절이나 시너고그(유대교회당 – 옮긴이)에서도 가능했을 것이다. 중요한 것은 수백 년 동안 수천 명의 신실한 기도로 성스럽게 유지된 교회에서 들리는 오르간의 찬란한 울림이라는 것이었다. 그 충격이 그렇게 컸던 것은 삶에서 많은 것들이 바뀌던 시기였고, 내가 약해진 때였기 때문일 것이라고 생각한다. 의식적으로 알지는 못했지만, 신이라고 부르는 영적인 힘과 다시 연결되어야 하는 시기였거나 어쩌면 그러한 연결이 나에게 다시 깨우쳐져야 했기 때문이라는 표현이 더 나을지도 모른다. 무엇보다도 그 경험은 나를 다시 제 궤도에 올려놓았고, 지구에서의 내 삶이 가지는 의미에 대하여 다시 생각하게 만들었다.

최근에서야 나는 강력한 음악 속에 말없이 담긴 어떤 특별한 메시지가 있었던 것은 아닌지, 수용하기는 했지만 해석할 준비가 되지 않았던 또는 해석할 능력이 없었던 메시지가 있었던 것은 아닌지 궁금해하기 시작했다. 그리고 지금은 경험과 성찰을 통해 정말로 메시지가 있었다고 믿게 되었다. 정말 단순한 메시지이다. 우리들 각자가 중요하고, 각자 해야 할 역할이 있으며, 각자가 무엇인가를 바꿀 수 있다는 것이다. 우리들 각자는 자신의 삶에 대한 책임을 져야 하며, 무엇보다도 주위의 살아 있는 존재들에게, 특히 우리 서로에게 존경과 사랑을 표현해야 한다. 우리는 함께 자연 세계, 그리고 우리 주위에 있는 영적인 힘과의 연결을 회복해야 한다. 그래야만 의기양양하고 기쁘게 인류 진화의 마지막 단계인 영적인 진화로 나아갈 수 있을 것이다.

내가 신의 음성을 들었다고 생각하는 것이 거만하고 외람된 일일까? 전혀 그렇지 않다. 사실 우리 모두가 그것을 듣는다. 우리가 무엇을 해야 하는지 알려주는 "고요하고 작은 음성"이 그것이다. 바로 그 소리가 신의 음성이라고 나는 생각한다. 물론 양심의 소리라고 흔히 불리고 있고, 만일 그러한 규정과 이름이 더 편하다면 그것도 무방하다. 무엇이라고 부르든 결국 중요한 것은 그 음성이 우리에게 속삭이는 대로 실천하는 것이다. 노트르담 대성당에서의 경험은 극적이었고, 나를 일깨워주었다. 지금 내가 귀 기울이는 것도 그 고요하고 작은 목소리다. 그 목소리는 나누고 공유하라고 말하고 있다.

나는 그것을 하려고 노력하고 있는 것이다. 나는 전 세계적인 강연을 통해 각계각층의 청중, 특히 어린이들과 함께 그 메시지를 나누고 있다. 이건 사실이 아닐지도 모르지만, 언제나 나는 전달자로 선택되었다는 느낌을 갖는다. 강연 전에 완전히 탈진했거나, 정말로 아프거나, 청중들을 완전히 실망시킬까 봐 두려워하는 경우가 있는데, 그러한 강연들은 흔히 가장 훌륭한 것들 중 하나가 된다. 손을 뻗치기만 하면 힘과 용기를 주는, 항상 거기에 있는 영적인 힘으로부터 도움을 받기 때문이다. "구하라 그리하면 너희에게 주실 것이요. 찾으라 그리하면 찾아낼 것이요(마태복음 7:7)." 그 힘은 우리 모두가 사용할 수 있다. 물론 나는 청중들 자체의 에너지로부터도 힘을 얻는다. 청중들이 열광적이고 활발할수록 강연은 더욱 활기를 띠게 된다.

이러한 모든 것들 중 하나라도 당연하게 주어지는 것이라고 생각하는 건 위험하다. 나는 항상 이렇게 배웠다. "신은 스스로 돕는 자를 돕는다." 나는 강연을 하기 위해 열심히 준비한다. 이전에 비슷하게 했던 강연이라고 하더라도, 슬라이드를 포함하여 하나도 빠뜨리지 않고 처음부터 끝까지 완벽하게 점검한다. 나에게는 정말로 훌륭한 모델이 있었다. 에릭 삼촌이다. 그는 항상 수술이 있기 전날 밤에 침대에 누워 목록에 나와 있는 모든 사례들을 속으로 정리했다. 맹장 수술과 같은 간단한 것일지라도 전 과정을 완전히 준비했고, 잘못될 수 있는 모든 가능성과 대처 방안을 생각하려고 노력했다. 사소한 것까지 신경 쓰고 챙기는 꼼꼼함, 그리고 각각의 환자에게 쏟는 관심이 그가 성공적인 의사일 수 있었던 비결이라고 확신한다.

내가 자주 받는 또 다른 질문이 있다. 어떻게 그렇게 평화로워 보이는가? 사람들은 전 세계에서 거의 모든 강연마다 그 점을 묻거나 지적했다. 사람들은 내가 명상을 하는지 궁금해한다. 나는 형식을 갖춘 명상은 하지 않지만, 영적인 힘에 의지하려고 노력한다고 이야기해준다. 나는 나의 삶을 둘러싼 행운에 대하여 끊임없이 감사를 드리고 있다. 나를 지원하고 도와준 모든 좋은 사람들, 나에게 날개를 달아준 사람들을 갖게 된 것에 대해서, 그리고 나의 건강에 대해서도 감사 드린다. 나는 건강한 하루하루를 정말로 고맙게 살고 있는데, 그 점에 있어서는 내가 정말 운이 좋은 사람이라고 생각한다. 그러한 선물이 얼마나 깨지기 쉬운 것인지 알고 있기 때문이다.

또한 나는 숲속의 평화를 아는 특권을 누리기도 했다. 숲은 어떤 숲이든, 가장 영적인 장소이다. 산들도 역시 그렇지만, 산과는 인연이 별로 없었다. 혼란의 와중에서도 내가 평온함을 유지할 수 있는 것은, 곰베의 숲에서 보낸 기나긴 날들과 세월 덕택에 얻은 평화, 그리고 그 평화를 마음속에 항상 간직하고 다니기 때문이다. 최근에 있었던 인상적인 경험이 그러한 영적인 평화에 다시 생기를 불어넣었다. 나는 '뿌리와 새싹' 회원들과 함께 오리건주의 후드산에서 오래된 숲 사이를 걷고 있었다. 우리는 산길에서 갑자기 특이한 나무를 발견했다. 그것은 약 100년 전에 불에 타서 12미터 정도의 둥치만 남아 있었다. 속은 텅 비어 있었다. 나는 마치 작은 문처럼 위로 향해 나 있는 틈 사이로 들어갈 수 있었다. 교회의 첨탑처럼 곧고 뾰족하게 남아 있는 나무의 겉껍질을 따라서 시선은 주변 숲의 푸른색을 지나 점점 위로 하늘을 향했다. 나는 경외감에 차서 겸손한 자세로 그곳에 서 있었고, 세계에 아직 남아 있는 숲들이 오래 보존될 수 있게 해달라고 하나님께 기도드렸다. 나의 기도는 점점 올라가서 틀림없이 목적지에 닿았을 것이다. 함께 갔던 사람들은 나를 따라 한 번에 다섯 명씩 손을 잡고 서서 숲을 위한 기도를 드렸다. 아메리카 원주민 출신인 나의 영적인 형제 치커스도 함께 있었는데, 그는 성스러운 키시우프 뿌리로 연기를 만들어 인디언식의 축복 노래를 불렀다. 내면의 평화가 새롭게, 그리고 한없이 힘을 얻게 되는 순간이었다.

추억들은 얼마나 놀랍고 기묘한 힘을 가지고 있는지! 우울할 때마다 나는 추억들, 과거의 아름다웠던 순간들을 떠올리곤 한다. 다르에스살람의 해변에 아침 일찍 앉아 있었을 때처럼 말이다.

다섯 마리의 왜가리

다섯 마리의 왜가리가 스쳐 날아가네, 물 위를 낮게,
긴 목을 뒤로 접고서: 황금빛 물결치는 바다와
일출의 회색빛 금빛 구름 사이로.
저편, 어슴푸레한 하늘에는,
야자수 이파리 위로

노오란 달이 서서히 지고 있네.
아아, 시간 속에서 건져 올린, 황금빛 비행의 시간이여,
무엇보다도 소중한 순간이여,
사랑스러운 손길로 추억의 보물 창고에 넣어두었다가
지금처럼 적막할 때 꺼내어,
나의 영혼을 북돋우리라.

또한 항상 반복되는 바보 같은 생각들을 어느 정도 다스리는 법도 배웠다. 두려운 모임이나 유난히 엄두가 나지 않는 강연 같은 경우에는 열심히 노력하여 최선을 다해 준비하고, 그다음에는 운에 맡긴다. 그것은 마치 치과의사에게 가는 것과 비슷하다. "내일(또는 다음 주 또는 언제인가) 이 시간이면 다 끝나 있을 것이다"라고 스스로에게 말한다. 그리고 대니 할머니가 좋아하던 구절도 있다. "네가 사는 날을 따라서 능력이 있으리로다."

자주 받는 또 다른 질문 중 하나는 동물 실험을 하는 연구소를 방문할 때 어떻게 그렇게 평온할 수 있는가 하는 것이다. 어떻게 잔인한 짓을 하는 사람들에게 소리를 지르거나 욕을 하지 않고 자제할 수 있는가? 아주 쉬운 대답은, 그러한 공격적인 방식이 전혀 소용이 없다는 것이다. 게다가 불행하게도 일부 소수의 사람들이 정말로 가학적인 반면에, 동물들에게 그런 짓을 하는 대부분의 사람들은 동물들을 제대로 이해하고 있지 못할 뿐인 경우가 많다. 그들은

복잡한 두뇌 구조를 가진 동물들조차도 우리와 비슷한 마음과 느낌, 감정이 있다는 사실을 믿지 못한다. 그러한 태도를 변화시키려고 노력하는 것이 나의 임무인데, 소리를 높이거나 비난하는 조로 말한다면 그들은 듣지 않을 것이다. 오히려 화를 내거나 적대적으로 대응할지도 모른다. 그것은 대화가 끊긴다는 것을 의미한다. 진정한 변화는 오직 내면, 마음의 변화로부터 가능하며, 법률과 규제는 유용하기는 하지만 무시되기 십상이다. 그래서 화가 나기는 하지만 그것을 최대한 감추고 통제하려고 노력하는 것이다. 나는 부드러운 방법으로 그들의 마음을 움직이고 싶다.

"얼마나 오랫동안 이 일을 계속할 수 있으리라 생각하나요?"라는 질문도 많이 받았다. "언제쯤 은퇴할 생각입니까?" 언젠가 이렇게 많은 여행들을 육체적으로 감당하지 못할 시기가 틀림없이 올 것이다. 그 시간은 빨리 혹은 늦게 올 수도 있고, 언제가 될지 아무도 모른다. 그러나 기력이 남아 있고 에너지가 있는 동안에는 이 일을 계속할 것이다. 이렇게 일할 수 있는 날들이 나에게 많이 주어지기를 간절히 바라고 있다. 어쨌든 대니 할머니는 97세까지 살았고, 올리 이모는 97세의 나이에도 불구하고 아직 정정하며, 어머니와 아버지는 각각 94세와 93세다. 그래서 나는 앞으로 최소한 10년은 활발하게 활동할 수 있을 것이라 기대하고 있다. 그 후에는 평화롭게 성찰을 하고, 지금의 생활 방식으로는 할 수 없는 일들을 할 만한 약간의 시간이 있었으면 하고 바란다.

나는 미래에 대해 명확한 목표들을 가지고 있다. 중요한 것 하나는 아프리카에서 벌이고 있는 곰베 사업, 보호 시설 사업, 주민 원조 사업 등이 앞으로도 안정적으로 지속될 수 있도록 기금을 조성하는 일이다. 또한 '뿌리와 새싹' 운동이 전 지구로 더 많이 퍼지고 강화되어 우리의 젊은이들이 용기를 가질 수 있고 감동을 받을 수 있도록 많은 노력을 기울이고 싶다. 우리는 그들의 세계를 너무나도 많이 파괴했고, 그래서 많은 젊은이들이 자살을 택할 정도로 절망에 빠지도록 했다. 그들은 받을 수 있는 모든 도움을 필요로 한다. 나는 젊은이들, 특히 개발도상국의 젊은이들을 위해 환경 보존에 관한 책을 더 많이 쓰려고 한다. 자연 자원을 보호하고 생명을 존중하는 것이 왜 그렇게 중요한 것인지 이해할 수 있도록 말이다. 그리고 언젠가 소설도 쓸 것이다. 이미 줄거리는 완성되었는데, 잠을 이루지 못하는 밤에는 일상의 문제들로부터 벗어나 가상의 세계에서 가상의 인물들을 알아가면서 그들과 함께 살고 있다. 하고 싶은 일 또 한 가지는 곰베 침팬지 자료를 좀 더 연구하는 것인데, 특히 모자 관계에 대한 장기적인 연구와 관련된 것을 하고 싶다. 새끼들이 커가는 과정을 기록하고, 곰베 침팬지들이 일생을 통해 겪는 변화를 기록하여, 언젠가 《곰베의 침팬지들》 2권이 출판되는 것을 보고 싶다. 하지만 그것을 직접 할 수 있는 시간은 없을 것 같다. 학생들 중 누군가가 그 일을 해줄 것이라고 믿고 있다. 그리고 다르에스살람에서 그럽과 그의 아내 마리아와 함께 살고 있는 내 손주들,

멀린과 에인절과 함께 더 많은 시간을 보내고 싶다.

나는 당연히 살아 있는 동안 계속해서 동물들의 진정한 본성, 그들의 고통, 그들에 대하여 우리가 가져야 하는 책임감 등에 대한 인식이 확산되도록 노력할 것이다. 앞으로도 동물 실험, 밀집 사육, 모피 사육, 덫 또는 스포츠 수렵을 반대하는, 그리고 서커스나 쇼에서 짐 끄는 동물로서, 애완동물로서 착취하는 것에 대하여 반대하는 입장을 소리 높여 표명할 것이다. 최근에 나는 샌프란시스코 그레이스 대성당의 주임 사제 앨런 존스 덕분에, 동물들에 대한 나의 느낌들을 새로운 장소에서 나누고 공유하는 멋진 기회를 가질 수 있었다. 그는 신자들이 축복받기 위해 온갖 동물들을 제단에 데려오는 성 프란치스코의 날에 설교해줄 것을 부탁했다. 그것은 정말 대단한 경험이었다. 나는 준비한 글에서 창세기 1장 26절을 인용했다. "하나님께서 이르시되 우리의 형상을 따라 우리의 모양대로 우리가 사람을 만들고 그들로 바다의 물고기와 하늘의 새와 가축과 온 땅과 땅에 기는 모든 것을 지배하게have domination over 하자." 많은 히브리어 학자들이 '지배dominion'라는 말이 히브리 원전의 'v'yirdu'라는 말을 불완전하게 옮긴 것이라고 지적하는데, 원래의 뜻은 '다스리다'에 가까워서 지혜로운 왕이 백성들에게 관심을 가지고 그들을 존중하여 다스리는 것을 의미한다(현재 대한성서공회 개역개정판은 '다스리게'라고 표기되어 있다–옮긴이). 그 말에는 책임감과 계몽된 관리의 의미가 함축되어 있다. 그리고 나는 침팬지들과 함께 지내면서 배운 겸손함, 즉 우리가 생각보다 다른 동물들과 크게 다르지 않다는 점에 대하여 이야기했다. 끝으로 슈바이처의 감동적인 기도를 인용했다. "너무 많은 일을 해야 하고, 잘 먹지도 못하고, 잔인하게 취급을 받는 동물들을 위해, 탈출을 꿈꾸며 창살에 날개를 부딪치는 모든 잡혀 있는 피조물들을 위해, 뒤쫓음을 당하거나 버려지고, 잊히고, 두려워하거나 배고파하는 모든 이들을 위해, 죽임을 당해야 하는 모든 이들을 위해, (…) 그리고 그들을 대해야 하는 사람들을 위해서는 연민과 부드러운 손길, 친절한 말들을 할 수 있는 마음을 주시도록 기도드립니다."

앞으로 남은 것은 무엇인가? 인간 사회가 전쟁, 범죄, 폭력에 시달리도록 저주받았다는 것은 부정할 수 없는 사실이다. 역사 이래로 항상 그래왔다. 세상의 한편에서 이데올로기, 종족 갈등, 영토 분쟁 등의 문제를 풀어나가는 동안 언제나 다른 곳에서는 갑작스럽게 새로운 문제들이 생겨났다. 어쩌면 세상의 모든 일들은 이렇게 돌아가게 되어 있고, 영적·도덕적으로 많은 시련이 닥치게 되어 있어서, 그것을 견뎌내는 사람들이 다른 세상에서 보상을 받게 되어 있는 것인지도 모르겠다. 사람들이 정말로 위험한 상황에 부딪혔을 때 자신의 진정한 모습을 드러내는 것은 당연한 일이다. 어떤 사람들은 완전히 파괴되기도 하고, 어떤 사람들은 살아남지만 비통하고 냉소적인 사람이 되어버리기도 한다. 그리고 어떤 사람들은 그것을 극복하고 더욱 강해져서 돌아온다.

나는 전쟁의 악몽을 극복하고 살아남은 감동적인 젊은 사람들을 만날 수 있는 행운을 누렸다. 사라예보 폭격의 와중에도 살아남은 미키 자케빅, 폴 포트의 끔찍한 작전에 소년군으로 동원되었던 안 촌 폰드, 어머니가 살해되자 독방에 감금된 외할아버지를 남겨두고 나이지리아로 탈출한 하프사트 아비올라와 같은 이들이었다. 그들은 단련된 강철같이 강하며, 전 세계의 젊은이들과 함께 그들의 아이들을 위해 더 나은 미래를 만들어가고자 결단한 사람들이었다. 공포와 두려움으로부터 벗어나지 못한 다른 젊은 사람들도 있다. 나는 키고마 지역의 피난민 보호소에서 온 열 살 난 투치족 소년을 만났다. 그의 눈빛을 보고 나는 오싹함을 느꼈다. 그 기억을 가지고 이 쓰라린 시를 지었다.

피난민

한 여자가 바깥에 앉아 있다, 걸상 위에, 얼굴을 감싼 채
내일이 보이지 않는 절망감으로 조용히,
헤어날 수 없는 고통스러운 기억들에 밀려서
이날도, 도착한 후 모든 날들이 그랬듯이,
희망 없이 저물어간다.

지는 해가, 여자의 무릎 위에 올려진 반쯤 찬 밥 깡통에
반사되어 번뜩인다.

천천히 두 줄기의 눈물이 여자의 감긴 눈에서
뺨을 타고 흐른다.
눈물은 지는 해의 끝자락에서 반짝이고,
여자는 먹지 않는다.

여자는 어떤 끔찍함을 겪은 것일까?
온 가족이 집에서 쫓겨나고,
공포를 피해온 것이겠지 하는 짐작밖에는,
아직도 그 놀란 가슴을 안고,
여자는 슬픔에 젖어 꼼짝도 않고 앉아 있다.

여자의 고통을 나는 알 수 없다:
산 채로 뿌리 뽑힌 적도,
얼굴이 아니라 숫자로 이들을 다루는 사람들에게
가축처럼 이리저리 몰림을 당한 적도 없는 나로서는.
수용소의 사람들도 선하니,
얼굴을 알아보기 시작하면 고통스러우리라.

주위에는 온통 낯선 사람들:
듣지도 보지도 못한 낯선 말과 낯선 목소리들.
해와 달, 밤하늘의 별들만이
어제와 똑같이 그곳에 있다.
그런데 신은?

아이 하나가 다가온다.

열 살쯤 되어 보이는 비쩍 마른 아이가.

그는 여자의 닫힌 얼굴과,

여자가 들고 있는 밥그릇을 들여다보고.

여자는 어제의 고통으로 검게 변한 눈을 뜬다.

하지만 내일, 내일은 아이를 위해 있는 것.

여자는 밥을 아이에게 내어준다.

그리고 그는 먹는다.

태양의 마지막 빛을 받은 아이의 눈에는 꿈이 솟는다.

내일은 꼭 어른이 돼야지.

주님이 말한다.

"복수는 나의 일이다. 내가 앙갚음을 해주겠다."

하지만

증오로 가득 찬 아이는

신의 말을 듣지 않는다.

복수는 내가 하겠어.

소년이 꿈꾸는 내일은 이런 것이다.

　내가 어렸을 때 중요하다고 강조되던 근본적인 가치들, 즉 정직함, 자기 통제, 용기, 생명 존중, 공손함, 연민, 관용과 같은 것들을 오늘날 많은 어린이들에게 가르치지 않는다는 것은 불행한 일이다. 서구의 풍요로운 사회에서 수많은 어린이들이 텔레비전에서 방영되는 폭력을 즐기고, 온종일 '가상' 현실에서 살면서 '진정한' 현실과는 점점 멀어지고 있다. 부모들은 일을 하는 경우가 많아서, 책임감 있고 타인을 배려하는 어른으로 자랄 수 있도록 역할 모델을 제공할 사람이 없다. 대신에 상당수가 약물 중독인 팝 스타와 배우들을 우상화하고 있다. 그들도 결국 폭력적이고 배려할 줄 모르게 되는 것은 당연한 일이다. 아주 오래전에, 어린 시절의 경험과 좋은 역할 모델의 크나큰 중요성에 대하여 나는 침팬지들로부터 많이 배웠다.

그러면 우리는 무엇을 할 수 있는가? 젊은이들을 대상으로 이야기할 때 나는 그들에게, 우리 각자 모두가 주위의 세계를 바꾸려는 시도를 하는 것만으로도 할 수 있는 일이 많이 있다고 말하곤 한다. 정말 사소한 일들부터 시작할 수 있다. 슬프고 외로운 사람들에게 미소 짓게 하거나, 불행한 개가 꼬리를 흔들게 하거나, 고양이가 만족스러운 골골 소리를 내게 할 수도 있고, 시들어가는 식물에게 물을 줄 수도 있다. 우리가 세계의 모든 문제들을 해결할 수는 없겠지만, 눈앞에서 일어나는 문제들에 대해서는 보통 무엇인가할 수 있을 때가 많다. 아프리카와 아시아의 굶주리는 아이들과 사람들을 모두 도울 수는 없겠지만, 주위의 길거리에서 방황하는 아이들, 노숙자들, 동네에 사는 노인들의 경우는 다르지 않은가?

방글라데시에 있는 그라민 은행의 창립자 무함마드 유누스로 하여금 처음에 아주 작은 규모의 자금 대부를 하게 만들었던 것은 살려고 필사적이었던 한 여성의 절망적 상황이었다. 그는 애당초 개발도상국들 전체로 자신의 은행 사업을 확장하려는 거대한 계획을 가지고 있지는 않았다. 이와 비슷하게 헨리 란드비르트로 하여금 처음에 '아이들에게 세계를'을 만들도록 한 것은 한 명의 어린아이였지만, 그곳은 지금 수백만의 아픈 아이들과 그 가족들에게 기쁨과 사랑을 주고 있다.

도움을 청하는 목소리를 외면한다면 우리는 계속해서 죄의식으로 괴로워할 것이다. 어렸을 때 살아 있는 게의 다리를 뽑아내던 몇몇 소년들을 본 기억이 아직도 생생하다. 나는 그것을 보고 울었지만, 그들이 나보다 컸기 때문에 무서워서 아무런 말도 하지 못했다. 다섯 살 때 그럽은 학교에서 호스로 물을 뿌려 토끼를 겁주던, 자신보다 훨씬 더 큰 아이와 싸웠다는 이유로 선생님으로부터 벌을 받은 적이 있다. 그는 옳은 일을 한 것이다.

이렇게 해서 나의 이야기는 끝났다. 나는 사람들의 질문에 답을 하고 싶었다. 나의 종교적·영적 믿음에 대해, 삶의 철학에 대해, 그리고 미래에 대하여 내가 왜 희망을 가지고 있는지에 대해서 말이다. 나는 할 수 있는 한 가장 정직하고 솔직하게 대답했다. 정말로 내 마음과 감정과 영혼의 많은 부분들을 있는 그대로 드러냈다. 하지만 아직도 이야기하지 않은 것이 남아 있다. 상징을 좋아하는(틀림없이 미신적인 웨일스 태생 조상들로부터 물려받았을 것이다) 나로서는 이 이야기가, 내가 했던 일들의 이유와 내가 살았던 방식의 이유를 설명해줄 수 있을 것이라는 생각이 든다. 그리고 내가 격렬한, 어쩌면 영광스러운 최후까지 이 일을 계속해야 하는 이유를 말이다.

내가 한 살이 채 못 되었을 때, 아직 말도 못했을 때의 일이다. 나는 가게 바깥에 있는 유모차 안에 있었고, 옆에서 우리 집 개 페기가 나를 지키고 있었다. 유모는 가게 안에서 물건을 사고 있었다. 잠자리 하나가 주위를 맴돌자 나는 놀라서 울기 시작했다. 길을 가던 마음씨 좋은 사람이 신문으로 잠자리를 때렸고, 바닥에 떨어진 잠자리를 발로 밟아버렸다. 나는 집에 가는 길 내내 비명을 질렀다. 실제로 그 이후 나는 발작 직전까지 가서 의사를 불러야 했고, 의사는 나를 진정시키느라 진정제를 처방했다. 나는 이 이야기를 약 5년 전쯤에 처음 들었다. 어머니는 나의 어린 시절에 대하여 글을 쓰고 있었고, 이 사건을 기억하고 있느냐고 물었다. 도대체 왜 그렇게 놀란 걸까 하고 말이다.

어머니가 쓴 것을 읽으면서 그사이에 있었던 60년의 세월이 사라지고 나는 시간을 거슬러 그 시절로 돌아가고 있었다. 내 방에 누워 있던 기억이 났다. 주위에 녹색이 많았던 것 같아 어머니에게 물었더니, 커튼과 바닥이 녹색이었다고 했다. 그리고 창문을 통해 들어온 푸른색 큰 잠자리를 본 기억이 났다. 그것을 유모가 쫓아내자 나는 불만을 표시했고, 유모는 잠자리가 나를 찌를 수도 있다고 이야기했다. 잠자리는 '꼬리'(배를 말하는 것이었다)만큼 긴 침을 가지고 있다는 것이었다. 정말로 긴 침이구나! 잠자리가 유모차 근처를 맴돌 때 겁을 먹은 것도 무리는 아니었던 것이다. 하지만 잠자리가 무섭다고 해서 그것을 죽이고 싶었던 것은 아니다. 눈을 감으면 눈부시게 빛나면서 여전히 떨리고 있는 날개와, 햇빛에 빛나는 푸른 '꼬리'와, 인도 위에 으스러져 있는 머리가 견딜 수 없을 정도로 선명하게 보인다. 나 때문에 잠자리는 아마도 심한 고통 속에서 죽어갔을 것이다. 나는 무력감과 죄의식을 이기지 못하여 울었다.

어쩌면 나는 일생 동안 내내 무의식적으로 그 죄의식을 덜기 위해 살았던 것인지도 모른다. 어쩌면 그 잠자리는 그때 그 어린아이에게 메시지를 전달하기 위한 계획의 일환으로 왔는지도 모른다. 만약 그렇다면, 신께 말할 수 있는 것은 이것밖에 없다. "메시지를 받았고, 잘 알아들었습니다." 나는 우리 모두가 느껴야 할 죄의식, 인간과 동물에 대한 잔인한 행동들 때문에 느껴야 할 죄의식을 조금이라도 씻으려고 노력했다. 인정 많고 사랑하는 마음을 가진 모든 사람들의 도움을 받아 나는 끝까지 그러한 노력을 계속할 것이다. 아마도 그 끝은… 또 다른 시작이 아닐까?

감사의 말

이야기를 끝내며, 지금까지 도움을 준 많은 분들께 진심으로 감사를 표하고 싶다. 어렸을 적, 나와 여동생 주디는 매일 밤 잠들기 전에 이야기를 하나씩 들었다. 내가 좋아했던 이야기 중 하나는 새들이 누가 더 높이 날 수 있는지 시합을 하는 이야기였다. 힘센 독수리는 물론 자신이 이기리라 확신했다. 독수리는 하늘 높이 천천히 날아올랐다. 다른 새들을 지나 높이높이, 더 높이 오를 수 없는 데까지 날아올랐다. 바로 그 순간, 독수리 등깃털 속에 숨어 있던 작은 암컷 굴뚝새 한 마리가 날아올랐다. 그리고 시합에서 이겼다.

정말 놀라운 우화가 아닐 수 없다. 나 역시 독수리 등에 타고 있던 존재였으니 말이다. 독수리 깃털 하나하나가 나를 도와준 사람들이다. 나의 유모, 학교 선생님과 친구들, 곰베의 학생과 현지 직원들, 제인 구달 연구소의 이사와 직원들, 세계 전역에 있는 나의 훌륭한 친구들 모두가 바로 그들이다. 그들은 일이 잘못되었을 때 도움의 손길을 뻗어 위안과 용기, 영감을 주어 계속할 수 있는 힘을 불어넣어준 사람들이다. 그리고 그 밖에 이름도 얼굴도 알지 못하는 매우 많은 사람들이 있다. 왜냐하면 사람의 태도는 짧은 대화나 책 한 구절로도 변할 수 있기 때문이다. 수백 아니 수천 명의 사람들이, 그리고 동물들 역시, 내가 지금 이곳에 도달할 수 있도록 도와주었다. 그들 모두에게 얼마나 고마운지 모른다. 여러 해를 거치며 많은 도움을 준 사람들의 이름을 모두 열거할 수 있다면 얼마나 좋을까!

내가 이룬 모든 것의 중심에는 나의 가족이 있다. 대니 할머니, 여동생 주디, 나의 멋진 어머니 밴, 어머니는 늘 내 곁에서 도움과 위안, 새로운 시도를 할 수 있는 용기를 주었다.

또한 이 책을 만드는 데 특별한 역할을 한 분들에게 감사하고 싶다. 우선 이 책의 아이디어를 내고 힘든 일을 모두 도맡아준 필립에게 감사를 전한다. 그리고 편집자 제이미 라브에게는 그의 참을성과 이해심에 대해, 대행자 조너선 라지어에게는 그의 지혜와 훌륭한 충고에 대해 감사하고 싶다. 캐서린 앨런과 그녀의 KTCA 직원들, 그리고 탐 스오브메인의 관대한 사람들에게도 공영방송 자매회사에서 이 책을 토대로 텔레비전 특집을 만들도록 열심히 일해준 데 대해 감사드린다.

독수리에게는 깃털이 아주 많다. 물론 나의 독수리는 우리 모두를 태우고 가는 위대한 영적 힘을 상징한다. 그 힘은 신념과 결단이 시험에 들 때 우리를 지탱해준다. 만약 우리가 그럴 의지만 갖고 있다면, 가장 지쳐 있을 때라도 그로부터 새로운 힘과 활력을 얻을 수 있다. 우리가 신념을 가지고 구하기만 한다면 말이다.

초판 후기

영원히 끝나지 않을 여정

1984년에 필립 버만은 나에게, 자신이 편집하고 있는 책《확신의 용기》에 글을 하나 써줄 것을 부탁했다. 쓰기가 매우 어려운 글이었지만, 최선을 다했다.

그리고 12년이 지나 필립은 다른 아이디어를 제안했다. 나의 에세이에서 논의했던 주제들을 확대하여 그 내용을 가지고 자신과 함께 일을 해보지 않겠느냐는 것이었다. 나는 시간이 없다고 대답했지만, 그는 다시 설득했다. 신학자가 인류학자에게 질문을 던지고 인류학자가 답변을 하는 책을 만들자는 제안이었다. 내가 할 답변만을 정리하면 된다는 것이었다.

일이 진행되다가 어떻게 해서 책의 범위와 초점이 달라졌다. 폭넓은 인터뷰가 뼈대를 이룰 것이라고 생각했는데, 나의 과거로 깊이 들어가고 현재와 미래를 검토하는 훨씬 더 개인적인 '영적인 자서전'으로 글이 바뀌게 된 것이다.

이것은 성격이 상당히 달라서 많은 시간 생각하고 글 쓰는 작업을 해야 하리라는 사실을 알게 되었다.

처음 단계에서는 필립이 나를 미국, 영국에 있는 집, 탄자니아의 다르에스살람, 그리고 곰베에서 인터뷰했다. 그는 나의 삶에서 중요한 역할을 했던 사람들도 많이 인터뷰했다. 그러고 나서 그는 그 방대한 양의 녹음테이프들을 다시 듣고 정리하는 어려운 작업을 시작했다.

이 책을 쓴다는 것은 쉽지 않은 일처럼 보였고, 전망이 없어 보이기도 했지만, 한편으로는 도전이었다. 어쩌면 이것이 삶에서 간혹 나타나는, 붙잡을 수도 있고 거부할 수도 있는 기회 중 하나일 것이라고 스스로에게 말했다.

필립이 만들어준 기본적인 뼈대에 맞추어, 그리고 인터뷰에 대한 그의 해석을 토대로 작업을 시작했다. 만약 글쓰기에 그렇게 많은 시간이 걸리고 때로는 고통스러운 영혼의 탐색이 있을 거라는 걸 알았다면, 나는 도전을 받아들이지 않았을 것이다. 본머스에서 가족과 함께 보내는 시간 대부분이 글쓰기에 소모되었다. 1년에 300일 가까이 강연을 다니는 나에게 그곳은 유일하게 조용히 글을 쓸 수 있는 곳이었다. 나는 밤늦게까지 일했고, 아침 일찍 일어나야 했으며, 아주 급한 일이 아니면 모두 미루고 글을 썼다. 그럼에도 불구하고 예상했던 것보다 훨씬 많은 시간이 걸렸다. 우리가 함께 지냈어야 할 수많은 귀중한 시간을 양보해주신 어머니에게 감사드린다.

이 책에는 나의 다른 책들로부터 글자 그대로 옮긴 구절들이 있다. 생각을 말로 옮기고 특별히 의미 있는 경험들을 묘사하는 가장 좋은 방법을 찾으려고 노력하면서, 내가 처음에 썼던 표현들이 내가 찾을 수 있는 가장 최선의 것들이라고 판단했다.

이제 책이 완성되었고, 사진 선정도 끝났고, 제목도 정해졌다.

하지만 여정은 영원히 끝나지 않을 것이다.

후기

9·11을 넘어서는 희망

이 책이 1999년 처음 출판된 후 이 세계는 변했다. 2001년 9월 11일, 대규모 테러리스트 공격으로 세계무역센터가 파괴되었고, 펜타곤이 손상을 입었다. 오사마 빈 라덴과 알카에다 조직의 짓으로 생각되었다. 유엔 안전보상이사회의 지원을 등에 업은 부시 행정부는 보복으로 아프간을 폭격했다. 북부 동맹이라 불리는 아프간 군벌들과 연대하여 탈레반 세력을 공격함으로써 억압적인 탈레반 정권을 전복시켰다. 테러리즘에 대한 전쟁은 처음에는 오사마 빈 라덴과 전 세계에 뻗어 있는 그의 알카에다 조직에 대한 것이었다. 하지만 적은 매우 찾기 힘들었고, 빈 라덴의 생사 여부조자 불분명했기 때문에 그 전쟁은 너무도 수행하기 어려운 것이었다. 그러자 표적이 갑자기 빈 라덴에서 사담 후세인으로 바뀌었다. 그와 그의 나라가 9·11 테러 공격에 연루되었다는 것을 전혀 입증하지 못한 채로 말이다. 사담 후세인은 대량 살상 무기를 불법으로 가지고 있다고 비난받았다. 유엔 무기감찰단이 그런 대량 무기를 찾아내는 데 실패했음에도 불구하고, 영국 수상 토니 블레어의 지지를 받은 부시 행정부는 사담을 제거하고 그의 정권을 무너뜨린 후 이라크 석유 문제에서 미국과 영국의 이익에 호의적인 민주정부를 세우기로 결정했다. 그 결과로 세계는 더 끔찍해졌고, 점차 상태가 악화되고 있는 것 같다. 게다가 부시 행정부가 환경보호법안을 자꾸 뒤집고 있어 염려가 커지고 있다.

그래서 어디를 가든 사람들은 내게 아직도 희망을 가지고 있느냐고 묻는다. "제인, 당신의 낙관주의도 사라졌음이 분명해요. 이제 희망을 가질 무슨 이유가 있을까요?" 그래서 《희망의 이유》 신판을 내면서 짧은 부록을 붙여, 내게 암담한 순간이 없었던 것은 아니지만 그래도 어떻게 여전히 희망을 지니고 있는가를 보여주고자 한다.

2001년 9월 9일, 뉴욕과 워싱턴 D.C. 공격 딱 이틀 전에 나는 버몬트주 벌링턴에서 지구 헌장 기념행사에 참여하고 있었다. 숨 막히도록 아름다운 가을날이었다. 이른 아침, 100여 명의 사람들이 모여 주변의 자연을 느끼며 침묵 속 걷기를 시작하려 하고 있었다. 평화주의자이며 마하트마 간디의 추종자인 사티쉬 쿠마르가 우리를 이끌었다. 그의 앞으로는 크고 잘생긴 클라이데스데일 암말 루시가 앞장섰다. 아침 햇살에 말 잔등이 검게 빛나고, 나의 등도 따뜻해졌다. 맨발로 싱싱한 풀밭을 밟고 걸을 때 하늘은 구름 한 점 없이 푸르렀다. 우리가 북미에서 가장 큰 오래된 헛간을 향해 걸어나갈 때 들리는 소리라곤 루시의 나지막한 울음소리, 근처 벌판에서 소가 음메 하는 소리, 그리고 몇 마리 울새들의 맑은 노랫소리뿐이었다. 우리가 수천 명의 사람들이 우리를 기다리고 있던 헛간으로 다가가자 폴 윈터스의 색소폰 연주가 하늘 높이 솟아올랐다. 나무들의 회랑을 지날 때 흰 가운을 입고 길고 흰 스카프를 두른 무용수들이 나뭇가지 위에 있는 모습이 마치 그리스 신화의 드리아스가 되살아난 듯했다. 그들은 음악에 맞추어 상체와 팔을 우아하게 앞뒤로 움직였다. 마치 천국의 한 귀퉁이에 들어선 듯했다. 바람이 불어 얼굴이 차갑게 느껴져서 보니, 내 뺨이 눈물로 젖어 있었다. 나는 생각했다. 그래, 바로 이거야. 이 지구의 삶은 이럴 수 있고, 언젠가는 반드시 이래야 해. 자연의 아름다움과 인간의 예술이 섞여 진정한 조화를 이루었다. 음악은 완벽했고, 사무치게 강렬하고 영광스러운 소리를 들려주었다. 한 음 한 음이 내가 우리들 가운데 존재한다고 느꼈던, 거의 물질적 존재로 느꼈던 위대한 영적인 힘에까지 올라가 도달했다. 그런데 그것은 단지 기쁨에 가득 찬 이 기념행사의 시작에 불과했다. 하루 종일 행성 지구에 경의를 표하고, 새로운 차원의 관리 책무를 맡도록 참가자들을 독려하는 토론과 연설, 춤이 이어졌다.

그리고 바로 이틀 후에 9월 11일이 되었고, 나는 뉴욕에 머물고 있었다. 버몬트의 즐겁고 상쾌한 날과 세계무역센터 주변의 그 끔찍한 장면보다 더 대조적인 것은 없을 것이다. 화염, 비명을 지르고 펄쩍 뛰고 흐느끼는 사람들, 검은 연기, 독성 먼지구름, 바닥에 널브러진 몸뚱이들, 유리 조각, 시멘트, 혼돈, 공황, 쇼크, 공포. 도저히 현실이 아닌 것 같고 믿을 수 없다는 느낌. 이러한 일들이 도저히 실제로 일어날 리는 없다. 그러나 텔레비전 화면에는 인간이 건설한 구조물과 신이 만든 인체가 파괴된 사악한 이미지가 반복 또 반복되었다. 밖에는 연기와 먼지가 퍼져가고 있었다. 잠깐의 으스스한 정적이 있은 후 구급차와 경찰차의 날카로운 사이렌 소리가 뒤따랐다. 우리가 묵었던 로저 스미스 호텔 밖 길모퉁이에서는 사람들이 무슨 일이 일어났는지 알아내려고 필사적으로 애쓰고 있었다. 테러리스트 공격의 전모가 드러나자 비통함과 두려움이 커져갔다. 우리가 만났던 거의 모든 사람은 가족이나 친구의 안부를 염려하고 있었다.

당시 나의 뉴욕 스케줄은 원래 이틀이었으나 일주일이나 머문 후에 떠날 수 있었다. 내가 그렇게 묘한 시기에 산산이 부서진 도시에 머무르게 되었던 이유가 있지 않을까 고심했다. 공격이 하루만 더 일렀어도 나는 여전히 버몬트에 있었을 터였다. 처음에는 아름다운 그곳에 있기를 간절히 소망했다. 눈을 감고 푸른 하늘, 달콤한 공기, 깨끗한 강물을 생각하곤 했다. 하지만 점차로 나 자신의 성장을 위해서라도 애도와 분노와 공포가 넘쳐나던 그 도시에 있는 것이 중요하다는 것을 깨달았다. 이 경험으로 내 이해가 깊어져 방방곡곡에서 사람들과 이야기할 때 큰 도움이 될 것이었다.

불안하고 괴롭고 무서울 때 잘 대처하는 최고의 방법은 뭔가 긍정적인 일을 하는 것이라는 점을 나는 잘 알고 있었다. 나는 뉴욕에서 메리 루이스와 함께 있었는데, 그녀는 나의 경영 보좌관이자 제인 구달 연구소 봉사단 부단장이면서 훌륭한 친구였다. 또 제인 구달 연구소 소통 부소장이었던 노나 그랜델만도 함께였다. 그녀는 그날 아침 라과디아 공항이 폐쇄되기 직전에 착륙한 마지막 비행기로 도착했다. 쌍둥이 빌딩 중 두 번째 빌딩에 비행기가 부딪히는 것을 직접 목격한 그녀는 도착했을 때 쇼크 상태였다. 구조 작업을 위해 우리가 할 수 있는 일은 아무것도 없었기 때문에 습격 다음 날 우리는 억지로라도 일을 할 수밖에 없었다. 누구도 그라운드제로Ground Zero(9·11 테러에 세계무역센터가 무너진 장소-옮긴이)에 접근하는 것이 허용되지 않았다.

오사마 빈 라덴에 의해 동원되어 증오에 가득 찬 공격을 한 테러리스트들이 이슬람 광신자들이라는 것이 드러나자마자 아랍인과 이슬람교도들에 대한 격렬한 반발이 있을 것은 분명했다. 일반 대중들은 온건한 이슬람교도와 탈레반의 차이에 대해 거의 알고 있지 못했다. 우리가 할 수 있는 일이 무엇인지에 대해 서로 토론했다. 결국 우리는 아름다운 아프간계 미국인 젊은이 야스민 델라와리를 포함한 젊은이 그룹을 조직했다. 야스민은 그녀의 아버지 누어 델라와리가 로스앤젤레스에서 스피커폰으로 우리 회합에 참여할 수 있도록 주선했다. 훌륭한 회합이었고, 이 회합은 결국 '뿌리와 새싹'의 평화 이니셔티브로 발전하여 이후 전 세계로 뻗어가게 되었다. 우리는 우리와 마찬가지로 뉴욕에 발이 묶인 사티시 쿠마르와 합류하여, 작지만 매우 의미 깊은 기도와 치유 의식을 치렀다. '뿌리와 새싹' 회원들도 몇 명 참여했다.

드디어 공항이 열려 메리와 나는 중단되었던 여정을 재개할 수 있었다. 택시를 타고 공항에 가서 비행기에 오르는 데는 다섯 시간밖에 걸리지 않았다. 우리가 미 대륙을 가로질러 포틀랜드로 향하자 이제는 영구히 변해버린 뉴욕의 스카이라인이 내 뒤로 멀어져갔다. 한 시간쯤 비행했을 무렵 이상한 기분이 들기 시작하면서 토할 것 같은 느낌이 들었다. 나를 사로잡은 것이 두려움이라는 사실을 깨닫는 데는 한참이 걸렸다. 납치당할까 두려웠던 것은 아니었다. 그때가 아마도 비행 여행을 하기에 가장 안전한 시기였을 것이다. 갑자기 나는 깨달았다. 다음 날 아침 800명의 고등학생들에게 '희망의 이유'라는 강의를 하기로 되어 있었다는 것을 말이다. 이 학생들에게 무슨 말을 할 수 있단 말인가? 내가 방금 겪은 그 일을 본 후 어떻게 희망에 대해 이야기할 수 있단 말인가? 영감을 줄 만한 메시지를 떠올려보려고 애쓰면서 더 이상 두려운 느낌은 들지 않게 되었다. 그냥 극도로 가망 없는 일처럼 느껴졌다.

그날 밤은 연설에 대해 씨름하느라 잠들기까지 오랜 시간이 걸렸다. 마침내 지친 나의 두뇌가 항복했다. 나는 위대한 성령의 힘에게 내일 아침에 할 좋은 말이 생각나게 해달라고 기도하고는 잠들었다. 다음 날 아침 차분한 기분으로, 학생들에게 무슨 말을 할지 아무런 생각이 나지 않는데도 이상하리만큼 차분한 기분으로 잠에서 깨어났다. 강당에 도착해서 교장선생님이 나를 소개하는 동안 맨 앞줄에 앉아 기다렸다. 그리고 내 차례가 왔다. 첫 부분은 쉬웠다. 곰베의 침팬지들에 대한 이야기였다. 그들이 얼마나 우리와 비슷한지, 고블린과 패티, 피피와 그녀의 가족, 그렘린과 그의 형제는 요즘 어떻게 지내는지를 이야기했다. 야생 침팬지와 아프리카 숲이 처한 역경을 묘사하고, 인간이 전 세계 환경을 얼마나 파괴했는지 이야기했다. 또한 인간이 곳곳에서 만든 사회적 불공정에 대해서도 이야기했다. "희망이 있을까요?" 나는 수사적으로 물었다. 그리고 평소 희망이 있다고 생각한 이유에 대해 말하기 시작했다. 놀라운 인간 두뇌와 경이로운 현대 기술, 자연의 회복력, 그리고 불굴의 인간 영혼에 대해서.

그러나 나는 거기에서 끝맺을 수 없었다. 그들 모두가 내가 뉴욕에 있었다는 것을 알고 있었다. 그리고 그 절망적인 순간에 메시지가 분명히 떠올랐다. 짙은 구름이 걷히고, 태양을 다시 볼 수 있었다. 나는 테러리즘의 위협에도 불구하고 희망에 대해 이야기할 수 있었다. 그날 이후로 악과 위험에 직면해서도 희망을 이야기할 수 있는 또 다른 이유와 통찰이 분명히 드러났다. 전 세계에 미국과 더 나아가 영국에 대한 적개심을 부채질한 2003년 봄의 바그다드 폭격은 확실히 테러리스트의 공세를 끔찍하게 악화시킬 것이 분명하다. 그러나 나는 바그다드를 넘어서는 희망이 존재하리라 진실로 확신한다.

  9월 11일에 우리는 죄 없는 사람들을 이용해 다른 죄 없는 사람들을 살상하는 궁극적 악을 목격했다. 또한 같은 날에 구조 전문가들, 경찰, 소방관들, 그리고 많은 일반 시민들의 영웅적인 행동도 있었다. 수많은 사람들이 목숨을 걸었고, 그 결과로 실제로 목숨을 잃기도 했다. 여러 구조견들도 이런 영웅적 구조 활동에 참여했다. 도시 전역에서, 미국에서, 세계 각지에서 염려와 관대한 도움이 쇄도했다. 사람들은 금품, 식료품, 의약품, 혈액을 기부했다. 집을 잃은 사람들에게 자신의 집을 쓰도록 내어주었다. 그리고 몇 달 동안은 미국 전역의 사람들이 자신들의 가치관을 재점검하기도 했다. 물건들을 더 가지기 위해 돈을 벌려고 많은 시간을 보내기보다는 차라리 가족이나 사랑하는 사람과 더 시간을 보내야 되는 게 아닐까 고민하기 시작했다. 뉴욕에는 얼마 동안 공동체에 대한 새로운 의식이 있었다. 사람들이 서로에게 더 예의 바르고, 더 자주 웃고, 서로를 도와주었다. 뉴욕이 아닌 곳에서도 사람들은 9·11 이후에 가족에게 더 자주 전화를 걸게 되었다고 이야기했다. 한 여성은 눈시울을 닦으면서 자신의 아들과 15년이나 의절하고 지냈는데, 9·11 이후에 서로 화해했고, 이제 아들이 집에 돌아와 같이 살고 있다고 말했다.

  9·11 테러 이후 첫 번째 강연에서 학생들에게 나 자신도 전쟁 중에 성장하면서 공포, 폭탄, 죽음을 직접 겪었다고 말해주었다. 1장에서 썼듯이 영국이 나치 독일에 전쟁

을 무선(당시에는 라디오라는 말을 안 썼다)으로 공표했을 때 나는 다섯 살에 불과했지만, 그 순간의 기억은 오래 지속되었다. 독일이 영국에 상륙하지 않은 것은 기적이었다. 남부의 유일한 방어선은 비계와 철조망, 그리고 영국 공군의 영웅적인 젊은 조종사들이었다. 그들은 매일매일 추격당해서 불구가 되고, 전사했다. 그래도 매일매일 젊은이들이 입대해서 잘 준비된 막강 독일 공군에 맞서 불가능해 보이는 임무를 수행하려고 비행기에 올랐다. 처칠이 말했듯이 "인류의 역사에서 다수가 소수에게 그렇게나 큰 빚을 진 적이 없다." 오늘날까지도 나는 폭탄을, 특히 바닷가 근처 도시들에 떨어졌던 폭탄을 기억한다. 물론 내가 독일 공습의 목표지였던 런던이나 산업 대도시의 공습을 경험한 것은 아니지만, 그에 관한 소식은 매일매일 들었다. 휩스엑스병원의 외과의사였던 에릭 삼촌은 가끔씩 주말에 본머스의 집으로 돌아오곤 했는데, 공습으로 다친 사람들을 헌신적으로 돌보느라 진이 빠지고 지친 모습이었다. 나는 제2차 세계대전 때 사망한 사람들도 알고 있다. 끔찍한 전쟁이었고, 각지에서 무고한 사람들이 수천씩 불구가 되고 죽임을 당했다. 게다가 히틀러의 제3제국은 수백만의 유대인, 집시들, 그리고 여타 아리아인이 아닌 사람들을 몰살했다.

학생들에게 직접 테러리스트 공격을 경험한 것도 이야기해주었다. 내가 죽음에 가장 가까이 다가갔던 것은 런던 왕립 해외리그 회의장에서 커다란 폭탄이 발견되었을 때이다. IRA(아일랜드 독립투쟁 무장단체) 테러리즘에 관한 회의를 위해 설치된 연단 안에 장치된 것이었다. 나는 그곳에서 단 세 개 층 위에 있는 방에 머물고 있었다. 다행히도 회의실 담당 수위가 준비가 다 잘되어 있는지 점검하다가 이상한 점을 발견했다. 아침 6시에 우리 모두 건물 밖으로 내보내졌고 폭발물을 안전하게 터트린 후 오후 5시가 되어서야 다시 방으로 돌아갈 수 있었다. (내가 아침 일찍 일어나는 사람이라 다행이었다. 동료 왕립 해외리그 멤버 대부분은 잠옷 차림에 머리에 컬을 만 채로 추운 정원으로 급히 나와야 했다!) 런던에서 폭발물 소동으로 비행기에서 내린 경험이 세 번 있었고, 기차에서도 두 번 그랬다. 요즘은 세계 각지에서 사람들이 테러리스트 공격의 잠재적 위험과 더불어 살아가는 법을 배워왔을 것이다. 그냥 살아가는 것이다. 수천의 사람들이 자동차 사고로 불구가 되고, 죽는다. 언제나 발생할 수 있는 일이어서 통계적으로 보면, 이스라엘을 제외하고는, 우리는 폭탄이나 저격수보다는 차 사고로 죽을 가능성이 더 크다. 그래도 우리는 자동차에 대한 극심한 공포에 떨면서 살지는 않는다!

메리와 내가 강연 여행을 재개하고 난 지 얼마 지나지 않아 책 사인회에서 어떤 여성이 봉투를 하나 남겼다. 열어 보니 마하트마 간디의 다음 말이 인용되어 있었다. "인류역사를 돌아보면, 모든 사악한 정권은 선한 정권에 의해 전복되었음을 알 수 있다." 일주일쯤 뒤에는 다른 여성이 강연을 마친 후 다가와 나에게 작은 방울을 하나 주었는데, 가끔 고양이 목에 달아서 새나 기타 먹이가 될 만한 동물들에게 임박한 위험을 알려주는 종류의 방울이었다. 그녀는 "제인, 앞으로는 평화에 대한 당신의 희망을 이야기할 때 이 방울을 울리세요"라고 말했다. 그래서 나는 항상 그렇게 한다. 그 방울은 폴 포트의 킬링필드에 뿌려진 지뢰의 뇌관을 제거한 금속으로 만든 것이었다. 지금은 폴 포트도 가고, 크메르 루즈(캄보디아의 급진적인 좌익 무장단체 – 옮긴이)도 흩어졌으며, 캄보디아인들은 자신의 나라를 재건해나가고 있다. 그리고 지뢰도 하나하나 제거되고 있다.

2003년 3월 19일은 미국과 영국이 이라크를 폭격하기 시작한 운명의 날이다. 전 세계에서 수많은 사람들이 전쟁에 반대하여 평화 행진과 시위에 참여했다. 영국에서는 역사상 최대의 시위가 있었다. 그러나 아무것도 부시 행정부나 영국 수상 토니 블레어에게 영향을 미치지는 못했다. 사담 후세인에게 최후통첩이 내려졌다. "미 동부 표준시로 오후 8시까지 가족을 데리고 나라를 떠나라. 그러면 너의 나라는 어차피 이기지 못할 전쟁을 면할 수 있다." 최초의 폭탄이 떨어지기 전에는 기적이 일어날 가능성이 남아 있었으므로 그날은 긴장된 하루였다. 바로 그날 나는 덴버에서 강연을 하기로 되어 있었다. 그러나 콜로라도에 엄청난 눈 폭풍이 몰아쳐서 공항이 폐쇄되는 바람에 9주간의 강연 여정에서 이틀간 갖기로 계획된 나의 휴가가 사흘로 연장되었다. 그 휴가는 원래 캐나다 두루미와 흰기러기가 이주 길에 네브래스카를 거쳐 날아가는 장면을 보려고 계획한 것이었다. 나는 톰 망겔슨과 함께였다. 두루미와 기러기는 그들의 겨울 서식지로 비행하는 도중에 한 달가량 플래트 강변에 쉬었다 가는데, 톰의 아버지가 그 강변에 오두막을 지어 놓았다.

그 사흘의 하루하루는 각기 다르고도 경이로웠다. 그러나 바로 마지막 날, 선물처럼 추가된 그 하루, 끔찍한 대테러 전쟁이 시작된 그날이 믿을 수 없을 만큼 중요한 날이 되었다. 바로 그날 나는 두루미들을 통해 강력한 메시지, 어둠 속에서 나를 지켜줄 메시지를 받았으며, 이제 그 메시지를 여러분과 나누고 싶다. 원래 계획대로라면 마지막 저녁이었을 3월 18일 저녁, 놀랍도록 많은 수의 기러기와 두루미가 우리를 스쳐 400미터쯤 떨어진 하류의 쉼터로 날아갔다. 약 1시간 45분 동안 그들은 거대한 떼를 지어, 가족 집단으로, 짙은 구름 모양으로, 또는 하늘에서 계속 모양을 바꾸는 섬세한 실타래같이 날며 우리를 지나갔다. 연기 구름 모양으로 여러 방향에서 쉼터로 날아오는 무리도 있었다. 때로 그들의 울음소리는 상당히 압도적이었다. 그들의 소리는 광대한 공간, 하늘을 나는 자유, 눈 덮인 황무지와 머나먼 대지를 표현하고 있었다. 캐나다 두루미 한 집단이 너무 가까이 날아 지나가서 그들의 깃털도 볼 수 있을 정도였다. 내가 그들 중 한 마리의 눈을 들여다보자 부드럽게 끼룩거리는 소리를 내었다. 톰은 두루미가 우리가 거기 있다는 것을 안다고 알려주는 소리라고 말했다. 그들이 조용히 날아 지나가고 난 뒤 다른 가족 무리가 이번에는 더 낮게 날아왔다. 눈물이 났다. 태양이 낮게 지면서 구름은 금색으로, 노란색과 흰색이 섞인 분홍색으로 변해갔다. 그리고 새들은 짙어가는 하늘을 배경으로 계속 물결치듯 날아왔다. 쉼터에서 들려오는 경이로운 야생의 소리들을 듣노라니 엄청나게 흥분되었다. 점차 날이 어두워져서 우리는 오두막으로 돌아와 불을 피웠다. 그러고는 여전히 기적이 일어나기를 기도하면서 평화를 염원하는 촛불을 켰다.

19일 구름 낀 뿌연 새벽이 밝아왔다. 보통 때처럼 6시 30분에 밖으로 나갔지만, 비가 오면서 얼음처럼 차가운 북풍이 몰려와 실내로 되돌아왔다. 10시쯤 한 무리의 캐나다 두루미 떼가 오두막 위를 선회하더니 창밖 옥수수 밭에 내려앉았다. 약 2000마리쯤 되는 새는 대부분이 두루미였고, 흰기러기도 몇 마리 섞여 있어서 회색 가운데 흰 얼룩들이 있는 듯했다. 그 후 약 1시간 30분 동안 처음 도착한 두루미 떼부터 그다음 두루미 떼까지 차례로 우아한 춤을 추었다. 날개를 길게 뺀고 깃털 달린 발레리나처럼 높이 뛰어오르자 공중으로 흙덩이와 지푸라기가 날렸다. 세계 여러 곳에서 두루미는 평화의 상징으로 여겨진다. 그들이 우리를 위해, 톰에 따르면 그 어느 때보다 오두막 가까이 다가와, 춤을 춘 것이다. 그들의 아름다운 평화의 춤으로 인간에게 메시지를 전했다고 나는 믿는다. 때로는 동물들이 우리에게 전달자로 보내지는 것 같다. 두루미가 가져온 메시지는 나에게는 분명해 보였다. "어떤 암흑의 시간이 너의 앞에 놓여 있을지라도 다가올 평화의 지식을 네 가슴에 지녀라." 나는 그 평화의 춤이 전해준 메시지를 앞으로 다가올 수개월간 내 마음에 품을 것이다. 왜냐하면 이 무서운 시기에 희망을 살려둔다는 것이 너무도 중요하기 때문이다.

그날과 그날의 메시지는 그것이 끝이 아니었다. 우리는 들판의 그루터기에 떨어진 깃털을 찾으러 나갔다. 나는 그 깃털들을 가장 필요로 하는 몇몇 친구들에게 평화와 희망의 상징으로서 보내고 싶었다. 그날 저녁 숙명의 최후통첩 시간인 오후 8시에 대해서는 잠시 잊고서, 두루미들의 쉼터 강가의 하류로 내려갔다. 그리고 플래트 강 신탁Platte River Trust이 지은 자그만 오두막에 자리 잡았다. 그 오두막이 있어서 기뻤다. 두꺼운 재킷, 부츠, 장갑을 갖췄음에도 바람이 더 매서워져서 추웠다. 포대 천으로 술을 달아 위장한 창 구멍으로 새들이 날아오는 것을 관찰했다. 수많은 새들이 이미 우리들이 있던 곳보다 약간 상류 쪽에 착륙해 있었다. 점점 더 많은 새들이 도착하면서 넓은 강의 얕은 곳과 모래톱을 뒤덮은, 흰 얼룩이 있는 회색 깃털로 이루어진 표면이 점차 우리가 숨어 있는 곳으로 가까이 다가왔다. 한 시간쯤 지나자 새들이 바로 우리 앞에 착륙하기 시작했다. 사슴 한 마리가 새끼와 함께 지나갔다. 그들은 자신들의 갈 길을 섬세하게 고르면서 강물을 지나 강둑에 잇대어 자란 초목 사이로 사라졌다.

구름에 가려진 해가 서쪽으로 낮게 가라앉았다. 갑자기 수백만의 새가 목청껏 외치면서 날아올라 우리 위를 선회하자 우리는 그 소리로 귀가 멀 것 같았다. 흰머리수리 한 마리가 강을 따라 날아와서 생긴 소란이었다. 독수리는 우리로부터 몇 미터 떨어진 곳에 착륙했고, 곧 두루미와 기러기가 맹금류 주변에 둥글게 공간을 남기고 땅에 다시 내려앉았다. 조금 있다 독수리가 날아갔는데, 아마도 나뭇가지 위 자신의 쉼터로 간 듯하다.

우리가 떠날 무렵은 깜깜한 밤이었지만, 검은 하늘을 배경으로 계속 도착하는 새 떼의 검은 형상을 겨우 알아볼 수는 있었다. 두 시간 이상 그들은 쉼터로 날아오고 있었다. 그곳은 플래트 강을 따라 있는 쉼터 한 곳에 불과했다. 약 1200만 마리의 새들이 이 지역에서 한 달간 먹이 활동을 하며 목적지까지 길고 외로운 여행에 필요한 체지방을 축적한다. 그러고는 일부는 알래스카까지, 상당수는 시베리아까지 날아간다.

플래트 강가에서 보낸 하루의 추가 휴일은 너무나도 영감을 주는 하루였다. 그것은 나에게 행동하라는 중요한 메시지를 남겨주었다. 인간이 땅에 끼친 해악으로 플래트 강은 전에 없이 얕아졌다. 일부 농부들은 추수 후에 남겨진 옥수수 알갱이를 쟁기질로 땅속에 묻어버려 철새들의 중요한 먹이를 없애버리기 시작했고, 다른 곳들에서와 마찬가지로 비료와 살충제는 땅과 물을 오염시키고 있다. 이 모든 해악에도 불구하고 플래트 강 지역과 주변 벌판과 남아 있는 초원은 매년 대규모로 이주하는 철새들이 머무를 수 있는 곳이다.

그리고 우리는 텔레비전을 틀어, 끔찍하지만 당연히 그러리라 기대하고 있던 뉴스를 들었다. 그때까지도 이라크에 폭탄이 떨어지고 있었다. 우리는 우리 주변의 환경을 보호하려는 우리의 노력에 더욱 박차를 가할 수 있는 이미지와 메시지를 가지고 있었다. 남아 있는 자연을 보호하려고 단호히 노력하고 이미 파괴된 것들을 복구하려고 결사적으로 일한다면, 마침내 반드시 찾아오고야 말 평화가 왔을 때 우리는 그것을 맞이할 준비가 되어 있을 것이다. 우리가 자연과 조화를 이루고 살지 못하면, 서로와 조화를 이루고 살 수도 없다. 9·11 이후 미국에서 강연 여행을 다니며 나는 사람들이 환경 문제에 신경 쓰는 것을 인정하기를 두려워하거나 또는 환경에 신경 쓰면 애국적이지 못한 것으로 느낀다는 것을 알게 되었다. 사실상 우리가 대자연을 더 신경 쓰고 보호하기 위해 더 열심히 일하지 않는다면, 테러리스트나 기타 악의 세력이 결국은 승리하게 될 것이고, 우리의 후손들에게는 아무것도 남아 있지 않을 것이다. 우리는 어린이들에 대한 잔혹함에 충격을 받지만, 우리가 더 낫고 열정적인 관리자가 되지 않는다면 우리는 미래의 어린이들이 질병, 절망, 빈곤이 점점 악화되는 세상에 살도록 두는 것이다.

이 글을 쓰고 있는 이 순간에도 바그다드 공격은 진행 중이다. 내가 이미 말했듯이 절망에 대항해 싸우는 최고의 방법은 행동을 취하는 것이다. 우리들의 '뿌리와 새싹' 그룹도 '평화 이니셔티브'를 발전시키고 확장시키기 위해 애쓰고 있다. 세계 각지의 학생들은 타문화와 타종교에 대해 공부하고 있다. 그들은 온건한 무슬림, 기독교도, 그리고 유대교인과 모든 종교에서 발생하는 광신도 집단 간의 차이에 대해 알아가고 있다. 이슬람의 십계명은 기독교의 십계명과 같다는 것도 알아가고 있다. 두 십계명에는 모두 "살인하지 말라", 그리고 "이웃의 소유물(이 '소유물'에는 당연히 석유도 포함된다!)을 탐내지 말라" 등의 내용을 포함한다. 학생들은 갈등 해소에 대해서도 공부한다. 학생들은 각 갈등에 대해 다른 해결 방안을 대본으로 써서, 즉 공격과 폭력에 의한 해결 대본이나 협상, 존중, 그리고 이해에 기초한 대본을 써서 실행해볼 수 있다. 대학생 멤버의 한 명인 밥 코넷이 '꼭두각시 농장'과 팀을 이루어 거대한 모형을 많이 만들었는데, 그중 하나가 거대한 평화의 비둘기이다. 26마리의 평화의 비둘기가 미국 각지에 있어서 전국의 평화 시위에 그들이 나타난다. 비둘기 제작 설명서를 4500개가 넘는 세계 각지의 집단들에 보냈다. 곧 주로 간단한 재활용 재료로 만들어진 거대한 평화의 비둘기가 어디에나 나타날 것이다.

2002년 4월, 유엔 사무총장 코피 아난이 나를 유엔 평화 사절로 지명했다. 지금과 같은 시기에 특별히 명예롭기도 하지만, 아주 책임이 큰 자리다. 우리는 반전 활동을 계속할 것이다. 우리는 평화의 비둘기를 만들고 날려서 우리 행성을 뒤덮고, 우주의 위성에서도 볼 수 있도록 할 것이다. 무엇보다도 자연을 보호하고 재건하여 우리가 자연에 준 상처를 치유하고, 대자연과 그리고 우리 서로와도 더 큰 조화 속에서 살 수 있도록 노력할 것이다.

희망을 가질 수 있는 진정한 이유는 세계 각지의 사람들이 하나로 뭉쳐 강력히, 그러나 평화롭게 전쟁에 반대하는 발언을 한다는 것이다. 더욱 많은 사람들이 가담하여 수를 늘릴 필요가 있다. 우리 한 사람 한 사람의 목소리와 행동이 매일매일 변화를 이끌어낸다는 것을 기억해야만 한다. 어제 어떤 여성이 내가 이전에 보지 못했던 단추를 달고 있는 것을 보았다. 조그마한 별 모양의 배너에 "평화가 애국이다"라고 쓰여 있었다. 참으로 마음에 들었다.

이 책이 서점에 나올 즈음에는 세계에는 많은 변화가 있을지도 모르겠다. 전 지구적으로 테러리스트 공격이 확산되고 미래는 그 어느 때보다 더 암울해 보일 수도 있다. 하지만 상황이 악화될수록 우리는 지구의 미래를 위해 더 열심히 노력해야 한다. 나는 캐나다 두루미들의 모습을 마음에 간직하려 한다. 버치스의 내 방에 걸어놓으려고 톰에게 사진 출력을 부탁했다. 톰은 내가 묘사한 그 광경과 두루미들이 우리들에게 가져왔다고 믿은 그 메시지에 감동한 모든 사람이 같은 이미지를 공유할 수 있도록 사진들을 많이 출력해주겠다고 한다.

나는 2001년 9월 9일 버몬트에서 경험한, 사랑과 평화가 충만해서 눈부시게 멋졌던 그날을 종종 되새겨본다. 세상은 바로 그래야만 한다. 언젠가는 그리 될 것이다. 우리는 평화가 올 그날에 대해 준비되어 있어야만 한다.

사람·동물·환경을 위한
제인 구달 연구소 안내

모든 사람은 중요하다.
모든 사람은 자신만의 역할이 있다.
모든 사람은 변화를 일으킬 수 있다.

비영리 조직인 제인 구달 연구소(JGI)는 1977년에 아프리카 침팬지와 야생동물들의 현장 연구 및 보호 사업, 잡혀 있는 침팬지와 다른 동물들의 생활 조건 개선, 그리고 이러한 이슈들에 대한 인식과 이해를 가능한 한 많은 사람들에게 알리기 위해 설립되었다.

제인 구달은 아프리카 전역의 침팬지들이 점점 서식지 축소와 수렵에 의해 위협받고 있다는 것을 알게 되자, 자신이 지내던 숲의 낙원을 떠나 그녀에게 많은 것을 주었던 뛰어난 존재인 그들을 도와야 한다고 생각했다. 세계 전역에서 강연을 하는 일에 점차 더 많은 시간을 보내게 되고 그녀의 시각과 관심이 확대되면서, JGI 자체의 사업 범위도 늘어나게 되었다.

실천적인 환경·인도주의적 교육 프로그램인 '뿌리와 새싹'은 유치원부터 대학까지의 젊은 사람들에게 주위의 세계를 환경, 동물, 지역 공동체에 더 나은 장소로 변화시키기 위해 실천할 수 있는 기회를 마련하고 있다. 침팬주ChimpanZoo 연구원들은 잡혀 사는 침팬지들의 생활 조건을 연구하고 개선하는 활동을 하고 있다. 탄자니아, 콩고-브라자빌, 케냐, 우간다의 보호 시설들은 밀렵꾼에 의해 고아가 된 침팬지들을 위한 새로운 보금자리를 제공하고 있다. 탄자니아의 TACARE 프로젝트는 탕가니카 호숫가와 곰베 주위에 사는 주민들에게 삶의 질을 개선하고 남아 있는 숲에 대한 의존성을 줄이는, 환경적으로 지속 가능한 프로젝트를 그 내용으로 한다. 침팬지들이 살아남을 것인지의 문제는 궁극적으로 지역 주민들에 의해 결정될 것이다. 그리고 물론 곰베의 연구를 계속하고 있으며, 우리와 가장 가까운 현존 친척들의 행동에 대한 새로운 사실들을 제공하고 있다. 1960년부터 현재까지의 모든 자료는, 곰베 연구원이었던 앤 퓨지 박사(미네소타대학교 제인 구달 영장류학 센터)의 지도 아래, 헌신적인 학생들에 의해 전산 처리 및 분석되고 있다.

우리의 프로젝트들에 대한 추가적인 세부사항, 또는 JGI 회원가입을 위해서는 인터넷 웹사이트 www.janegoodall.org를 방문하거나, JGI 사무소로 연락하길 바란다.

JGI-USA, P.O. Box 14890, Silver Spring, MD 20911

JGI-UK, 15 Clarendon Park, Lymington, Hants SO418AX

JGI-Tanzania, P.O. Box 727, Dar es Salaam

JGI-Uganda, P.O. Box 4187, Kampala

JGI-Canada, P.O. Box 477, Victoria Station, Westmount, Quebec H3Z 2Y6

JGI-Germany, Herzogstrasse 60, D-80803, München

JGI-South Africa, P.O. Box 87527, Houghton 2047

JGI-Taiwan, 6F, No. 20 Section 2, Hsin Sheng South Road, Taipei

JGI-Holland, P.B. 61, 7213 ZH Gorssel, The Netherlands

Roots & Shoots-Italy, via D. Martelli 14a, 57012 Castiglioncello(Li)